図解
武器と甲冑

構成と文＝樋口隆晴　絵と解説＝渡辺信吾（ウエイド）

はじめに

前近代、身分制の社会で、戦士階級が綺羅を飾った戎衣（戦いの服）を着るのは、普遍的にみられることだ。日本でのそれはいうまでもなく甲冑である。源平の武者が着た大鎧から、戦国武将たちの当世具足まで、精緻につくられた甲冑は、つねに美術工芸品として高い価値を持っていた。

一方、甲冑と対になる存在の刀剣をはじめとした武器類もまた、美術工芸品として高い価値を持っていた。刀剣の場合は刀身本体のみでなく、拵と呼ばれる柄・鍔・鞘などもその範疇にふくまれる。

現在、甲冑も刀剣に代表される武器も、主に美術品からの研究が進んでいる。これは当然のことでもある。甲冑や武器が現役で使用されていた時代にも、それらは実用性のみではなく美術品としての価値が高く、「御家重代（先祖伝来）の家宝」として、その家の由緒の証となり贈答品として扱われていたのである。

けれど、本書はそうした武器と甲冑の「美術品」であるところには全く言及しない。徹頭徹尾その実用性と、実用性が拠って立つところの戦術や戦技の変化を追いかけるつもりだ。すなわち武器と甲冑は戦場でいかにして使われたのか、その効果はどれほどだったのか、そして戦争の様相によってどう変化したか、ということである。それこそが武器と甲冑、すなわち相手を殺傷する道具と、身を守る道具の本質的な部分だからである。

本書では、日本において武士という戦士階級が歴史の表舞台に華々しく登場した保元の乱（一一五六年）から大坂の陣（一六一四～一五年）を概ねのタイムスパンとして、武士達の武器と甲冑を、上記の目的に沿って考えてゆくつもりである。

そしてまたこうした実用品としての武器と甲冑への興味は、多くの読者の興味とも一致するものであろうと、筆者たちは信じる次第だ。

樋口隆晴・渡辺信吾

◎表紙・本文デザイン　山岸全（株式会社ウエイド）

第一章

武者の世

弓射騎兵が戦場の花形だった平安〜鎌倉時代。
彼らが用いた大鎧と弓矢を中心に、武士たちが飛躍した
この時代の装備と戦技・戦術を見ていく。

01 弓矢と騎馬

武士の武器である弓矢はどのように用いられたのか。この戦いをもって「武者ノ世」とされた保元の乱を舞台に騎馬武者の戦技を解説しよう。

崇徳上皇と後白河天皇が皇位を巡って争った保元の乱に、一人の武士が登場する。
源 為朝。崇徳上皇方の武将、源為義の八男で、鎮西八郎とも称した。『保元物語』の記述によれば、身長七尺（約二メートル一二センチ）の大男で、左腕が右腕より四寸（約一二センチ）長かったという。全長八尺五寸（約二メートル五七センチ）の大弓を使い、日本一の弓の名手としてその名が知られていた。

保元元年（一一五七）七月十一日の深夜、後白河天皇方が崇徳院御所に夜襲をかけたが、そこに立ち塞がったのが為朝である。

為朝は先陣を切る一人の武者に狙いを定め、前述の大弓を放った。
「伊藤六が鎧の胸板を通る矢、続いたる伊藤五が射向の袖にぞ、裏かいたる」（『保元物語』）
為朝の矢は伊藤六を鎧ごと貫通し、そのまま後方にいた伊藤五の左肩の防具に突き刺さったという。為朝の弓勢を前に、後白河天皇方の平清盛は一時退却を決定した。

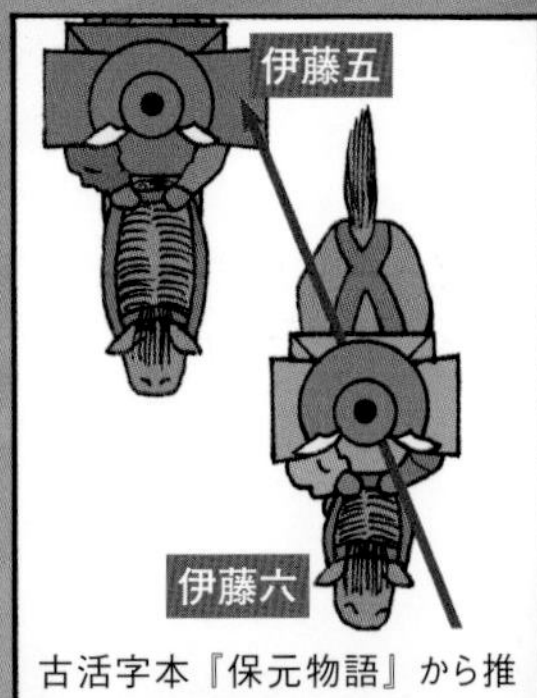

古活字本『保元物語』から推定した矢の軌道

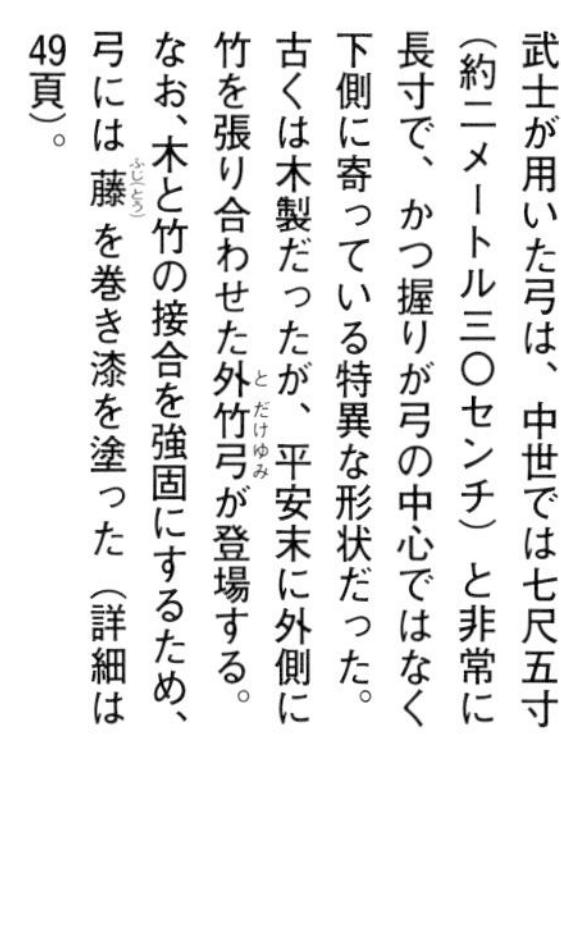

弓・矢・付属具

武士が用いた弓は、中世では七尺五寸（約二メートル三〇センチ）と非常に長寸で、かつ握りが弓の中心ではなく下側に寄っている特異な形状だった。古くは木製だったが、平安末に外側に竹を張り合わせた外竹弓が登場する。なお、木と竹の接合を強固にするため、弓には藤を巻き漆を塗った（詳細は49頁）。

十世紀に登場した武士は、暗殺から大規模戦闘まで、あらゆる戦闘技術を習得した「戦士階級」であった。戦の場においては、華麗な鎧に身を固め太刀と弓箭（弓と矢のこと）で武装する彼らの出自については様々な説がある。しかし、その戦闘技術の淵源は律令制軍団の騎兵にあり、蝦夷との戦争や、地方における反乱と反乱鎮圧のなかで培われてきたのはたしかだ。

武士たちが主要な武器として用いてきたのは弓箭であった。彼らはそれを馬という「機動兵器」に乗って使用する。「弓馬の家」という言葉が、文字通り彼らの主たる戦闘方法を表しているのである。

さらに、度々出された京都市内における武装制限や、朝廷における勤務や儀式の際の武装規定も、多くの場合は弓箭が主な対象であった。馬具のなかで足を載せる鐙もまた、馬に乗って弓を射ることに特化した形態を持つ。

また日本の弓は、律令軍制の制式のものは、中国式の彎弓（弦を外した状態でも湾曲する弓）であったが、武士たちが使用したのは、二メートルを超す「長弓」に分類されるものだ。この日本式の長弓は考古学的な研究では、古墳時代の祭祀用のものが原型とされる。

日本式の長弓は、臂力が弱くても容易に引くことができ（無論、力が強ければ威力も増す）、そのために普及したのであろう。その反面、馬上での扱いは難しい。

ともあれ、勃興期の武士たちは、馬に乗り、弓箭を主要な武器として戦う「弓射騎兵」といえる存在だったのである。

（※11頁に続く）

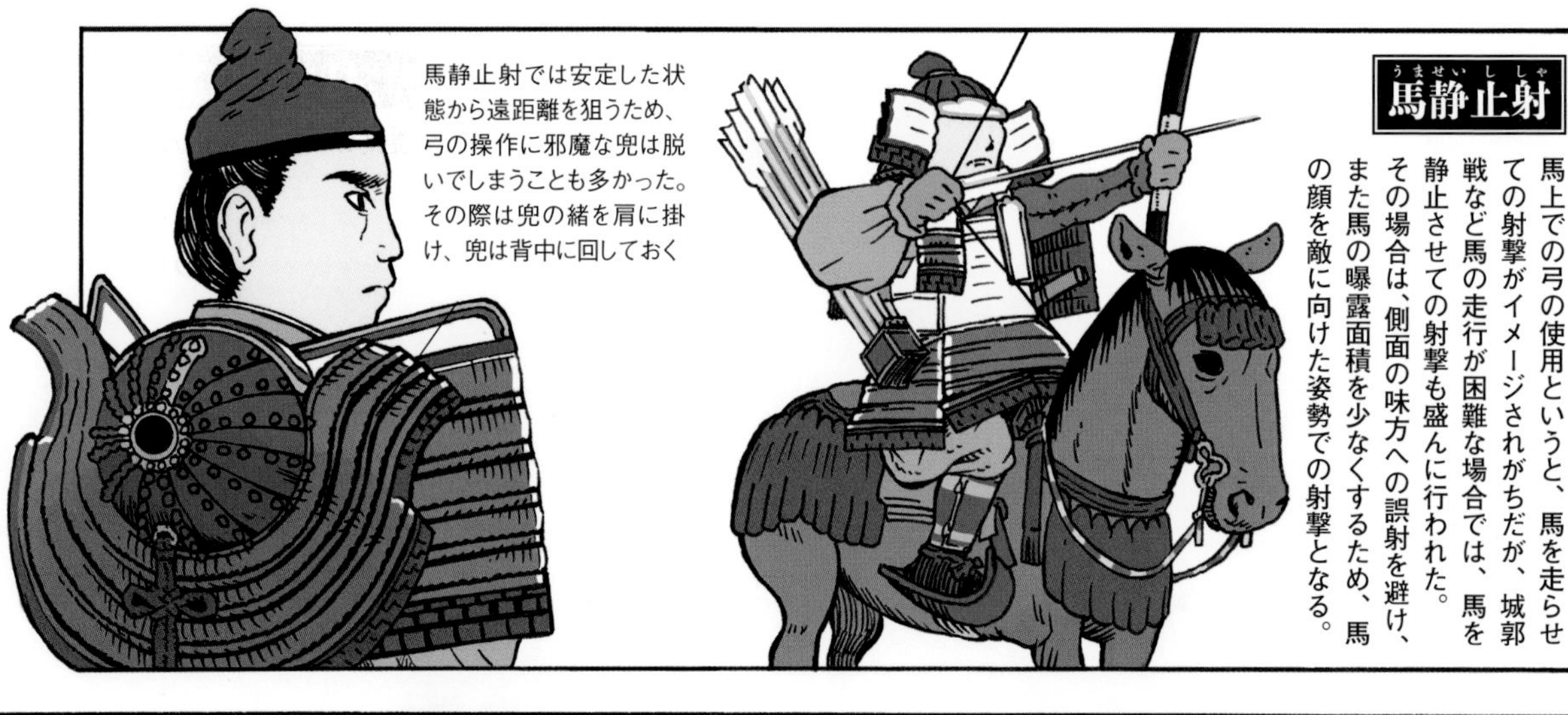

馬静止射では安定した状態から遠距離を狙うため、弓の操作に邪魔な兜は脱いでしまうことも多かった。その際は兜の緒を肩に掛け、兜は背中に回しておく

馬静止射

馬上での弓の使用というと、馬を走らせての射撃がイメージされがちだが、城郭戦など馬の走行が困難な場合では、馬を静止させての射撃も盛んに行われた。その場合は、側面の味方への誤射を避け、また馬の曝露面積を少なくするため、馬の顔を敵に向けた姿勢での射撃となる。

馳射

平安・鎌倉時代の武士が身につけておくべき第一の武芸が、疾走する馬上からの射撃、すなわち馳射だった。弓を左手で握る関係上、馬上で右側に弓を向けることは非常に困難なため、馬上で弓を取る武士は右側が大きな死角だった。一方で、多くの絵画や文献には、追撃してくる後方の敵に対して、後ろ向きに矢を放つ例が描かれているが、馬上では後方への射撃も可能である。

死角

後方射

腰を大きくひねって後方に射る

死角

射界

前方射

馳射での射撃方向は、主に前方、左方、後方の三方向であった。また鞍の上で腰を浮かせた状態で、腰を右側にひねれば、馬の首のすぐ右横を射ることもできた。とはいえ右側面に射撃できないということは騎射における大きな制約であり、この死角に相手を入れず、また相手の死角に自らが入るよう馬を機動させることこそ、武士の馬術の重要な点であった。

左方射

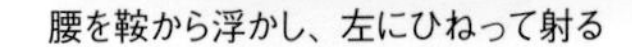
腰を鞍から浮かし、左にひねって射る

現在の流鏑馬のように左横に射る

前方射と左方射

流鏑馬から想起されるイメージとは違い、『今昔物語集』では横ではなく正面の敵に向かって矢を射ている。じつは左方射ではなく前方射が一般的な射法だったのである。また「最中に押し当てて射る」との記述から、かなりの近距離で射っていたことがわかる。

前方射
前方射では射撃時に相手を真正面に捉えているので、照準時間が長く取れ、命中精度も高まる

左方射
一方、左方射では、一瞬で相手の横をすり抜けてしまうので、照準時間は短く、命中精度は低い

『今昔物語集』に見る一騎討ち

『今昔物語集』における源宛と平良文の一騎討ちでは、「各の矢を引きて矢を放って馳せ違ふ、各走らせ過ぎぬれば、また各馬を取りて返す」との記述がある。双方が相手を左に見つつ突進して射撃しあい、その後旋回して再び駆け違うというのが、弓で武装した騎馬武者同士の典型的な戦法だった。

旋回
おそらく左側に旋回した
射撃
互いに正面にいる相手に対して射撃する
突進
相手を左側に見つつ、その横をすり抜ける。

馳組み戦の実際

無論『今昔物語集』のような教科書的な一騎討ちは、そう簡単に発生するものではなかった。実際の戦闘は多くの敵味方が入り乱れ、絶えず位置を変えつつ展開する。武士は敵味方の位置関係や地形、さらには矢の残り数や馬の疲労度も頭に入れながら戦わねばならなかったであろう。

『春日権現験記絵』より推定

『保元物語』に見る馳組み戦
次に紹介するのは、後白河天皇方の武士、大庭景能の回想に基づく実戦的な騎射の例である。彼は鴨川の河原で展開した崇徳上皇方との合戦に参加していた。
鴨川
北白河殿

源為朝
乱戦の最中、彼は為朝の左側面に出てしまう。絶体絶命の状況に、彼は必死に想像力を働かせた。

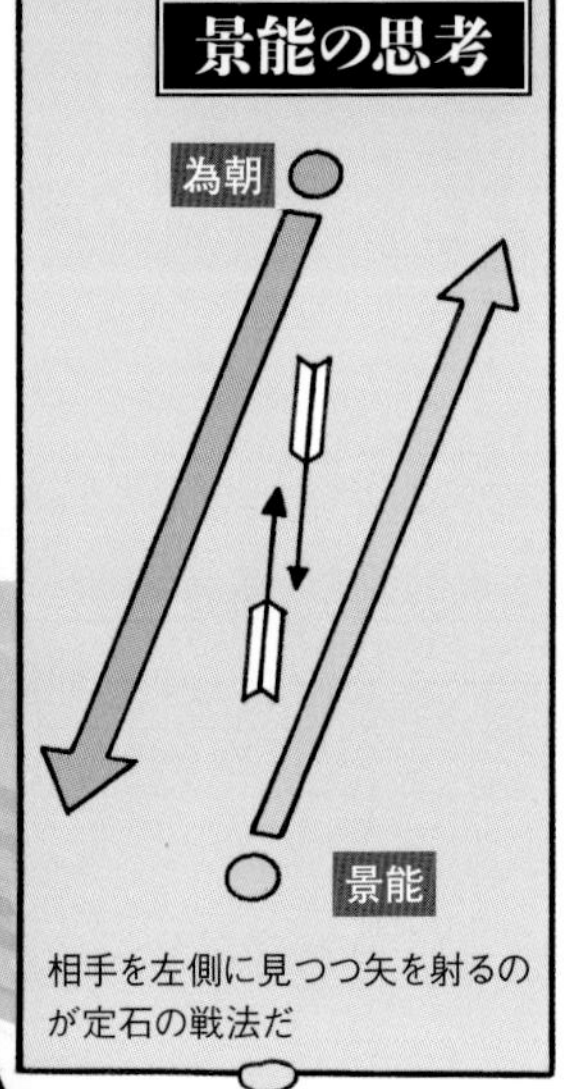
景能の思考
為朝
景能
相手を左側に見つつ矢を射るのが定石の戦法だ

しかし為朝と正面から矢を射合うのは自殺行為と同じ

だが為朝は九州育ちで馬に不慣れ、かつ弓はあまりに長大である

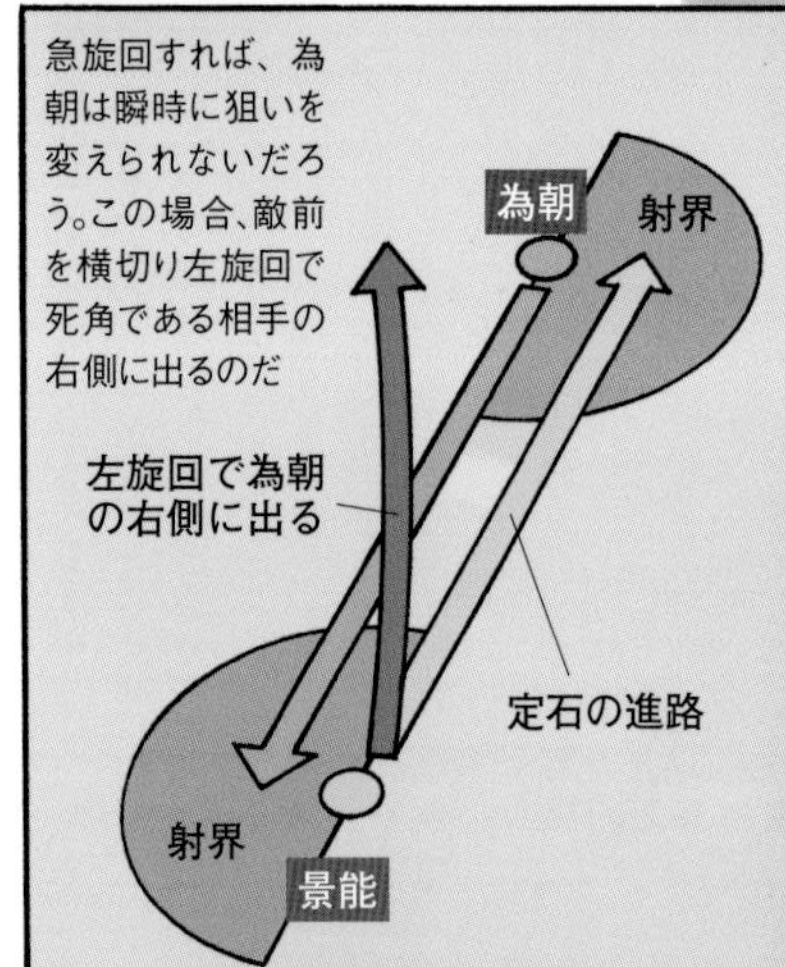
急旋回すれば、為朝は瞬時に狙いを変えられないだろう。この場合、敵前を横切り左旋回で死角である相手の右側に出るのだ
為朝
射界
左旋回で為朝の右側に出る
定石の進路
射界
景能

実際の進路
景能は左旋回して、死角となる右側に入り込んできた

予想進路
自分の左側を直進して矢を放ってくると予想していた
為朝の視点

為朝は照準を右に変えようとしたが、弓が馬の背に当たってしまう

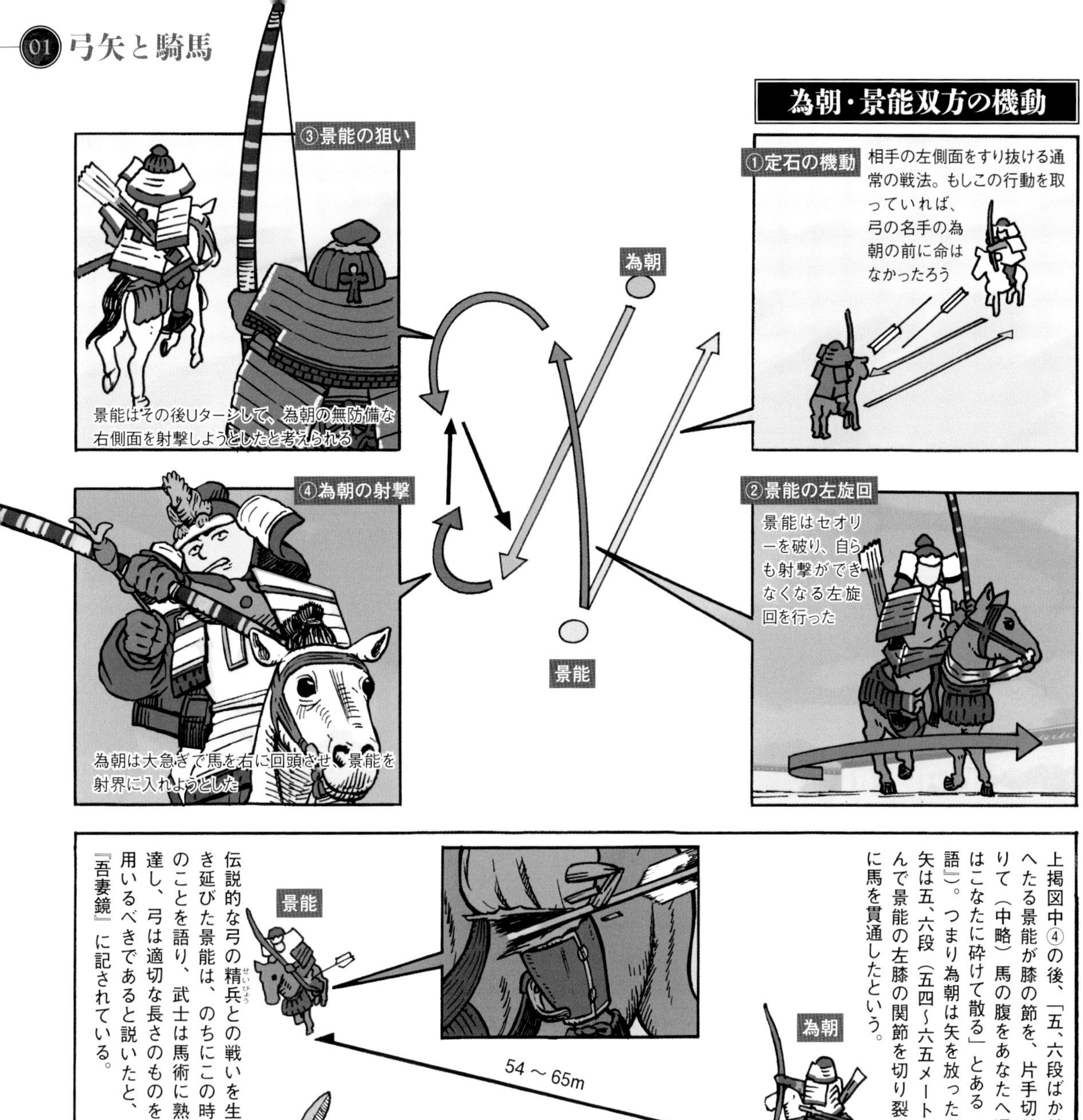

為朝・景能双方の機動
①定石の機動
相手の左側面をすり抜ける通常の戦法。もしこの行動を取っていれば、弓の名手の為朝の前に命はなかったろう
②景能の左旋回
景能はセオリーを破り、自らも射撃ができなくなる左旋回を行った
③景能の狙い
景能はその後Uターンして、為朝の無防備な右側面を射撃しようとしたと考えられる
④為朝の射撃
為朝は大急ぎで馬を右に回頭させ、景能を射界に入れようとした
為朝
景能
上掲図中④の後、「五、六段ばかりにひかへたる景能が膝の節を、片手切りに射切りて（中略）馬の腹をあなたへ通りて鏑はこなたに砕けて散る」とある（『保元物語』）。つまり為朝は矢を放ったが、その矢は五、六段（五四〜六五メートル）も飛んで景能の左膝の関節を切り裂き、さらに馬を貫通したという。
為朝
景能
54〜65m
伝説的な弓の精兵との戦いを生き延びた景能は、のちにこの時のことを語り、武士は馬術に熟達し、弓は適切な長さのものを用いるべきであると説いたと、『吾妻鏡』に記されている。
この時為朝が用いたのが、鏃の幅が6寸(18㎝)という巨大な鏑矢だった

弓矢のように、自分の体を間接的にエネルギー源として、かつ発射される飛翔体の距離と方向を自分の体でコントロールする武器を使用するには、高度の技量が必要とされる。

また射距離が遠くなれば、命中率は急速に低下する。殺傷力をもたらすエネルギーは、同時に飛翔体の命中率を担保する直進性にもかかわってくるからだ。そのうえ遠距離射撃には、目標付近の風向・風速という予測しきれない要素もある。さらに相手が生きた人間なら、当たらないように移動するし、武装していれば反撃する。

理屈のみで考えれば、移動する目標を、遠距離で当てるなど不可能に近いのである。結論としては、確実な射撃とは、なるべく死角に近寄って、かつ目標と自分の相対速度を限りなくゼロにするのが命中させる秘訣となる。

このときに発揮されるのが馬の機動力だ。武士を含め、弓射騎兵の最大の強みとは、馬を自在に操ることで、敵の射撃をかいくぐりながら、最適の射撃ポイントに占位できることに他ならないのである。

そしてそれは、馬を操りながら矢を射るという、現代から見ても魔法のような技である。古代から中世において、芸能は「神に捧げるもの」あるいは「神の力を得たもの」とされてきた。武士の殺人の技（戦場ならば戦技）は、その意味で「芸能」でもあったのだ。

02 大鎧

平安末の戦乱のなか、歴史の表舞台に躍り出た武士は騎射弓兵であった。軍記物に華やかに描写される彼らの鎧の本質を解説する。

平安時代中期（十世紀）から鎌倉時代にかけて、武士が主に用いた甲冑は、大鎧と呼ばれるものだった。大鎧の胴は前面、左側面、背面がひとつづきになり、大きく開いた右側面を脇楯と呼ばれる別パーツが塞ぐというユニークな形状をしている。これは律令制時代の騎兵用鎧（裲襠式挂甲）からの発展の過程で、左側面が一体化した段階で形状が様式化したためである。

前

前後左右がそれぞれ別パーツとなっている

後

背面の構造がわかるよう、矢を透かして描いている。背中の紐飾りは総角と呼ばれ、屈んだ際に袖が前に垂れないよう、袖の水呑環に付けた水呑緒を結びつけておくためのものである

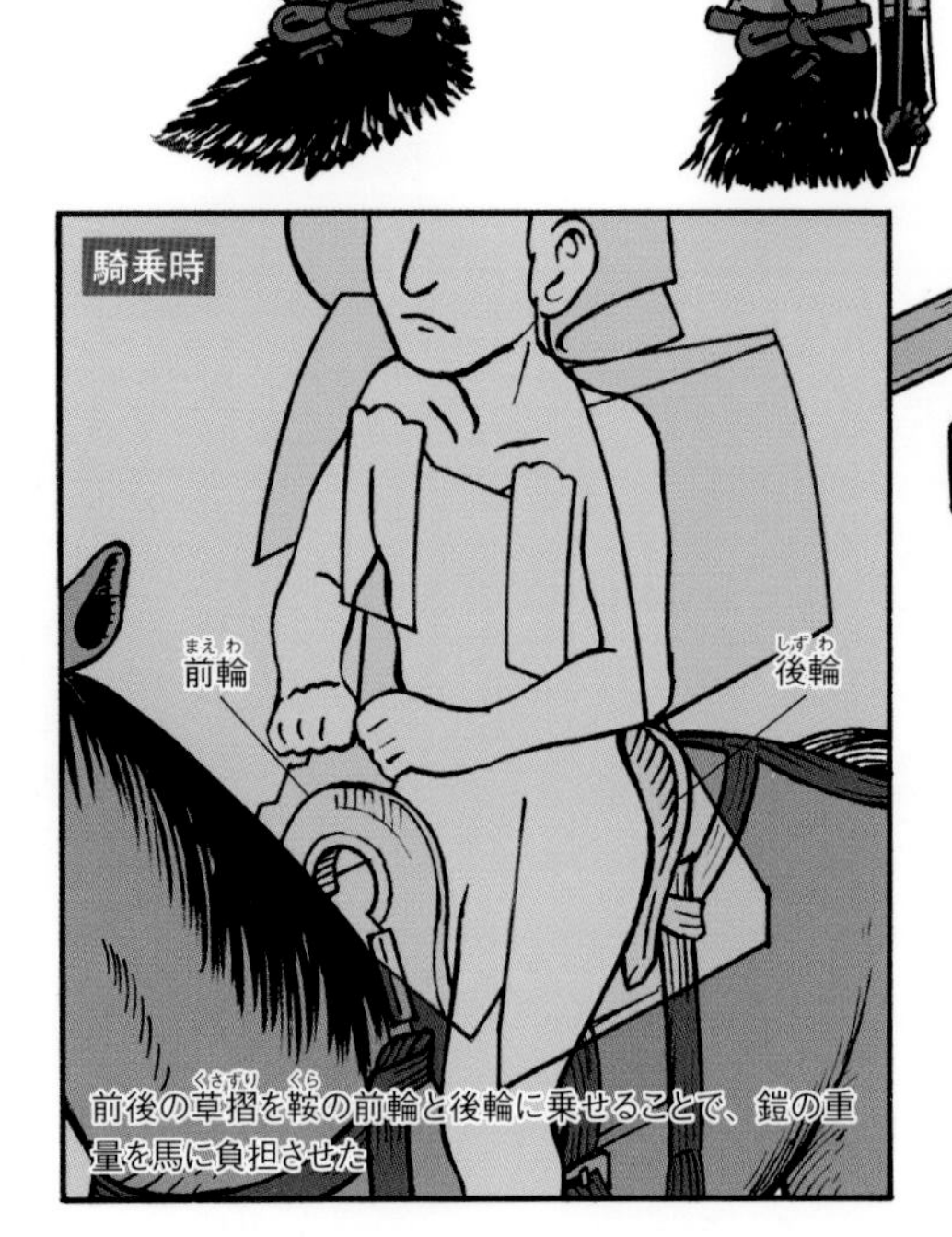

前後の草摺を鞍の前輪と後輪に乗せることで、鎧の重量を馬に負担させた

大鎧の構造

本文で述べているように、大鎧を始め中世日本の甲冑は、札板（札という、撓革または鉄製の小片で構成された横長の部品）を紐で上下に綴り合わせて鎧を形作っていく。

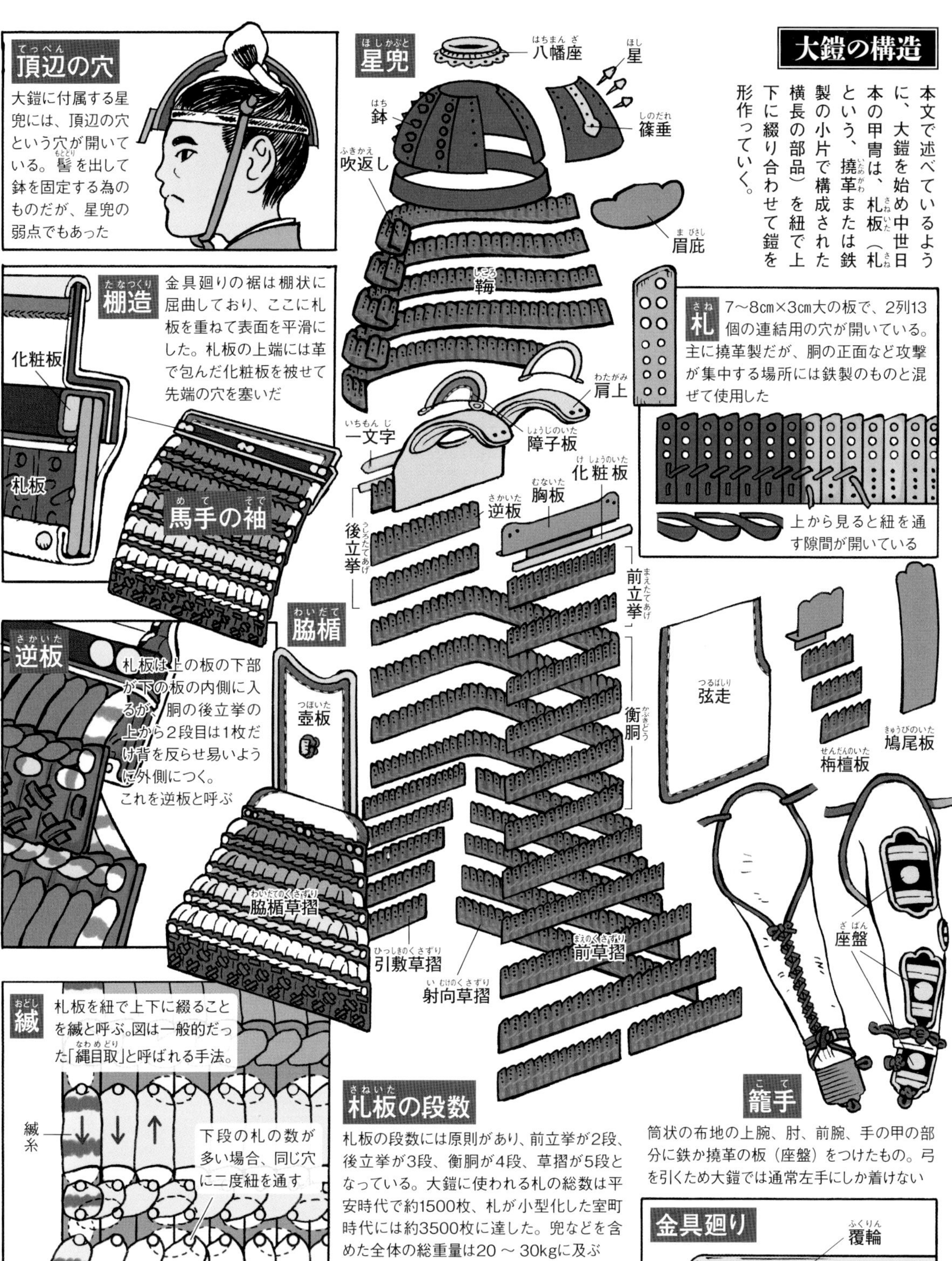

頂辺の穴 大鎧に付属する星兜には、頂辺の穴という穴が開いている。髻を出して鉢を固定する為のものだが、星兜の弱点でもあった

棚造 金具廻りの裾は棚状に屈曲しており、ここに札板を重ねて表面を平滑にした。札板の上端には革で包んだ化粧板を被せて先端の穴を塞いだ

札 7〜8㎝×3㎝大の板で、2列13個の連結用の穴が開いている。主に撓革製だが、胴の正面など攻撃が集中する場所には鉄製のものと混ぜて使用した

上から見ると紐を通す隙間が開いている

逆板 札板は上の板の下部が下の板の内側に入るが、胴の後立挙の上から2段目は1枚だけ背を反らせ易いように外側につく。これを逆板と呼ぶ

縅 札板を紐で上下に綴ることを縅と呼ぶ。図は一般的だった「縄目取」と呼ばれる手法。

下段の札の数が多い場合、同じ穴に二度紐を通す

札板の段数

札板の段数には原則があり、前立挙が2段、後立挙が3段、衡胴が4段、草摺が5段となっている。大鎧に使われる札の総数は平安時代で約1500枚、札が小型化した室町時代には約3500枚に達した。兜などを含めた全体の総重量は20 〜 30kgに及ぶ

籠手

筒状の布地の上腕、肘、前腕、手の甲の部分に鉄か撓革の板（座盤）をつけたもの。弓を引くため大鎧では通常左手にしか着けない

臑当

3枚の鉄、あるいは撓革の板を蝶番で連結して筒状に仕立ててある。装着する際は脛に紐で結びつけた

金具廻り

鳩尾板、胸板などの金属製部品には、模様を染めた革（絵韋）に赤革の縁取り（小縁）を縫いつけ、金銅製の覆輪を被せた

命中63本

貫通5本

大鎧の防御力

『平家物語』によれば、「以仁王の乱」における宇治橋の合戦で、以仁王方の浄妙明秀は、平家の軍勢と大立ち回りを演じた。戦いが終わってみると、彼の大鎧には無数の矢が突き刺さっていたという。

後で鎧に刺さった矢の数を数えてみると、六三本もあった。しかし裏側まで貫通した矢は五本に過ぎず、どれも軽傷で済んだ。鎧の防御力には個体差があるが、このエピソードは優良な鎧の防御力を証明する一例といえよう。

真光故実

無論大鎧にも構造的弱点がある。『平家物語』で藤平真光が語った合戦心得（通称真光故実）からそれを見てみよう。

延慶本『平家物語』小壷合戦

「軍に合ふは、敵も弓手、我も弓手に合はむとするなり、打解弓を引くべからず、あきまを心にかけて、①振合振合して、②内兜を惜しみ、あだ矢を射じと矢をはげながら、矢をたばい給ふべし、矢一つ放つては、次の矢を急ぎうちくわせて、③敵の内兜を御意にかけ給へ、④昔様には馬を射る事はせざりけれども、中比よりはまづしや馬の太腹を射つれば、跳ね落とされて歩立になり候、⑤近代はやうもなく押し並び組みて、中に落ちぬれば、太刀、腰刀にて勝負は候也」

まず①の「振合振合して」だが、これは肩を上下に動かして鎧を揺すり、隙間を塞ぐようにする行為をいう。また②③の「内兜を惜しみ」「敵の内兜を御意にかけ」だが、ここでいう内兜とは、むき出しの顔面のことである。自分が内兜を射られないよう注意しつつ、敵の内兜を狙えと説いている。

大鎧の弱点

頂辺の穴

顔面

首元

引合（脇楯と胴の隙間）

脇の下

草摺の外れ（草摺からはみ出た部分）

頂辺の穴

顔を守るため兜を傾けすぎると頂辺の穴を狙われるので注意する

射向の袖（左側の袖）

体をひねり左肩の射向けの袖を向けると、顔、首の大部分を防御できる。相手に接近する時に使われた

鎧突

紐で吊り下げられている札板は上下に隙間がある。鎧を揺すってこの隙間を塞ぐことを「鎧突」という

④の記述からは「治承・寿永の乱」以前から馬を射る戦法が増加したことがうかがえる。『源平盛衰記』によれば、こうして相手を落馬させたところで矢を射掛けた。

そして⑤の「押し並び組みて、中に落ちぬれば」だが、これは組討に移行するため、馬上で相手に掴みかかって相手もろとも落馬する行為を意味している。

組討

『平家物語』の記述などから、治承・寿永の乱での増加が指摘されるのが組討という戦闘法である。これは馬から下りた上で、太刀、腰刀で互いの首を取り合うというものだった。最初は一対一でも、やがて敵味方が集まり、乱戦になることも多かった。大鎧の草摺は組討の際の大きな弱点で、ここをまくり上げると急所があらわになる。

頂辺の穴

頂辺の穴に手を入れられると、そこから首を引き寄せられた

脇板　脇を突かれるのを防ぐため、鎌倉時代には衡胴に脇板をつけた

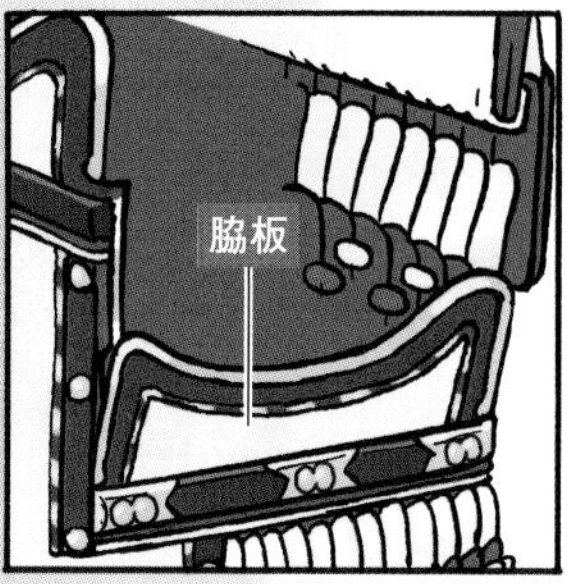

脇板

元来弓射騎兵用の鎧だった大鎧は重く、徒歩での行動には不向きだった。徒歩戦に対応していくつかの改良がなされたが、結局徒歩戦の増加と共に、大鎧は衰退していくのである。

武士が、戦闘の主体を騎射とする弓射騎兵である以上、彼らが着用する防具、すなわち大鎧もまた騎射戦闘を想定して作られている。なお「大鎧（または式正ノ鎧）」の名称は、後世名付けられたものであり[*1]、当時、鎧とは大鎧を指す言葉であった。つまり、歩卒用または軽装時に使用される「胴丸」「腹巻」「腹当」とは一線を画した存在だったのだ。

大鎧をはじめ、日本の鎧は、「札」と呼ばれる牛の撓革[*2]ないしは鍛鉄製の小片を革紐で綴り合わせて漆で固め横長の板とし、それを平織紐や革紐で繋ぐ（「緘す」という）のを基本構造とする。その原型は、大陸から入った「挂甲」のうち「裲襠式」と呼ばれるものである。

ただし本来の挂甲の札が金属製なのに対し、日本のそれは革が主体だ。これは当時の鍛鉄よりも防御力が高いからという説がある。だが大鎧では正面や左側面（騎射時の正面）など、重要部には鉄札を混ぜており（「金混」という）、革を主体とするのは、やはり生産効率を鑑みたものであろう（重量軽減の目的もあったろう）。

とくに挂甲から大鎧への変化が始まった八世紀末から九世紀初頭には、対蝦夷戦への鎧の大量需要が背景に存在していた。前回、武士の淵源を、対蝦夷戦での官軍騎兵と述べたが、これは鎧からも裏付けられるのだ。

ところで防具は、自らが使用する兵器の威力をもとに防護力を想定するのが基本だ。では大鎧の弓に対する防護力はどうだったのであろうか。それが実はよくわからないのである。和弓が技術的に完成したのは室町時代であり、現在の和弓で試し射ちをしても当時の正確な威力はわからない[*3]。なにより弓は個人の力量によって威力がバラバラだ。

つまり、鎧の防護力は、戦国時代に至るまで基本構造に変化がないことから、武士たちは必要充分と判断していたのであろう[*4]。しかし、騎射戦に特化した大鎧は、その後の戦闘形態の変化から、形状の変化を求められるようになる。

＊１＝大鎧の名称は近世に入ってから、式正ノ鎧の名称は、室町期からとされる。 ＊２＝牛の生皮を、膠（にかわ）を溶いた水に漬けたのち、槌などで叩いて固く締めた革。 ＊３＝かつて筑波大学で現在の和弓を用いた実験を行ったところ、射距離15mで、水を入れたブリキのバケツや、吊るした１㎜厚の鉄板、固定した1.6㎜厚のフライパンを貫通している。 ＊４＝弓の威力が個人の力量に負うところが大きいように、鎧も、発注する武士の好みが反映されており、防御を重視する武士の場合、鎧を重ね着する場合もあった。

03

腹巻・胴丸・腹当

大鎧を着る武者たちが繰り広げる華麗な一騎打ち。しかし、そうした戦いは、「源平合戦」の中で廃れていき、代わって新たな鎧が主流となってくる。

平安・鎌倉期において、戦場の主役は武士であった。しかし、彼らが戦闘要員の全てだったわけではない。もともと相応に高い身分を持つ武士は、戦場に多くの従者をともなって来た。

これら無名の従者たちも、やがては武装し戦闘に参加するようになる。当然騎射戦用で大重量の大鎧とは別に、徒歩戦用の軽快な甲冑が求められた。

初期の腹巻（平安中期）

腹巻

軽快な徒歩戦用甲冑として最初に登場したのが腹巻である。革または鉄製の札で構成する製法は大鎧と大差はない。大鎧との最大の差異は、脇楯を用いず、右側に引合（着脱のため開閉する部分）を持つ一体型の構造となっている点である。その成立は平安時代の中頃と考えられ、当初草摺は五間（横に五枚あるという意味）だったが、平安時代の終わり頃に八間に細分化された。

腹巻の構造①

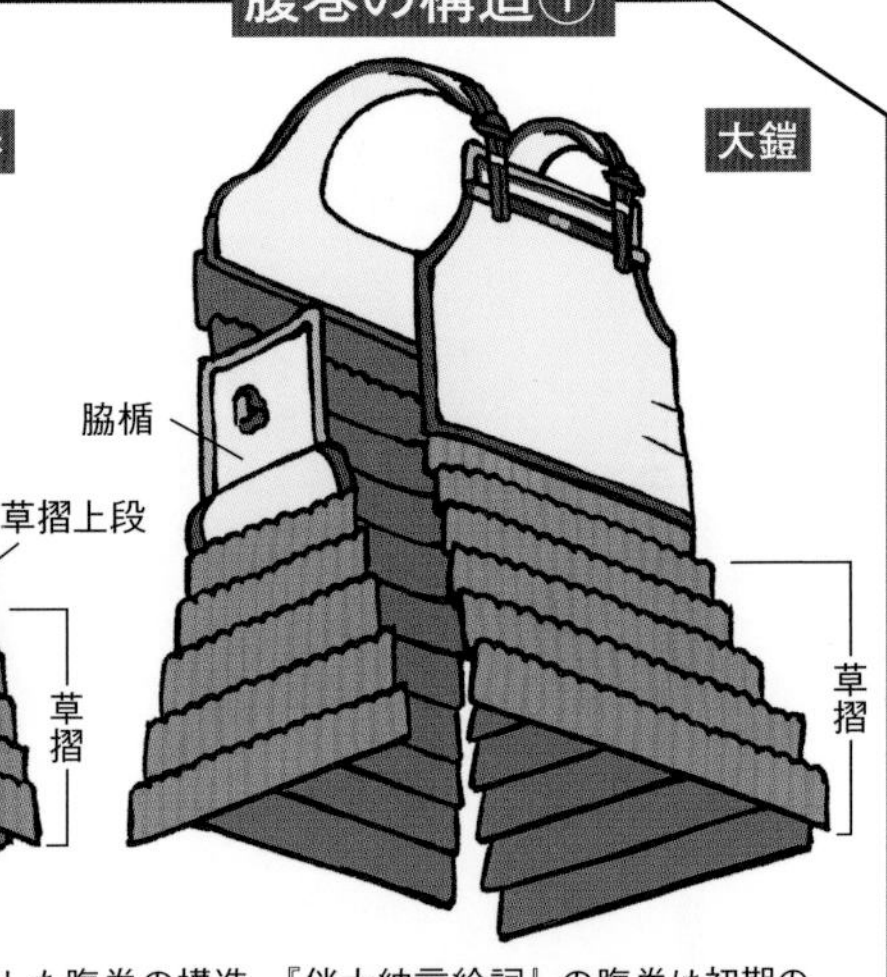

大鎧と『伴大納言絵詞』から推定した腹巻の構造。『伴大納言絵詞』の腹巻は初期の特徴を残していて、草摺の上段が五間で、途中から八間に分かれている

右のイラストは『平治物語絵詞』などから類推した、平安末〜鎌倉期頃の腹巻姿の歩卒である。草摺の細分化は足を動かしやすくするためであり、中世の絵画資料においては、腹巻姿の歩卒が素足で軽快に走り回る姿が多く描かれている。原則として袖は付かず、肩には杏葉と呼ばれる防具が付いた。総重量も一〇キロ前後で、大鎧に比べて軽量であった。

しかし騎射戦術が衰退し、大鎧が廃れていくと、身分の高い武士も腹巻をつけるようになった。上級武士用の腹巻では、兜、袖、脛当といった付属具が付くようになる。胴、兜、袖がそろった腹巻は三物完備の腹巻と呼んだ。

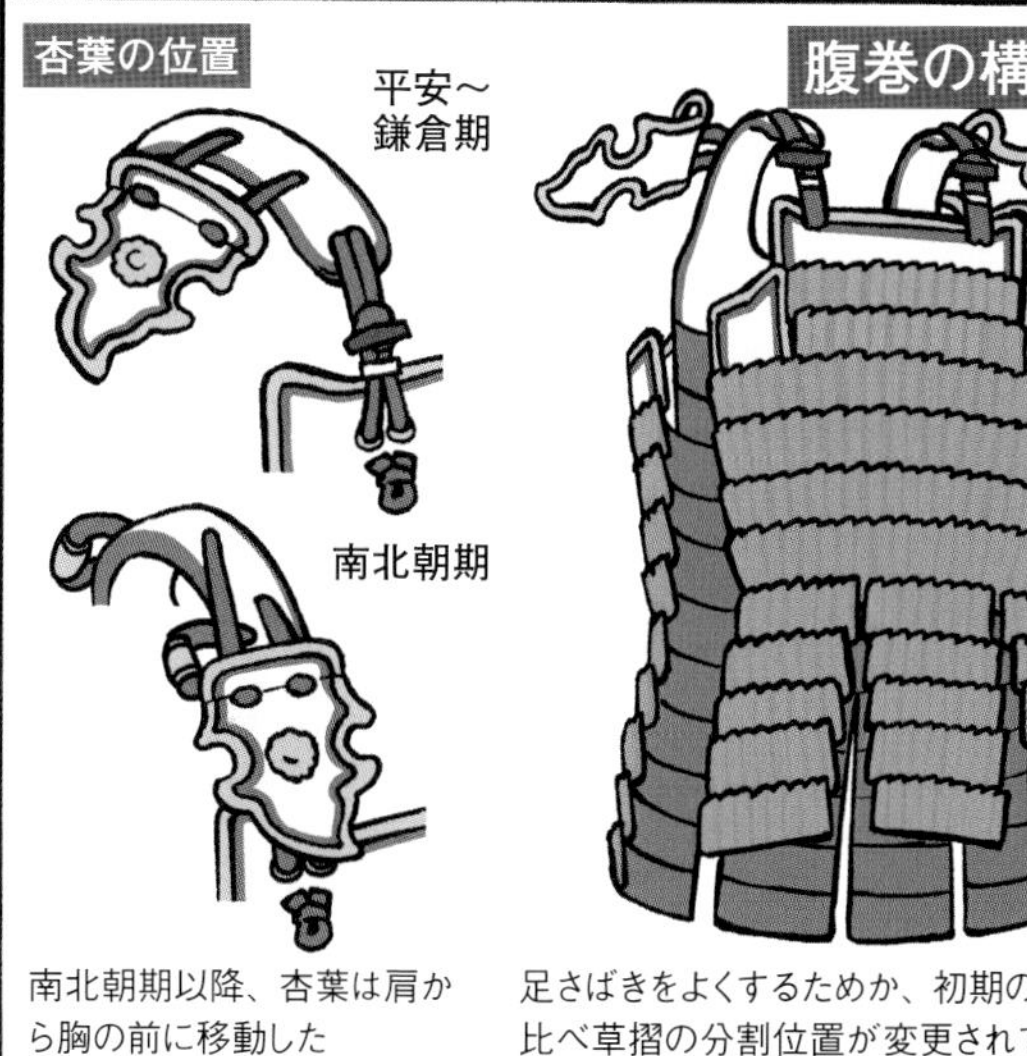

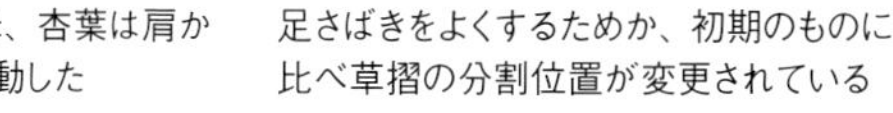
南北朝期以降、杏葉は肩から胸の前に移動した

足さばきをよくするためか、初期のものに比べ草摺の分割位置が変更されている

▲腹巻に兜、大袖をつけた重武装の下卒

▲矢への防御のため左側にだけ大袖をつけている

▶下散鞠の兜をかぶり、太刀で戦う

武士は片手のみだが、腹巻を着用した下卒たちは両手に籠手を着けた。これを「諸籠手」という

「腹巻鎧」とは、大鎧と腹巻の折衷型ともいえる鎧で、腹巻のように右引合、草摺は八間だが、胴の前面に弦走を貼り、栴檀の板と鳩尾の板をつける。瀬戸内海の大三島にある大山祇神社に現存することや、『蒙古襲来絵詞』にも描かれているため、舟戦用ともされているが、『平治物語絵巻』に計11領ほどが描かれており、徒歩戦闘用に一定数が製作されたと考えられる。

腹巻鎧

平安末期の腹巻鎧の構造

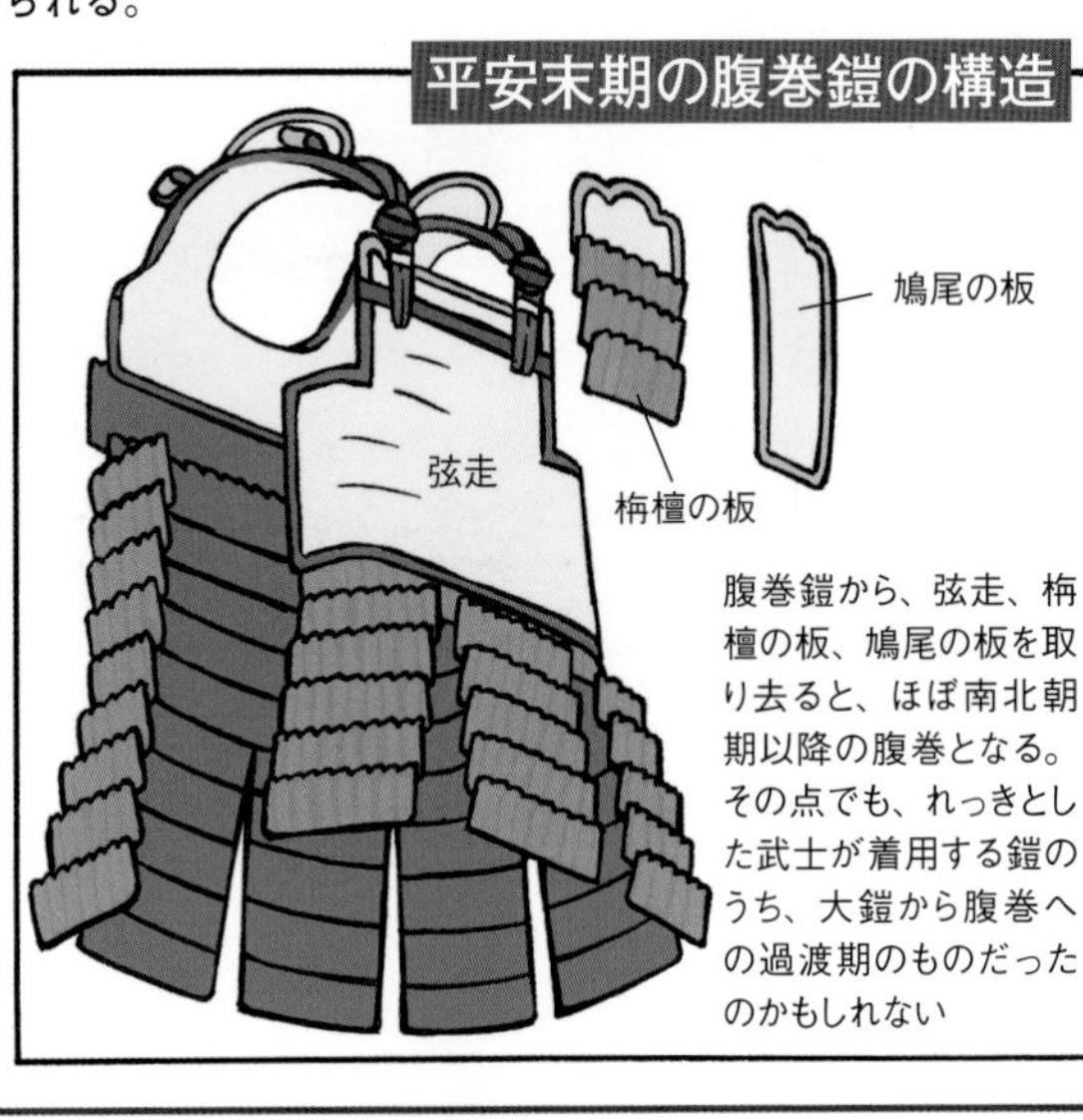

腹巻鎧から、弦走、栴檀の板、鳩尾の板を取り去ると、ほぼ南北朝期以降の腹巻となる。その点でも、れっきとした武士が着用する鎧のうち、大鎧から腹巻への過渡期のものだったのかもしれない

赤糸縅鎧・大袖付

棚造（前項参照）にならず冠板から直接札板を縅下げている
兜は現存しないため推定である

大山祇神社が所蔵する「赤糸縅鎧・大袖付」は、現存する唯一の腹巻鎧で源義経が奉納したとされる。イラストでは弦走で見えないが、前立挙と長側が、それぞれ一段多いという特殊な作例である。現状の草摺は七間だが、本来は八間だったと思われ、イラストもそのように再現した。

胴丸

鎌倉時代半ばから後半にかけて成立した新式の鎧が胴丸である。その成立過程は判然としないが、後述する腹当の左右に、草摺一間分幅を増して生まれたと考えられている。腹巻の引合が右側であるのに対し、胴丸では背中にくるのが特徴である。腹巻と同じく、のちに上級武士も身につけるようになった。

胴丸を着けた歩卒。正面から見た限りでは、腹巻と胴丸はほとんど区別がつかないが、このように後ろから見ると違いがよくわかる

胴丸の構造

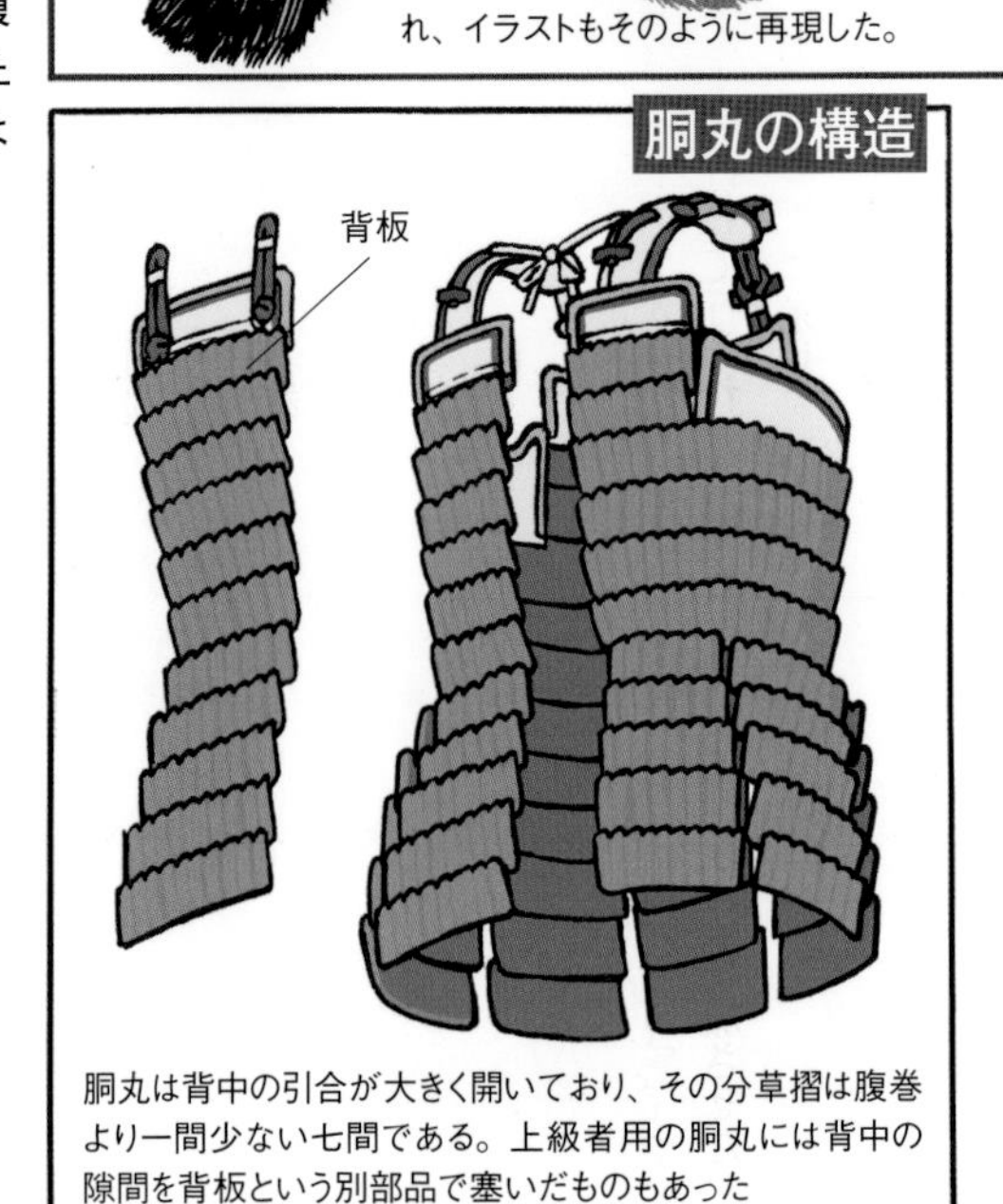

胴丸は背中の引合が大きく開いており、その分草摺は腹巻より一間少ない七間である。上級者用の胴丸には背中の隙間を背板という別部品で塞いだものもあった

03 腹巻・胴丸・腹当

腹巻と胴丸の時代による呼び方の違い

	中世	戦国時代（中世末～近世初頭）
右引合、草摺八間	腹巻	胴丸
背中引合、草摺七間	胴丸	腹巻

腹当

鎌倉時代半ば頃に生まれ、胴丸の祖型となったといわれるのが腹当である。背中は全くの無防備で、腹部のみを覆う非常に簡素なものだった。衣服の下に着用することも多く、主に下卒用だが、上級者が用心のため着けることもあったようだ。

腹当の構造

下卒用の簡易な鎧だったので、鎌倉期にさかのぼる現存例はない。背中の部分だけでなく、胴正面の長側、草摺の段数も省略されている。背中で交差した肩上でエプロンのように着用する

前項で述べたように、大鎧は本格的な戦闘に用いるものであり、乗馬しての弓射戦に特化した防具であった。

戦士階級である武士は、あらゆる戦闘行動（というよりは暴力の行使か）を行う。このため、乗馬では不向きな地形や時期の戦闘のほか、検断（治安・警察行動）等の、本格的な戦闘に比べれば軽易な武力行使に使用する鎧も存在していた。「腹巻」「胴丸」「腹当」である。

これらの鎧は、武士に徒歩で従う従者用のものだが、本来は、あらゆる戦いに備える必要があった武士たちの、本格的な騎射戦闘以外で使用したいという要求から生まれてきたとも考えられる。

平安時代後半に制作され、「応天門の変（貞観八年＝八六六）」を描いた『伴大納言絵詞』には、初期の日本独自の甲冑が描かれていることで有名だが、そのなかには大鎧（の初期形式）と共に、こうした軽快な鎧が登場する（ただし着用者である検非違使の随兵は騎乗姿で描かれている）。

徒歩用の三つの鎧のうち、腹巻は右脇で胴の部分を閉じる（「引合」という）。ついで背中で引き合わせる胴丸が登場する（文献上は鎌倉末期、絵画史料上では元亨三年〈一三二三〉作成の『拾遺古徳伝』からとされる[*1]ので、実際の登場は、それより遡ると考えられる）。

腹当は、胴の前部のみを覆うもので、本来は下卒用だが、上級武士や貴族が常の装束とともに着用する場合もある。文献、絵画史料の両者では、鎌倉時代末期に現れる。胴丸は、構造的に腹当から発達したと考えられるが、腹巻に比べてサイズの融通が利くため、後述するように、徒歩兵が大量に動員された治承・寿永の内乱の戦訓をもとに作られたのであろう。

ところで、胴丸と腹巻の引き合わせの違いの記述を読んで、「間違いでは？」と思われた方もいるかもしれない。しかし、すでに近藤好和、藤本正行両氏の研究[*2]により、戦国期に胴丸と腹巻の名称が逆転していることが明らかになっている。本稿でもこれにしたがって記述している。

ともあれ、徒歩戦闘用の鎧である腹巻（そして胴丸）は、重量を馬に預ける大鎧と違い、体にフィットさせることで、肩と腰に重量を分散させ、またこれにより、大鎧よりも隙間を少なくすることができた。分割された草摺と相まって、刀や薙刀での徒歩格闘戦に便利なようにできていたのである。

また肩に付ける防具が、大鎧では、矢に対する盾となる袖（大袖）なのに対し、杏葉は斬撃に対する防御を主眼としている。付け加えれば、腹巻を使用する際の籠手は両腕に着ける（「諸籠手」という[*3]）。

こうした徒歩戦闘用の鎧である腹巻は、大鎧の形状に影響を与えた。鎌倉時代以降、大鎧は徐々に腰窄まりとなり、重量を腰でも支えられるようになる。とはいえ、次の戦乱の時代である南北朝時代からは、大鎧に代わって腹巻と胴丸が甲冑の主役となるのだ。

だがその兆候は、治承・寿永の内乱期にすでに現れていた。「諸国ノ駆武者」と呼ばれた大量の兵力動員による騎射技術の低下によって、前項で解説したように、騎射で相手をしとめることが難しくなり、戦いは容易に下馬しての格闘戦にもつれ込んだ。さらに杣工などを動員して行われた築城は、下馬戦闘の機会を増加させた。

大鎧を着用した弓射騎兵による戦いは、後世のイメージとは異なり、「源平合戦」のなかで黄昏を迎えようとしていたのである。

＊１＝近藤好和『中世的武具の成立と武士』、藤本正行『鎧をまとう人びと』　＊２＝すでに歴史学者で有職故実の専門家である鈴木敬三が1962年の論考で指摘している。藤本『鎧をまとう人びと』　＊３＝あくまでも原則で、下卒の場合、『平治物語絵詞』にあるように、一組の籠手を二人でわけて着ける場合もある。

04 太刀と薙刀

太刀と薙刀という中世を代表する武器は、戦場でどのように使われたのだろうか。その誕生と武器としての位置づけを考える。

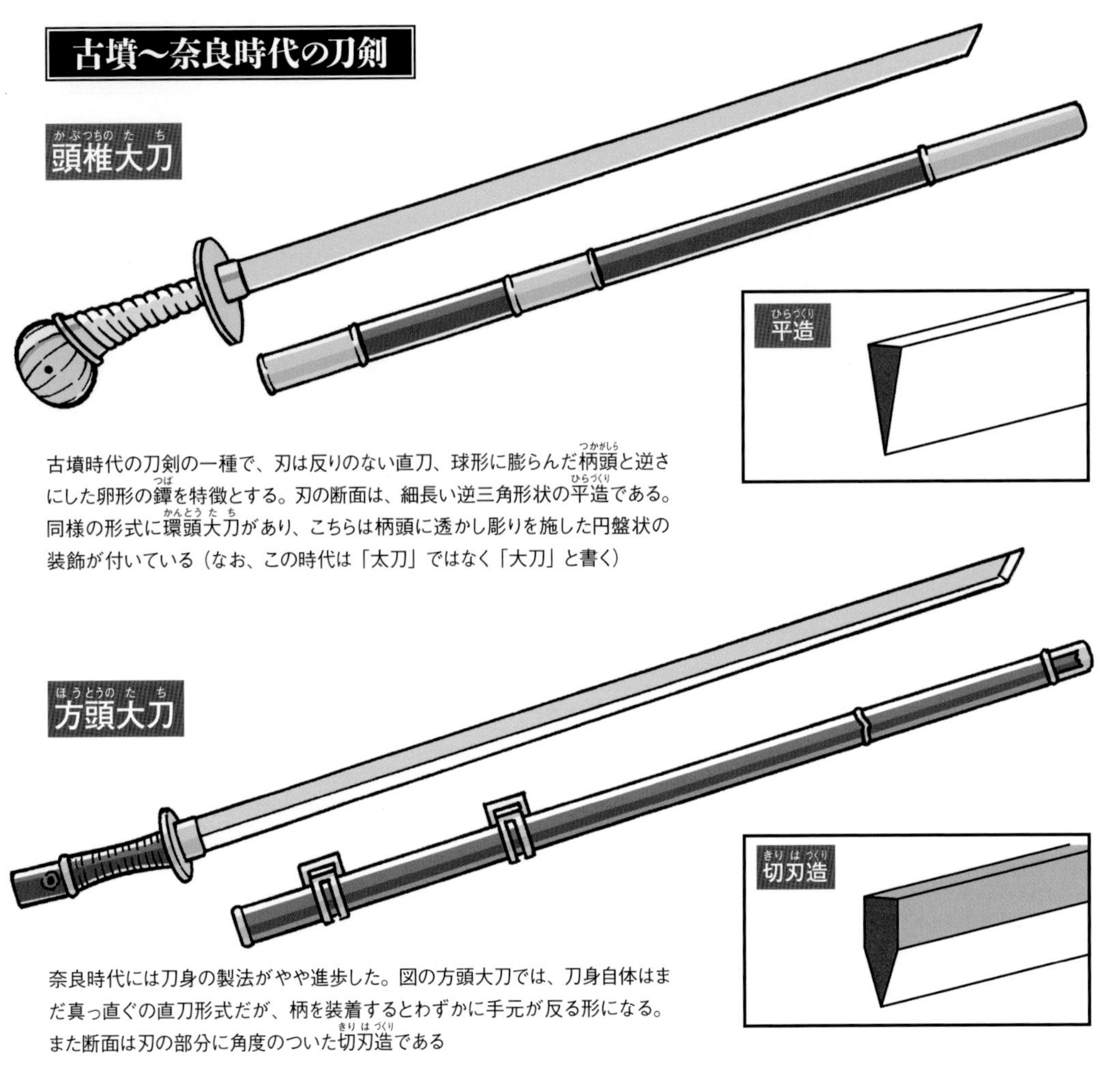

古墳〜奈良時代の刀剣

頭椎大刀

古墳時代の刀剣の一種で、刃は反りのない直刀、球形に膨らんだ柄頭と逆さにした卵形の鐔を特徴とする。刃の断面は、細長い逆三角形状の平造である。同様の形式に環頭大刀があり、こちらは柄頭に透かし彫りを施した円盤状の装飾が付いている（なお、この時代は「太刀」ではなく「大刀」と書く）

方頭大刀

奈良時代には刀身の製法がやや進歩した。図の方頭大刀では、刀身自体はまだ真っ直ぐの直刀形式だが、柄を装着するとわずかに手元が反る形になる。また断面は刃の部分に角度のついた切刃造である

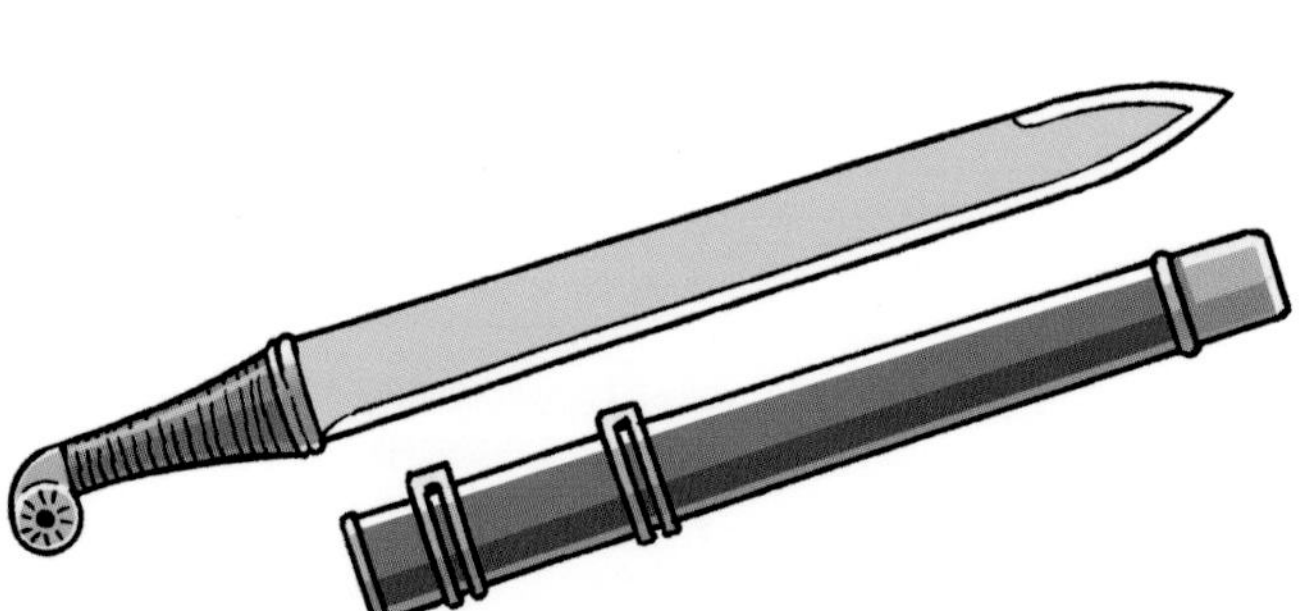

蕨手刀

古墳時代から奈良時代にかけて使われた刀剣で、柄の後端部が蕨のように丸まっていることからこの名がついた。刀身は短い反面、身幅があり、断面は切刃造である。中部地方から北海道にかけて広く分布しており、土着の実用的な刀剣であった。

刀剣は、人類にとって最もポピュラーな「武器」ではあるが、世界的にみて「兵器」として戦場で主用されることがあまり無かった。

一方、弓矢と同様に狩猟道具から発展した長い棒状の柄を持つ武器、いわゆる長柄武器は、火器の発達以前には、主要な兵器として用いられた。

中世の日本においての刀剣と長柄武器は、日本刀の一種である「太刀」と、「薙刀（中世・戦国では長刀）」である。

この二つは、戦場においてどのような存在だったのだろうか。戦技という視点で考えたみたい。

まずは太刀からだ。

太刀（というより日本刀）は古代から使用されている中国式の直刀と蝦夷の蕨手刀の両者の影響を受けて、平安時代中期に誕生したとされる。武士とともに生まれた武器なのである。

誕生時の太刀には二種類があり、一つは、刀身と柄が一体の共鉄造で、柄に中空部分のある衛府太刀（毛抜形太刀）である。

衛府太刀は、刀身と柄が一体であるため、斬撃時の衝撃に対する抗堪力を持ちながら、中空部分が衝撃を吸収するという優れた特性を持っていた。

しかし、おそらくは製造に高度の技術を要するために早くに廃れ、刀身の

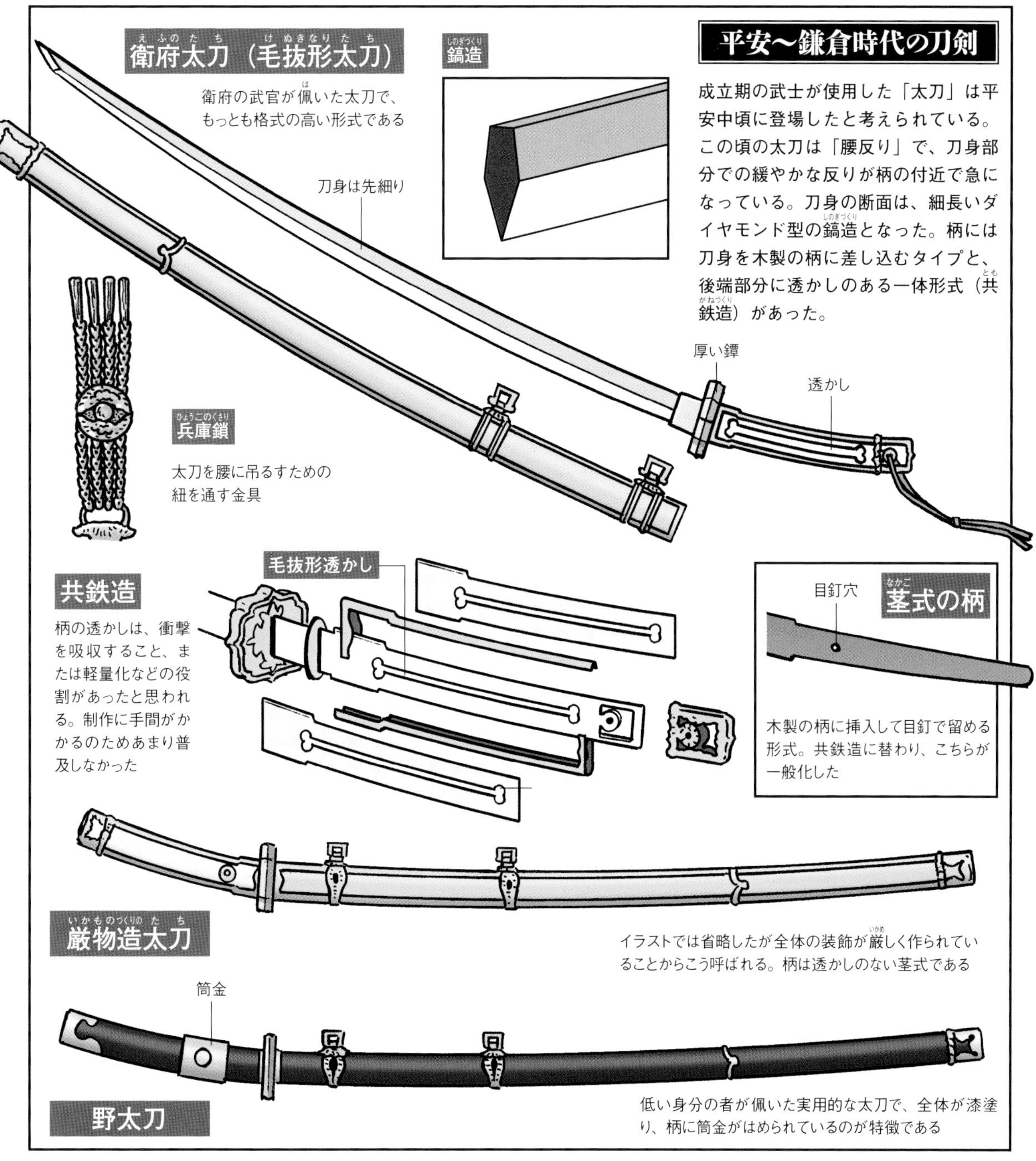

端部（茎）を木の柄で包み、それを、「目釘」という竹あるいは金属のピンで固定する形になった。この形は中国式の直刀の一部にあったものだが、日本刀すべての特徴となる。ただ、衝撃吸収力はあるが、柄と刀身がガタつきやすいという欠点を持っていた。*1

こうした欠点は、長い日本刀の歴史のなかでついぞ改良されなかったが、使用者である武士たちが、それで構わないと考えていたのだろう。つまり太刀をはじめ、刀にさほどの頑丈さを期待していなかったのだ。要するに戦場において太刀は、主要な存在ではなかったのである。

誕生時から鎌倉時代までの太刀は、後代のそれに比べて柄が短く、基本的には片手で使用することが前提となっている。また反りは、馬上からの斬撃に適している、というのが定説である。

たしかに騎馬民族の刀剣はおしなべて反りの入った彎刀だし、近代の騎兵用軍刀も彎刀が多い。このように見ると、なるほど太刀は馬上での斬撃に適しているように見える。

しかし、『今昔物語』等では太刀の使用は徒歩戦に限られるという。*2

加えて、ここで取りあげている時期の太刀は、「腰反り」と呼ばれ、柄から刀身の根本までの部分の反りが大き

＊１＝日本刀は、使用後に刀身の歪みを取り（鍛えがよければ自然に元に戻るという）、また刃を砥がなければならないという、使用に手間のかかる武器だが、その反面、目釘を抜くと簡単に分解でき、整備性という点では画期的な側面を持つ。　＊２＝近藤好和『中世的武具の成立と武士』

騎射(きしゃ)から打物(うちもの)へ

平安・鎌倉時代の武士は騎射戦をもっぱらとした。ではどのような時に武士は打物戦(うちものいくさ)（太刀・薙刀での戦闘）に移行するのだろうか。第一に、矢を射尽くした場合が挙げられる。矢が無くなれば必然的に弓の使用が不可能となり、馬上での太刀の使用に移行する。第二の利用が落馬した場合である。この時は、弓が使用可能であっても、太刀を抜いて打物戦に移る。また治承・寿永の乱以降は最終的に、相手に組みついての首の取り合いに発展した。

騎射

武士が修めるべき第一の武芸は、馬上から矢を放つ騎射の技術であった。馬を疾走させて相手を射界に入れ、あるいは敵の射界から離れ、射撃の応酬をする。基本的に武士は馬に乗って弓を携えた状態で戦闘に入り、太刀を使用するのはなんらかの理由で騎射が行えなくなった時である

落馬打物

馬を敵に射られるなどして落馬した場合は弓を捨て、太刀を抜いて戦う。落馬後に弓を使用しない理由は、徒歩で弓を射る場合はその場で立ち止まらざるを得ず、馬上の敵からの格好の的となってしまうからと推察される

馬上で組みつく

馬上打物

矢が無くなるか、あるいは弓が損傷するなどして、弓の使用が不可能となった場合、馬上で太刀を抜いての打物戦へ移行する。太刀は馬上では片手で使用し、また文献によれば馬の左側に振るうのが基本であったようだ

組みつく

下馬・落馬する/馬上で組みつく

組討(くみうち)

武士の戦闘の目的は敵の首を取ることであり、最後には組討戦となった。組討に使用されるのは腰刀であり、相手を地面に組み伏せたうえで止めの一撃を加え、首を切り取る

積極的に下馬する場合

徒歩での打物戦は、落馬した場合に消極的に選択されるものであった。ただしあえて馬から下りて太刀・薙刀で戦う場合もあった。例えば室内での戦闘である。狭い室内では刀剣のほうが戦いやすく、平安時代に頻発した京市街での小規模合戦では室内戦の機会も多かった。また『蒙古襲来絵詞』では敵船上の武士は太刀を抜いた姿で描かれており、接舷戦では太刀が利用されたことがわかる。また城郭への突入の際も太刀が主力武器となった

馬上突きの場合、自分の右側に相手を見ることになる。狙いは大鎧の弱点である内兜（顔面）あるいは喉元である

馬上の武士は、左肩を前に向け、袖で顔と喉元の弱点を覆いつつ敵に向かって突進する

馬上突き

ここでは、太刀の腰反りで先細りという形から推測した馬上における突きの動作を解説する。初期の太刀の特徴的な形状はこのような使用法を可能としたかもしれない。

一連の動作

①接近
太刀を右脇に構え、刃を外側に向けて相手に接近する。この時腰をひねり、左の袖を相手に向ける。「射向（いむけ）けの袖を真向（まっこう）に当て」るなどと表現された、内兜を守る姿勢である

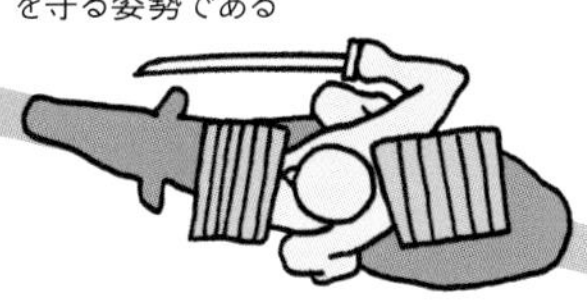

②照準
左肩を前に向けた状態から、相手の内兜、喉元といった弱点に狙いを定めて太刀を繰り出す

③突く
相手とすれ違いざまに突く。鋒（きっさき）が刺さったら、手首を右にひねって切り抜く。またこの戦技は、相手を後ろから追撃する場合など、対向状態でなくても使えただろう

目標
鋒で切り抜く
刺突

鉢を打つ

一方で軍記物の記述から確認できるのが、「兜の鉢を打つ」という使用法である。太刀で鎧や星兜を切断するのはまず不可能なので、頭を打って脳震盪を起こさせるのである。また兜の緒が二本のみの星兜は固定が不十分で、強く打つと脱げてしまうものだった

く、尖端に行くほど直線に近く、かつ細くなる。

本来、斬撃に最適化するならば、後代の日本刀全般のように、均等な反り（その形状から「鳥居反り（とりいぞり）」と呼ばれる）をつけるべきだろう。

さらに、刀身長が六〇～七〇センチ程度[*3]では、大鎧（おおよろい）を着て騎乗した武士同士が効果的な斬撃[*4]を行うには長さが足りないであろう。言われるほどには、馬上での斬撃に適してはいないのだ。では武士たちはどのように使ったのだろう？

ここからは、筆者の推定である。おそらく騎乗した武士同士の戦いでは、刺突（しとつ）を主体に太刀を使用していたのではないだろうか。

大鎧にしても胴丸（どうまる）、腹巻（はらまき）にしても、その構造上、刺突には弱い。

とくにお互いが対向状態で激突する場合、矢の正面射撃の際にとる防御態勢である左の袖を盾にした（「射向（いむけ）ノ袖ヲ真向（まっこう）ニ当テ」る）姿勢から、顔面や喉元といった部分を狙って、太刀を突き出すのが効果的と考えられる。

この場合、槍のような武器だと、引き抜きが遅れれば、落馬・転倒の危険性がある。

弓矢を主体として戦っていた平安

＊3＝津野仁『日本古代の武器・武具と軍事』所載の発掘遺物データより。また『平家物語』の異本である『源平盛衰記』には長大な太刀が登場するが、同本の性格から誇大な表現だと考える。　＊4＝実験によれば截断にさいして最も効果のある「物打（ものうち）」の部分は二尺三寸（約73cm）の太刀で鋒尖端より20～30cmほどという。

律令軍団制と鉾

「軍団」とは奈良時代に整備された軍事組織である。明確な階級制度と定数化された部隊編成を持ち、徴兵された公民を主体としていた。この軍団兵が装備した白兵武器のなかに鉾がある。長い柄の先に刺突用の刀身がついたものである。一見「槍」と同一のものに見えるが、鉾は中国由来の武器で、両手で突き出す使い方をする。一方、槍（正しくは鑓）は日本固有のもので、左手をガイドに右手で突き出して使う。しかし八世紀終わりには多くの軍団が騎射弓兵の健児にとって替わられ、それとともに鉾も衰退した。

左図は奈良時代の軍団兵の想像図である。奈良時代の綿襖甲は遺物が現存せず、作図にあたっては笹間良彦氏の復原画を参考とした。装備は弓・矢・太刀・刀子（小刀）は自弁だったが、鉾は国が管理する官給品であった

律令軍団制と鉾の衰退

律令軍団制と鉾の衰退の理由であるが、第一に日本の国情に合わなかったことに求められる。鉾のような武器は密集した横隊でこそ真価を発揮するが、日本にはそれに必要な広く平坦な地形が乏しかった。また蝦夷のゲリラ戦的な戦いに対抗するには、機動性に富む騎馬隊の方が都合が良かったのも一因であろう

戈

鉾

馬上の敵を引きずり落とすのに使う鎌

刀身
鉾の刀身はソケット状の部分に柄を差し込む形になっている。

打柄
鉾の柄には木製の他に、木の芯材に竹を張り合わせた打柄もあった

戈は馬上武器であるが、騎兵が少なかった奈良時代の日本では斧のように使用された

時代末期の武士たちは、鑓を主体に戦う戦国時代の武士に比べて刺突武器の扱いには慣れていなかったはずだ。

だが、太刀ならば、刃の付いた方向に斬り抜くことは簡単だ。とくに柄の近くで彎曲した腰反りの太刀ならば、手首の運動でそれは容易であろう。

ただし、このような戦技は、太刀の形ありきで存在したのか、あるいは最初に戦技ありきで、太刀の形状がそれに適応したのかは不明である。

さて、次は薙刀である。

薙刀は、徒歩兵あるいは僧兵の武器として主に用いられ、中世を通して「長刀」と表記される。

日本刀とほぼ同様の刀身を、柄に嵌め込んで目釘で固定する構造で、文字通り長い刀なのである。

また刀身に反りが入っている彎刀のため、斬るという機能に優れているが、鋒が長いので、刺突にも充分な威力を発揮する。さらに柄の後端の「石突」という部位を使用した打突や、長柄武器全般の特徴である殴るという使用もできた。とくに初期の長刀は[*5]――ひどく湾曲して描かれた絵画史料と異なり――反りが浅く、刺突能力に優れているのが特徴

＊5＝現存遺物は鎌倉時代のものを最古とする。

長刀

長刀は、通常四～五尺（約一二〇～一五〇センチ）の柄に一尺数寸（約四〇～五〇センチ）の刃を取り付けた武器で、主に歩卒や僧兵が用いた。絵巻ではかなり軽装の歩卒も装備しており、広く普及していたことがわかる。江戸時代以降、「薙刀」と表記されることからもわかるように、斬り払うように使う武器で、長い柄によって遠心力が加わり高い攻撃力を発揮した。また、切るだけでなく突いて使うこともできた。

薄い

茎

石突

長刀の刀身は薙刀造といい、棟側の厚みが鋒から刃の半ばまで薄くなっているのが特徴である。また大きな力が加わるためか、長刀の刃の茎は太刀と比較してかなり長い。柄を切り落とされない工夫でもあったろう

長刀の柄は木製か打柄だった。また斬撃の際に手の中で回転しないように楕円形をしている

謎の武器〈手鉾〉

長柄武器のひとつに「手鉾」というものがある。本稿を記述するにあたって基礎文献として使用している近藤好和氏の著作『中世的武具の成立と武士』によれば、同時代には小さな薙刀（小薙刀）とも呼ばれていたらしいが、その形状は、絵画史料から見ると、最初期の鑓である、いわゆる菊池鑓（菊池鑓の成立と名称自体は多分にフィクションである）に似た、長柄に片刃の短刀を付けた槍状の武器なのがわかる。刺突に特化した武器だったことから、中世前期に少数が使用されたのみだったのであろう

水車に回す

軍記物において薙刀が使用される場面では、「水車に回す」といった記述が散見される。これは、薙刀の中心部を持って薙刀を回転させる使用法を意味している。『石山寺縁起絵巻』にはこれを練習する僧兵が描かれていて、盛んに用いられた使用法ということがわかる

馬の足を薙ぐ

『平家物語』や『源平盛衰記』には、薙刀で馬の足を斬って相手を落馬させるという戦法がしばしば登場する。これなどは間合いの広い薙刀ならではの戦法であろう

である。

ほぼ万能の武器といえるのだが、それ故に相応の訓練が必要であり、かつ振り回して使用するには広いスペースが必要とされるので、密集した隊形では使いにくい。

元来、日本における長柄武器は、槍と同じ刺突武器である鉾であった。しかし前に突き出すことが基本である鉾は、集団による密集隊形でなければ威力を発揮できない。つまり律令軍団が想定した正規戦でなければ使いこなせないのだ。

こうして鉾は、蝦夷との戦いのなかで、律令軍団が解体してゆくのとともに消えた。そして薙刀が、武士たちの従者が戦闘に参加するために生み出されたのであろう。

このような視点でみれば長刀は、隷属する者も必然的に戦闘員であることが求められる職業戦士である武士のイエが成立し、寺社が巨大な武力を持った中世前半に相応しい武器だったといえるかもしれない。

そしてこの二つの武器は、騎射技術が衰え始めた治承・寿永の内乱（源平合戦）で戦場の表舞台に現れ、中世の大変革期であった南北朝の戦乱のなかで主要な「兵器」に成長するのである。

05

馬と馬具

「弓馬の家」と呼ばれた武士たちが戦闘に使用する馬は、どのような特質を持ち、馬具はどのような特徴を持っていたのか。

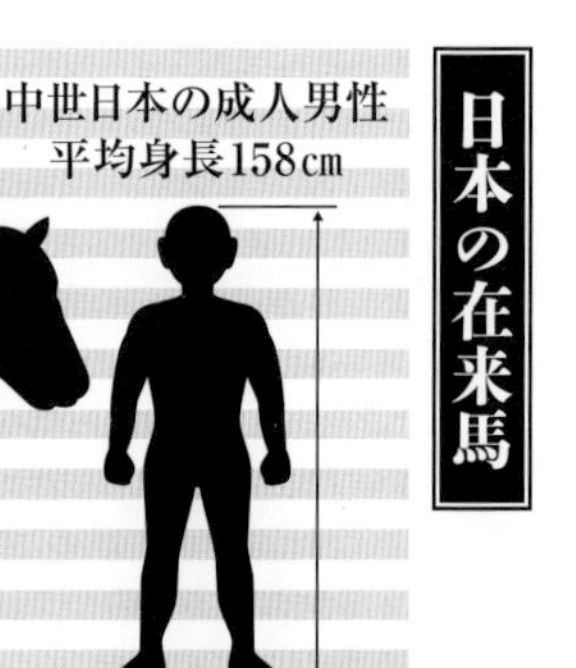

日本在来馬と同時期の中央ヨーロッパで騎兵に使用されたノリーカー種との比較図。日本では馬の体高は四尺（約121cm）を基準とし、それ以上の体高の馬を一寸（ひとき）、二寸（ふたき）の馬と呼んだ。つまり「八寸（やき）の馬」というと、四尺八寸（約145cm）の馬となる

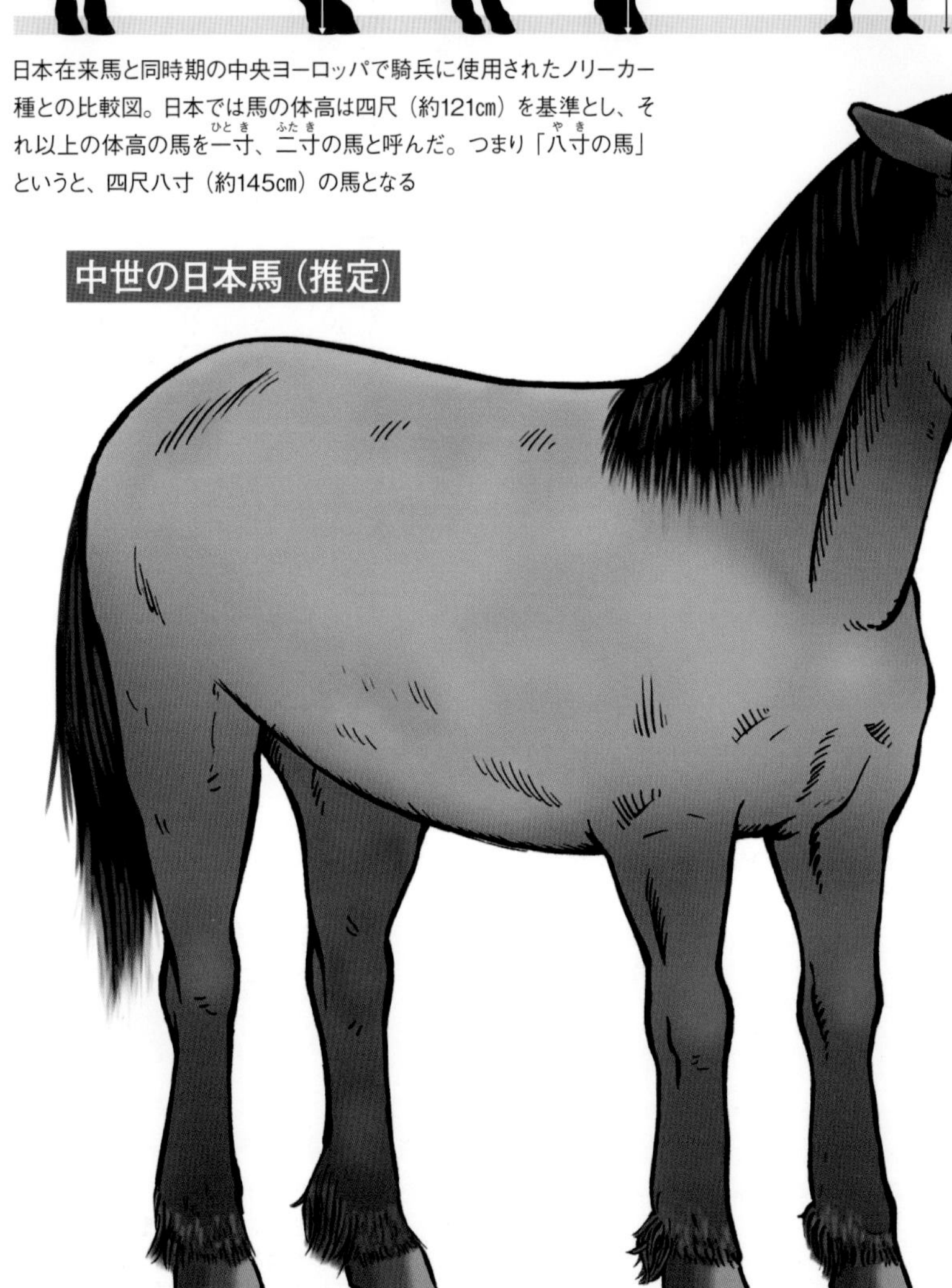

中世の日本馬（推定）

図は中世における日本馬の平均的な姿を推定したものである。大陸から輸入した大型馬との交配によって日本馬の体格は向上し、台頭する武士階級によって戦場での機動力として利用されていった。当時の日本馬は西洋馬と比較すると頭が大きく、胴長、短足なのを特徴とする。現代の目からすれば小型に思えるが、アジアの草原地帯の馬としては平均的な体格である。

内燃機関が登場するまで、馬は人類にとって最良の機動兵器であった。十九世紀に至るまで、騎兵（騎乗して戦う兵士）は――その勢力の消長はあったものの――常に戦場で猛威を振るう存在であり、前近代では、遊牧民を除き、戦士階級で占められていた。日本でもまた、騎兵は武士という戦士階級によって独占されてきた。

日本列島に馬が渡って来たのは、古墳時代半ばであった。モンゴル高原原産の馬が朝鮮半島を経由して入って来たもので、その大きさから、現在ではポニー*1に区分される。これが日本の在来馬だ。

これまで（というより古い説では）、日本の在来馬は、その活躍にもかかわらず、戦闘用の乗馬に適さないとされてきた。すでにこうした説は否定されているのだが、ここでは、簡単ではあるが、この問題点をあらためてまとめてみよう。

まず、指摘されるのは戦闘用の乗馬としての馬格の小ささである。

有名な材木座遺跡*2の発掘調査では、発掘された馬の平均体高は一二九・五センチ。しかし発掘調査された一二八例のうち一三八センチ以上が一二例存在する。また正確さ

＊１＝体高147cmまでの馬の総称で特定の馬種を示すものではない。したがって日本の在来馬はポニーとなる。　＊２＝昭和28年（1953）に発掘された鎌倉市材木座の遺跡。元弘３年（1333）の新田義貞による鎌倉攻めに関係する遺跡で、本文中に述べたように多数の馬の骨や650体の人骨が検出された。

日本馬の気性

成人男性が大鎧と武具一式を身につけると、その重量はおよそ九〇キロほどになる。それだけの重量を支えるため、武士が大柄で逞しい軍馬を求めたのは当然のことだが、体格とは別に軍馬の必要条件とされたのが気性の激しさである。

武士は勇猛な気性こそ軍馬の条件と考えていた。去勢技術を持たない日本では馬の気性は荒いものだったとされ、頼朝の名馬で、佐々木高綱に与えられた「生唼」の名も、生き物に食らいつく獰猛さに由来している。

また『延慶本平家物語』には「馬当て」なる戦法が登場する。文字通り馬で敵の馬に体当たりして落馬させるものだが、これなど日本馬の激しい気性あっての戦法だろう。


「平山が乗りたる馬は究竟の馬なり。（中略）一当て当てたらば倒れぬべければ、近づかざりけり」『延慶本平家物語』

「曲進退なる馬」

『延慶本平家物語』の「早走りの逸物の曲進退なる馬に乗って」という記述など、名馬の表現に「曲進退」という言葉がよく登場する。「小回りが利く」といった意味だが、これも軍馬の条件であった。弓を左手で持つため、騎射戦では体の右側が大きな死角となる。相手を攻撃範囲に捉え、相手の死角に回り込む技術が戦場では生死を左右することになる。

また馬の足の運び方には「斜体歩」と「側対歩」がある。側対歩は振動が少ないなどの利点があるが、低速であることと旋回がしにくいことから戦場では利用されなかったという。

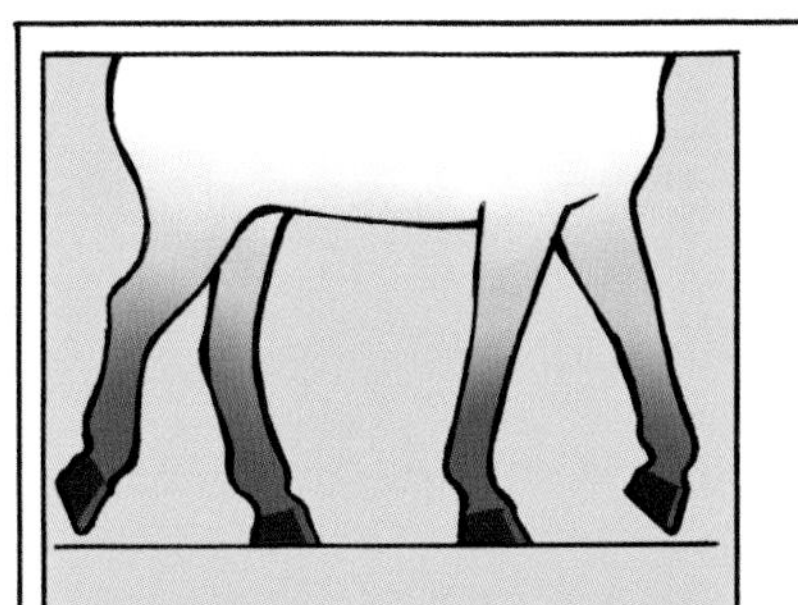

斜体歩
四本の脚のうち、対角線上の二本の脚が同時に地面から離れる

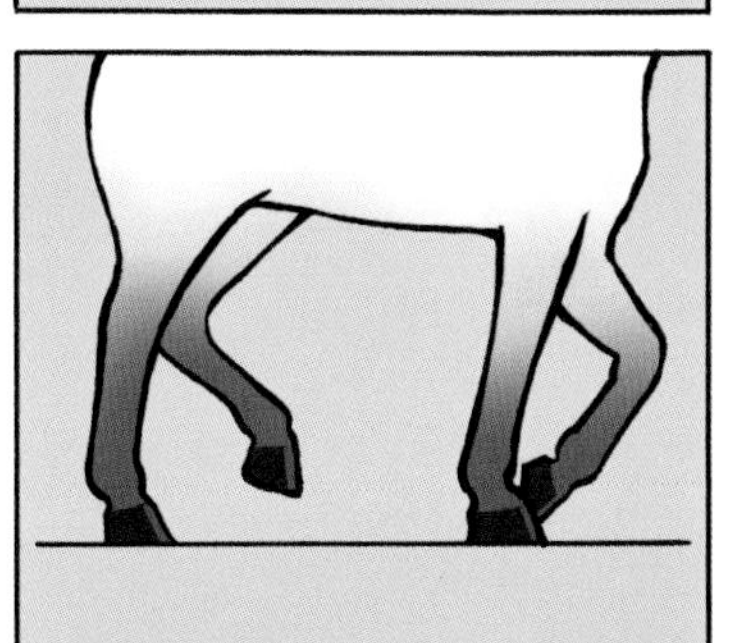

側対歩
四本の脚のうち、左右片側の脚が同時に地面から離れる

源為朝

「早走りの逸物の曲進退なる馬に乗って、蒐けんと思えば駆け、引かんと思えば引く、弓手へも妻手へも廻れ、安き事にて候」『延慶本平家物語』

景能の左急旋回
為朝の進路
為朝の射界
大庭景能
景能の通常の進路

第1項でも解説した、保元の乱における源為朝と大庭景能の戦いの機動。通常相手を左に見てすれ違うが、景能は左への急旋回で為朝の死角となる右側へと回り込んだ。これも「曲進退なる馬」ならではの機動と言える

に欠けるが、軍記物だと宇治川の先陣競争で有名な佐々木高綱の乗馬「生唼」が一四五センチである。

　桐野作人氏が、「検証・武田騎馬軍団」*3のなかで挙げた軍記物に登場する名馬（「逸物」と呼ばれる）たちは、体高一三九センチから一六〇センチまでで、この数値は中世にヨーロッパ中部で騎兵用に主用されたノリーカー種（平均体高一四七センチ）に匹敵する。

　加えて、馬格イコール身体能力ではない。日本在来馬は、疾走時の速力こそ低いが、持久力に富み、その環境に合わせて山地踏破性に優れている。

　むしろ戦闘に適していたからこそ、大鎧を着た武士という重装弓射騎兵が誕生したのであろう。

　これとは別に、日本には蹄鉄の技術がないため長距離を走れない、去勢しないので密集して行動できない、という点も指摘されている。

　しかし、日本在来馬は蹄が固いのが特徴のうえ、アジア・ヨーロッパよりも戦場の空間が狭く、長距離を疾走する必要はない。むしろ、どのタイミングで馬に全力疾走させるかが、武士の技量なのであろう。

　また密集しての行動というときに

＊３＝『火縄銃・大筒・騎馬・鉄甲船の威力』所収

馬具（大和鞍）

日本において用いられた馬具は大陸から伝来した。古墳時代には有力者の墓から馬具の副葬品が出土している。大陸から伝わった馬具はその後改良が加えられ、平安時代には日本独自の特徴が明瞭となった。とはいえ馬具の構成と用途は基本的に共通しており、胸懸と鞦で鞍を前後に動かないようにし、腹帯で馬の胴に固定する方法に変化はない。

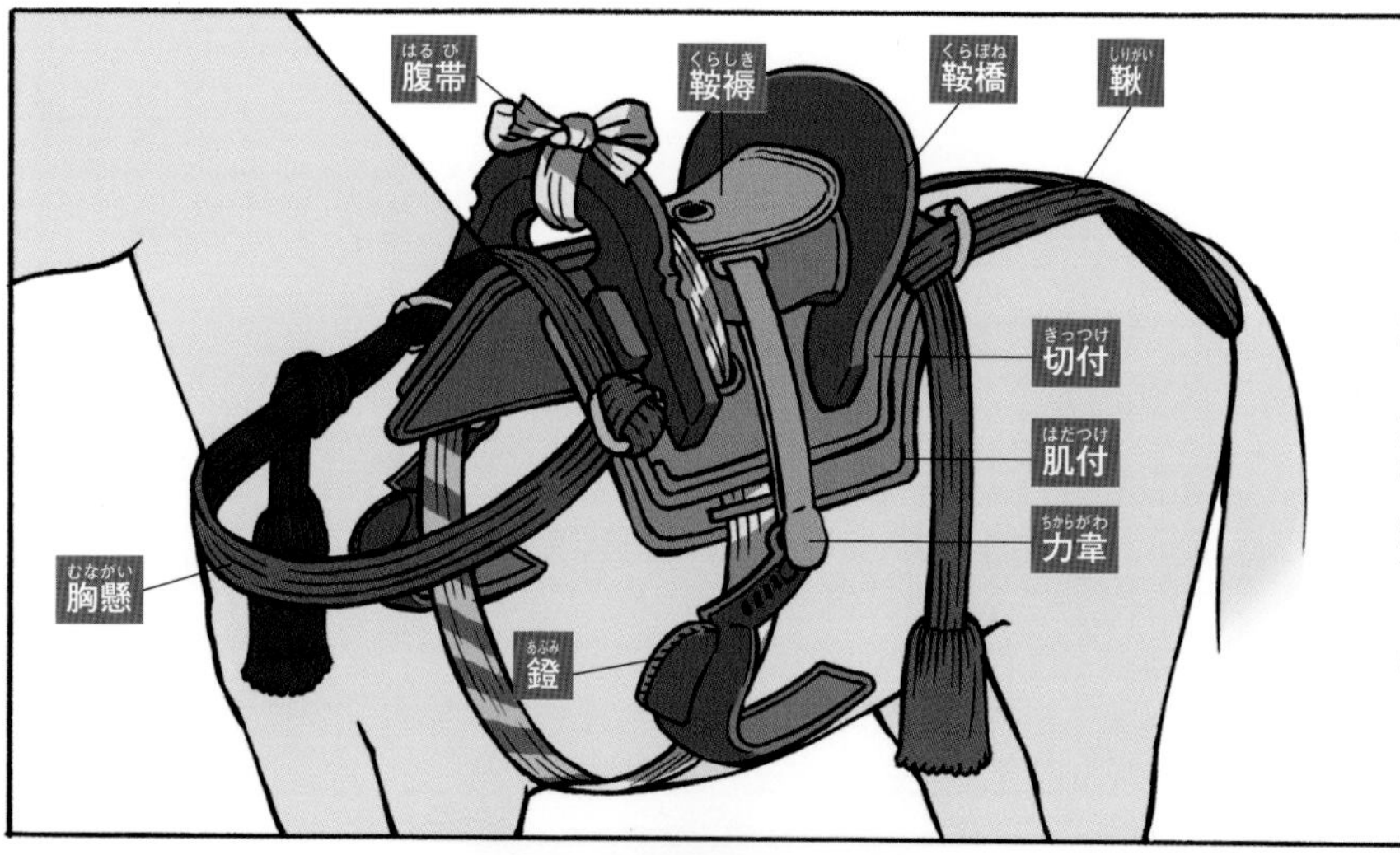

腹帯
鞍褥
鞍橋
鞦
切付
肌付
力韋
胸懸
鐙

鞍橋

日本の鞍橋は、腰を乗せるための「居木」と、その前後につく「前輪」と「後輪」から成る。居木には力韋と切付、肌付を結びつけるための穴が空いている（上図参照）。鞍の基本的な構成は同じだが、戦闘用の軍陣鞍は平時用の水干鞍に比べて居木の位置が低くなっている。自然と腰が落ちて鞍の上で安定させるための工夫だが、兵士を大量動員する必要上、練度の低い者でも乗れるようにしたものだろう。

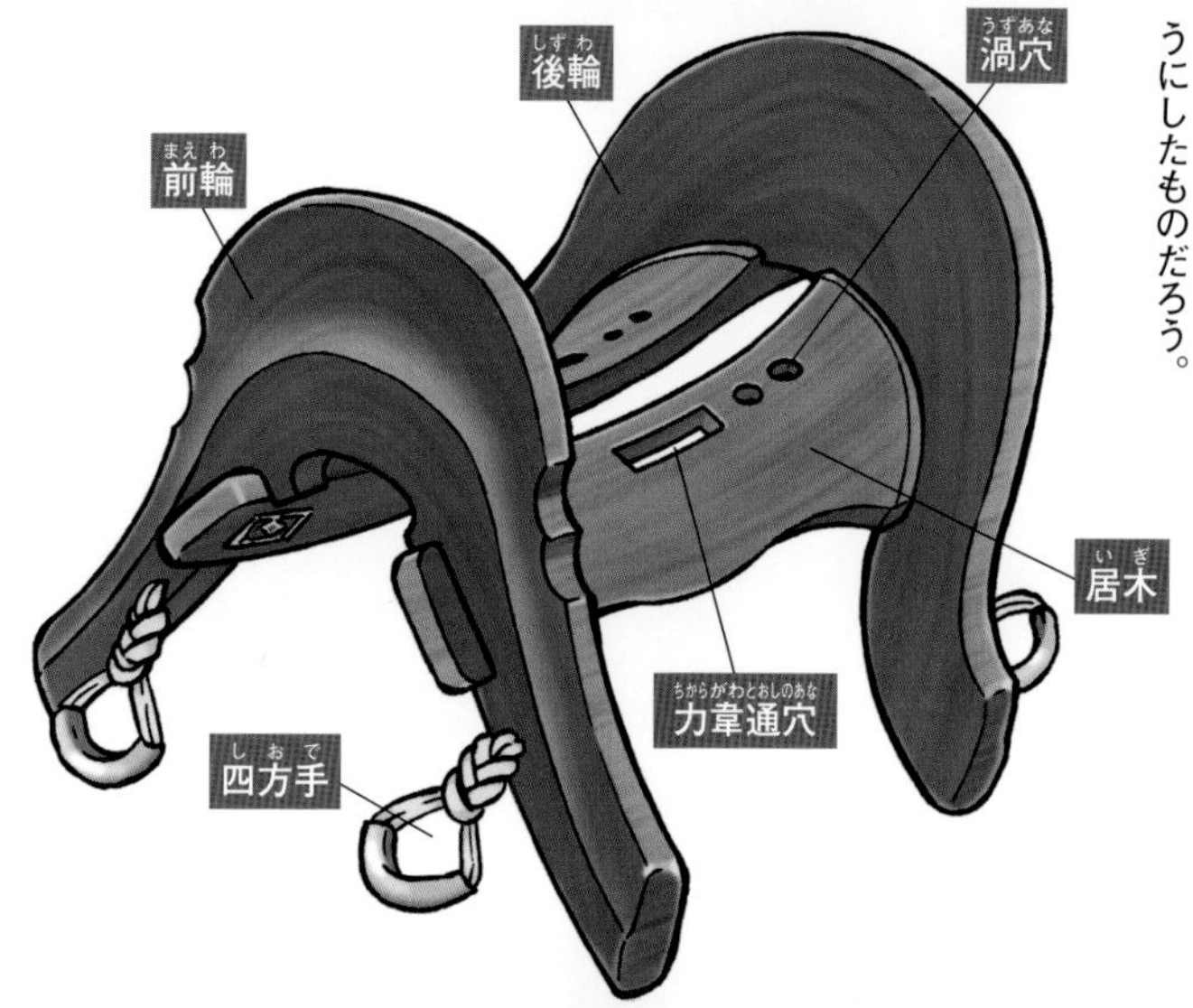

後輪
渦穴
前輪
居木
力韋通穴
四方手

舌長鐙

日本の鐙はU字に曲がった板状の形をしている。大陸からの伝来時にはリング状の輪鐙だったが、つま先を覆う壺状の部品がつき、踏み込みの板が伸びて半舌・舌長鐙の形状となった。馬上での安定感があり、また落馬の際も足が抜けて安全だった。

半舌鐙
壺鐙

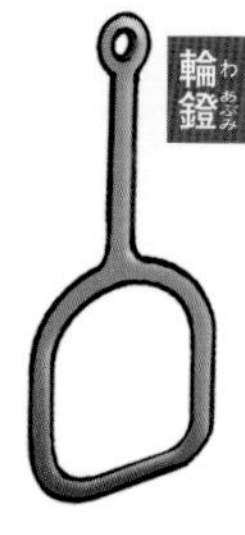

立鞍

矢を前方に向かって射る場合、馬上で腰を浮かせて体を右にひねる必要がある。馬上で立ち上がる動作を立鞍というが、日本の舌長鐙は馬上での体勢の変更もしやすかっただろう。

轡

馬の口に噛ませ、手綱を通じて騎乗者の命令を馬に伝える器具で、馬具のうちもっとも重要なものである。鏡板、噛、引手からなり、鍛鉄製が普通だった。

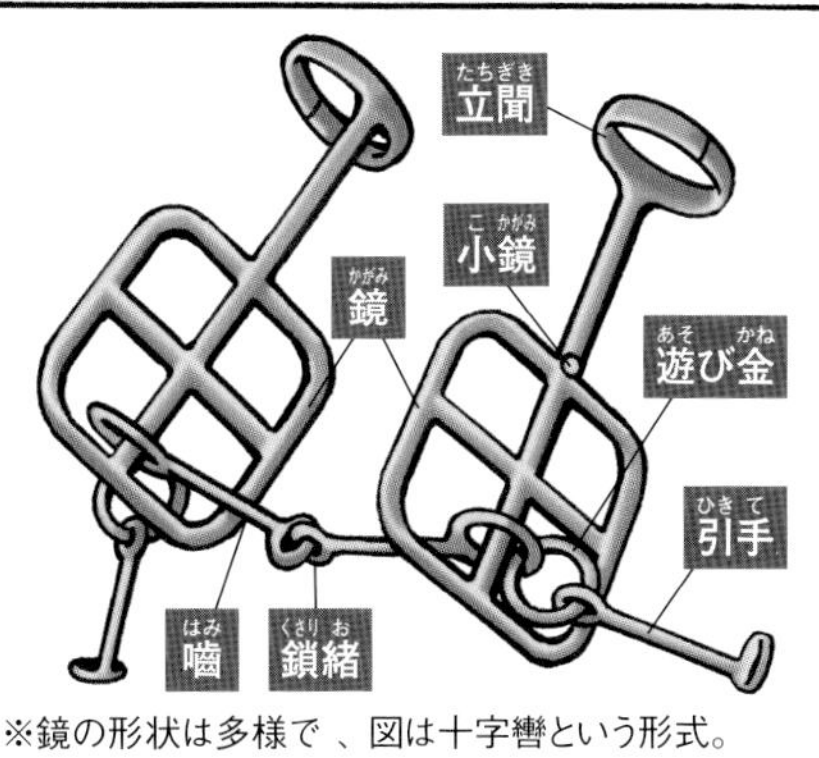

※鏡の形状は多様で、図は十字轡という形式。平安・鎌倉時代は杏葉型が一般的だった

噛を馬に噛ませるように轡を装着する。手綱を引くと口角に噛が当たり、馬に騎乗者の意思が伝わる。口の周りの肉が柔らかい方が手綱によく反応するため、それも名馬の条件だった

面懸・手綱

轡を馬の口に取り付けるための紐が面懸である。轡の引手には手綱が結び付けられ、これを引くことで馬に命令を伝えた。

手綱の持ち方は、轡側を下に持つことは共通していたが、特に決まった持ち方はない。近代の西洋馬に比べ馬の体格や能力が統一されず、同じ持ち方をしても状況により効果が異なるためであろう

鞭

轡と同じく、騎乗者の意思を馬に伝えるためのものである。熊柳または竹製で表面には漆を塗った。取柄部分の紐は右手首に通し、脱落を防止する。

取柄

論者は、どの程度の密集度をイメージしているのであろうか？　多くの人がイメージするであろう密集突撃は、近代ヨーロッパの戦術なのである。

実のところ、武士たちは扱いに困難を覚えても、戦闘のために気性の激しい去勢していない牡馬を好んでいたのである。

こうした日本在来馬が戦闘に適していないという説のなかで、見落とされているのが、戦いにおける「相対性」と「絶対性」の視点だ。敵味方とも同じような能力を持つ馬を使用し（相対性）、敵味方とも日本の馬しか知らないのである（絶対性）。武士を含め当時の日本人には、日本の馬が劣っているという価値観などなかったのである。

ところで、馬を戦闘に使用するために、なくてはならないのが、乗馬用の馬具である。馬具は、轡（と手綱）、鐙、鞍から構成されるが、最も重要なのが轡である。馬の口にこれをはめることで、手綱を介して、戦闘に必要な細かな動作を馬に伝えることができるようになった。

次に重要なのは鐙だ。鐙は当初、乗り降りのために使用されたが（このため最初は片側だけだった）、鐙に両足を入れて立ち上がることで、上半身の自由が利くようになり、馬上で様々な戦闘行動ができるようになった。

鐙の存在によって、馬とともに暮らす遊牧民でなくても馬を乗りこなすことができるようになったという意味では、画期的な発明であった。

また、日本の馬具は、当初「唐鞍」*4と呼ばれる大陸伝来のものを使用していたが、徐々に変化して十世紀には日本独自のものに変化した。「大和鞍」である。

このなかでもっとも特徴的なのが鐙で、世界的に見て普遍な輪鐙ではなく、「舌長鐙」と呼ばれる、足を掛けるのではなく、載せる形状のものを使用する。奈良時代の「壺鐙」から「袋鐙」を経て変化したもので、輪鐙に比べると足を外しやすいが、その反面、弓射の際に、上半身に合わせて足の向きを変えることを行いやすいという利点がある。

大陸との交流が少なくなった環境のなかで、馬上弓射に特化した結果、誕生したのが舌長鐙といえるであろう。

日本の馬具は、こうして大和鞍で完成した。そこから貴族が（後には武士も）日常で使用する「水干鞍」が派生したこともあって、それと区別するため、大和鞍は軍陣鞍とも称されて、武士が戦闘で使用する馬具の標準となった。

＊4＝「唐鞍」や「大和鞍」で馬具一式を意味する。

06

舟戦①

陸の武士たちに対比される海の武士たち。彼らは、船に乗って戦うという、陸の武士とは違う戦闘方法を身に着けていた。では彼らが使用した船と武器はどのようなものだったのか。

舟戦・弓射戦

中世における舟戦は、基本的に弓射騎兵であった武士が行うものであり、当然戦闘の前段階に弓射戦が行われた。ただし、揺れる舟の上で甲冑を着用した相手を正確に射撃するのは至難の業だったに違いない。おそらく距離のある場合は無防備な水主（艪の漕ぎ手）を狙ったか、敵船の動きを封じる制圧射撃に努め、十分距離が詰まった段階で武士を狙ったのだろう。

沿岸部や河川湖沼のそばに住む武士にとって、船は、戦闘のために馬とともになくてはならない存在であった。

中世を通じて発展した沿岸および河川航路は、その発展ゆえに社会の矛盾拡大とともに海賊の跳梁を招いた。その結果、陸上における「群盗討伐」とおなじように「海賊討伐」が武士誕生の理由の一つになったである。

また、武士が誕生する直接のきっかけとなったのは、平将門の乱（承平五年〈九三五〉～天慶三年〈九四〇〉）とともに瀬戸内海から九州北東沿岸部に繰り広げられた藤原純友の乱（承平六年〈九三六〉～天慶四年〈九四一〉）であった。ちなみに弓射騎兵の活躍の場であった平将門の乱もまた、北関東の河川湖沼地帯を戦いの舞台にしている。

さらに「武者ノ世」を創り出した一人である平清盛は伊勢平氏であり、その富の源泉は瀬戸内海航路の掌握（ひいては日宋貿易の独占）にあった。

陸上勢力から見れば、海や河川は障害（地形障壁）でしかないが、水上勢力から見れば、それらは現代の高速道路に匹敵する大動脈なのである。その動脈に針を立てれば富という名の血液を吸い取ることが可能なのであった。

では、中世半ばまで武士達は、どのような船に乗りどのような戦い方をしたのだろうか。

いうまでもなく多くの国において中世までは、戦闘用の艦艇と輸送用の船舶に違いはなかった。また日本では古代以来、準構造船に

接近
熊手
柄に巻きつけた鎖は、複数人で鉤爪を引くためのもの。柄を切断されにくくする効果もあった
敵船との距離が十分詰まると、接舷戦闘の準備をする。ここで役立つのが長い柄の先端に鉤爪と鎖を取り付けた熊手である。

接舷
いよいよ敵船が熊手の間合いに入ると、これで相手の舟を引き寄せ、あるいは敵兵を水に落とす。小型船同士の戦闘では熊手は非常に有効な武器で、『蒙古襲来絵詞』でも元軍の船団を待ち構える日本軍がこれを多数装備している。

斬り込み
武士の戦闘の最終目的は敵の武士の首を取ることであり、敵船と接舷した後、乗り込んで打物戦に移る。戦闘が推移すれば多くの船が団子状に集まったはずで、戦況は混沌としたものになっただろう。

区分される船が使用されてきた。

準構造船とは丸木を繰り抜いた、いわゆる丸木舟の部分を船底に、板材の舷側や上部構造物を組み上げた形の船である。ただし大型船では、丸木の船底を継いだ複合刳船であり、海事史研究家の石井謙治氏によれば、大型の準構造船の寸法は、全長約三三メートル、全幅三メートル、積載量約一〇トンほどだったとされる。

推進力は、艪による人力と、筵で編んだ帆による帆走を併用していたが、戦闘時のように細かく機動するには人力が主体となる。大型準構造船の速力は満載状態で最大約四ノット程度だったという。[*1]

戦国時代に鉄炮が大量使用されるまで、海上戦闘で最初に使われるのは弓矢だった。その射撃は、とくに遠距離からの速射技術が必要とされた。現代の軍事概念ならば「制圧」と呼ばれる行為を遠矢の矢戦で行うのである。

伊勢平氏や瀬戸内の武士たちは、揺れる船の上から動目標を狙い、制圧のために文字通り矢継ぎ早に矢を放つという、騎射とはまた違う高度な射撃技術を会得する必要があった。そしてこの技術はどちらかというと、至近距離からの騎射よりも、『平家物語』に描かれた平氏軍の戦い方である、防御構築物等に拠った馬静止射と相性が良い。という以前に、平氏軍、とくにその直轄軍は、海上戦闘で得意としたものを、陸上戦闘にも用いた（用いるしかなかった）のである。

＊1＝石井謙治『和船Ⅱ』

中世の軍船

図は『蒙古襲来絵詞』などから推定した中世の軍船である。この当時、貨客船と軍船に区別はなく、武装した人間が乗り込んだ船がすなわち軍船だった。鎌倉時代頃までは、二百石積、全長約三〇メートル、一二人漕ぎ程度のものが日本最大級の船である。ただし弓射戦→接舷戦へと移行する当時の戦法や、『平家物語』の有名な逆櫓論争などを考えると、比較的小型で快速、小回りの利く船が好まれたかもしれない。

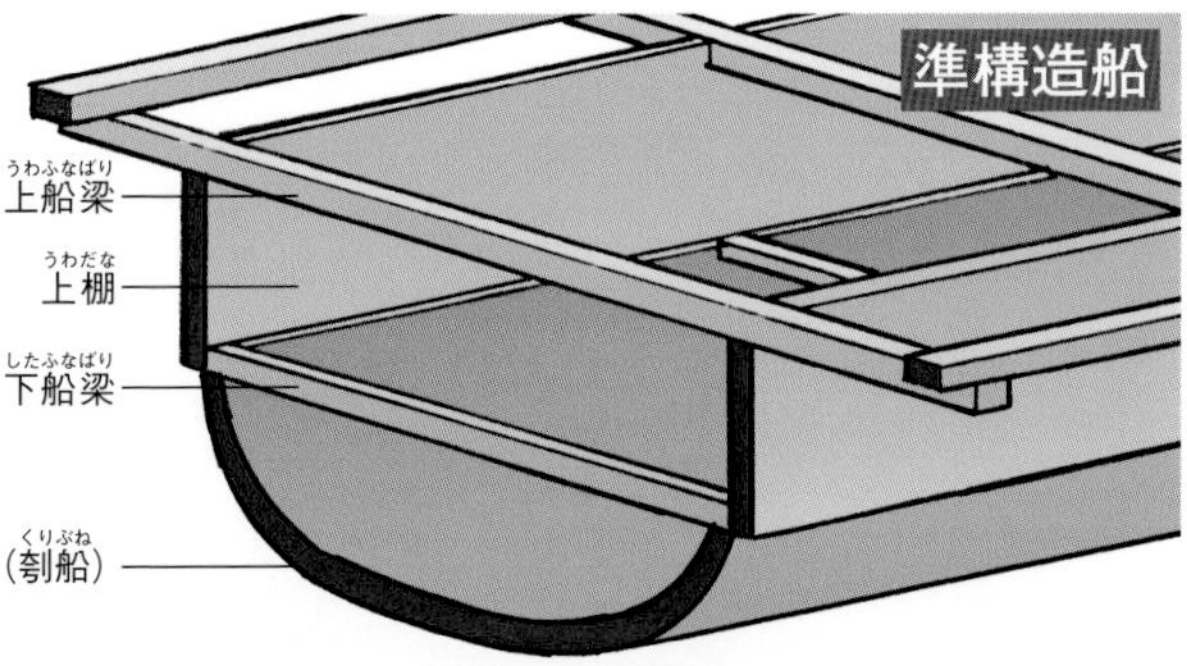

準構造船

上船梁
上棚
下船梁
瓦（刳船）

丸太をくりぬいて作った丸木舟から一歩進んだ構造で、船底は半円形の丸太材を前後に継ぎ合わせてできている。舷側には板材を張り合わせて高さを出した。この種の刳船は船底が一本の木なので堅牢・浸水に強いという利点がある。一方で丸太の太さで船の大きさが制限されるので大型船を建造できない欠点もあった。

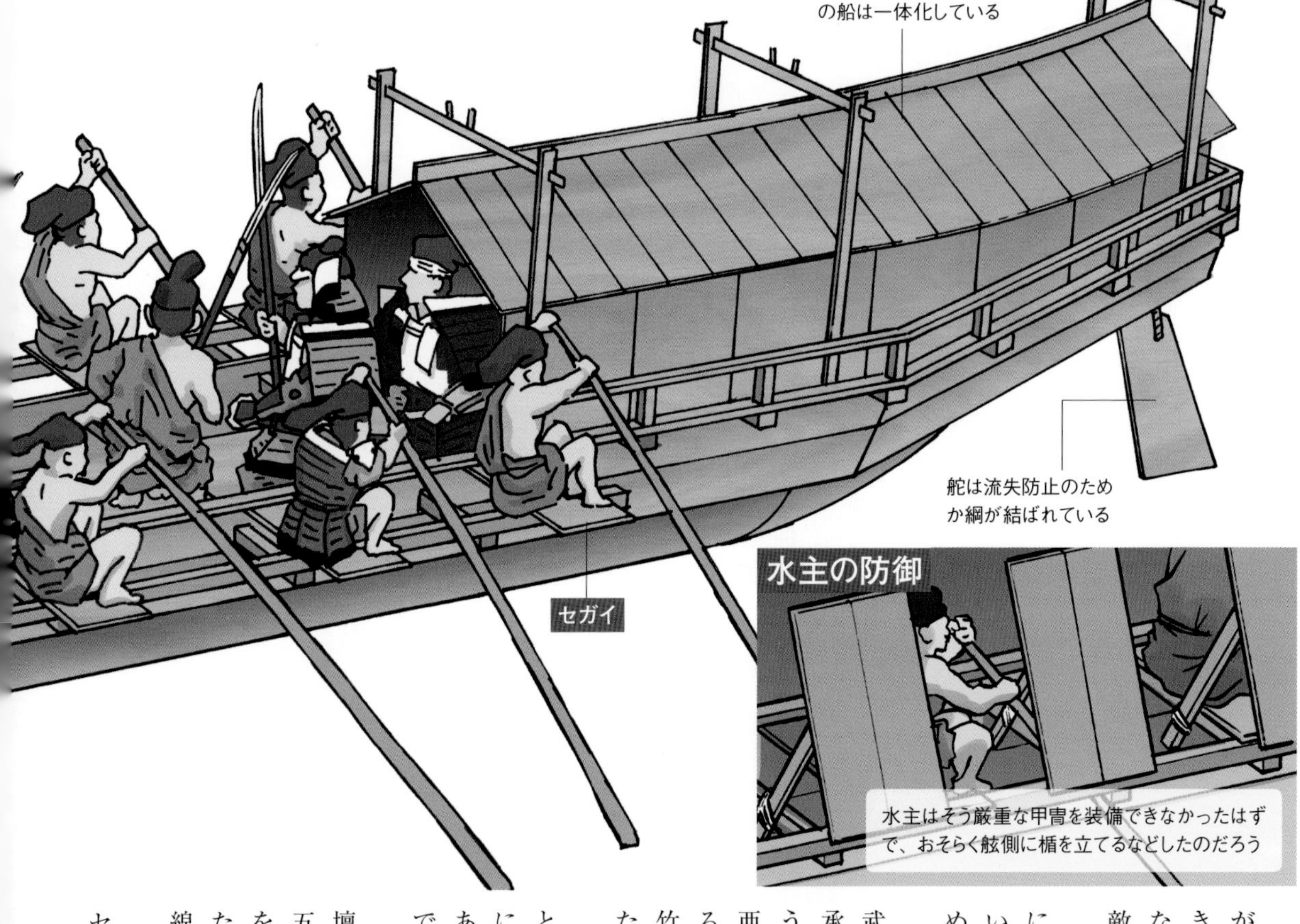

操舵手が入る艫屋形と船室である主屋形は分離しているものだが、『蒙古襲来絵詞』の船は一体化している

舵は流失防止のためか綱が結ばれている

セガイ

水主の防御

水主はそう厳重な甲冑を装備できなかったはずで、おそらく舷側に楯を立てるなどしたのだろう

相手を制圧下に置いたら、次は矢戦をしながら接近し、熊手などで相手の武者を海に引きずり落すなどし、接舷して斬り込むことになる。そして最終的には、首を取るとともに敵船を鹵獲するか焼毀した。

この戦闘方法は、海賊行為から大規模海戦に至るまで、古代から中世を通じて共通していた。なぜなら、兵器技術上、相手の船を沈めることができないからである。

こうした矢戦と接舷戦闘に備えるために、武士は、船から落ちれば溺れてしまう危険を承知で厳重な防護をした。陸上戦闘と同じように大鎧、また——推定だが——大鎧の亜種ともいえる腹巻鎧を着用していたのである。時代は少し下るが『蒙古襲来絵詞』では竹崎季長は、兜持ちが一緒に船に乗れなかったために脛当を頭に巻いている。

一方、船の「動力」である水主は、セガイという艪を漕ぐ場所が舷側から突き出ているにも拘らず、絵画史料を窺うかぎり無防備であった。[*2] 流れ矢に対してさえ危険であったのである。

治承・寿永の内乱のクライマックスである壇ノ浦の戦い（元暦二年／寿永四年〈一一八五〉）で、源義経は、こうした無防備な水主を最初に狙い、平氏軍の機動力を削ごうとしたとされるが、本来的に水主は、常に敵の射線に曝される場所にいたのである。

したがって、実際にはおそらく簡易な盾をセガイの周辺につけたか、腹巻が一般的にな

＊2＝『北野天神縁起絵巻』（承久本）には平時の航海の様子が描かれているが、セガイ上の水主は無防備である。

船首には旗持ちが立つ場合が多いようだ
船の前方には弓を装備した武士が、後方には長刀（なぎなた）などの打物を装備した者が乗る

小型船

『蒙古襲来絵詞』には、大まかに分けて大小二種類の軍船が描かれている。小型のものは四人漕ぎがほとんどで、乗員は水主を含めても一〇人前後である。帆走ができたかどうかは定かではない。

って以降は鎧を着ていたと考えられる。『蒙古襲来絵詞』では腹巻を着用した水主が描かれているのがその証左であろう。

こうした弓矢と接舷斬り込みは、戦国時代も後半になって大型火器が登場し、敵艦船を沈めることができるようになるまで舟戦の基本であった。

帆走

上図の船は本来左図のような帆柱を持ち帆走が可能である。しかし『蒙古襲来絵詞』では、帆柱・帆桁・帆は全く描かれていない。おそらく戦闘時に帆走することはなく、人力での櫂走のみに頼って航行したのであろう。対モンゴル戦のように、出航の時点で戦闘になることがわかりきっている場合は重量のある帆柱などは船から降ろしたと思われる。ただし、『蒙古襲来絵詞』のように帆柱を立てる船側の取り付け具まで無いのは絵画的な省略であるかもしれない。

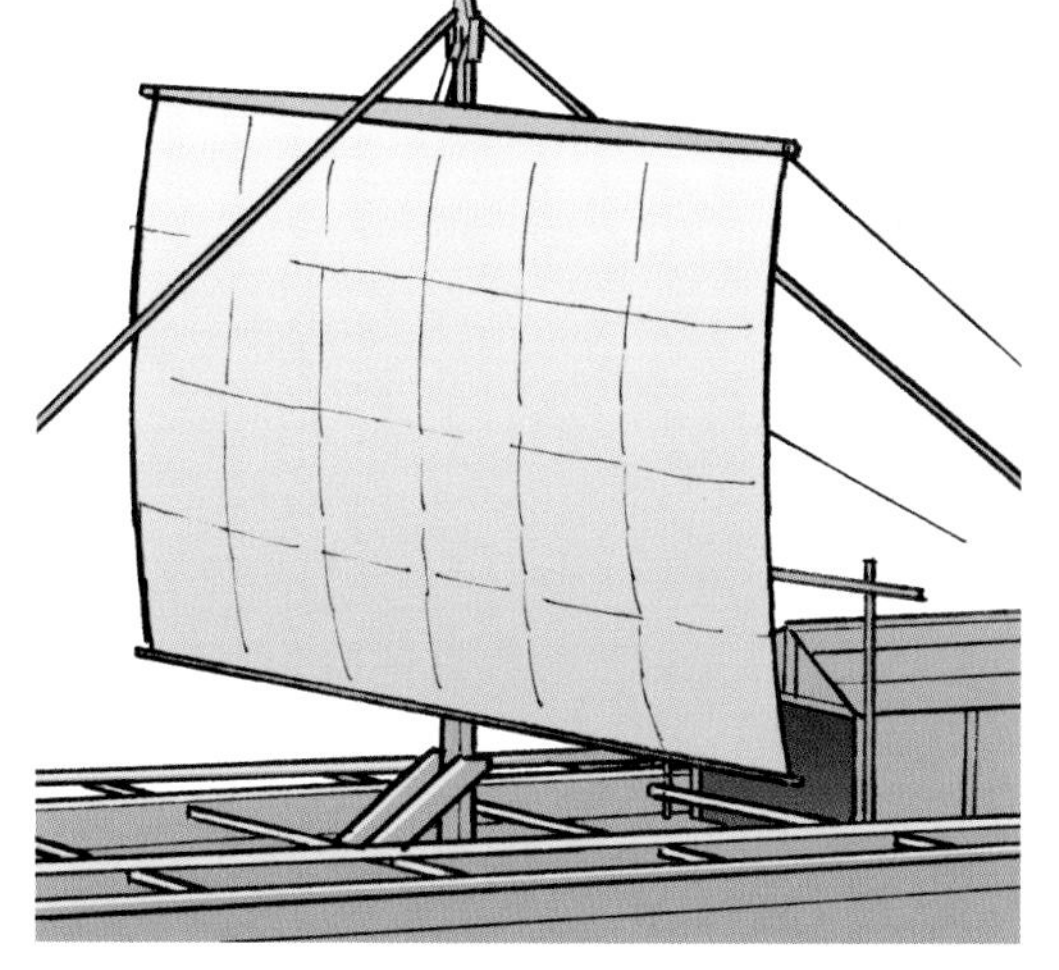

コラム

平安時代末期から鎌倉時代の城郭

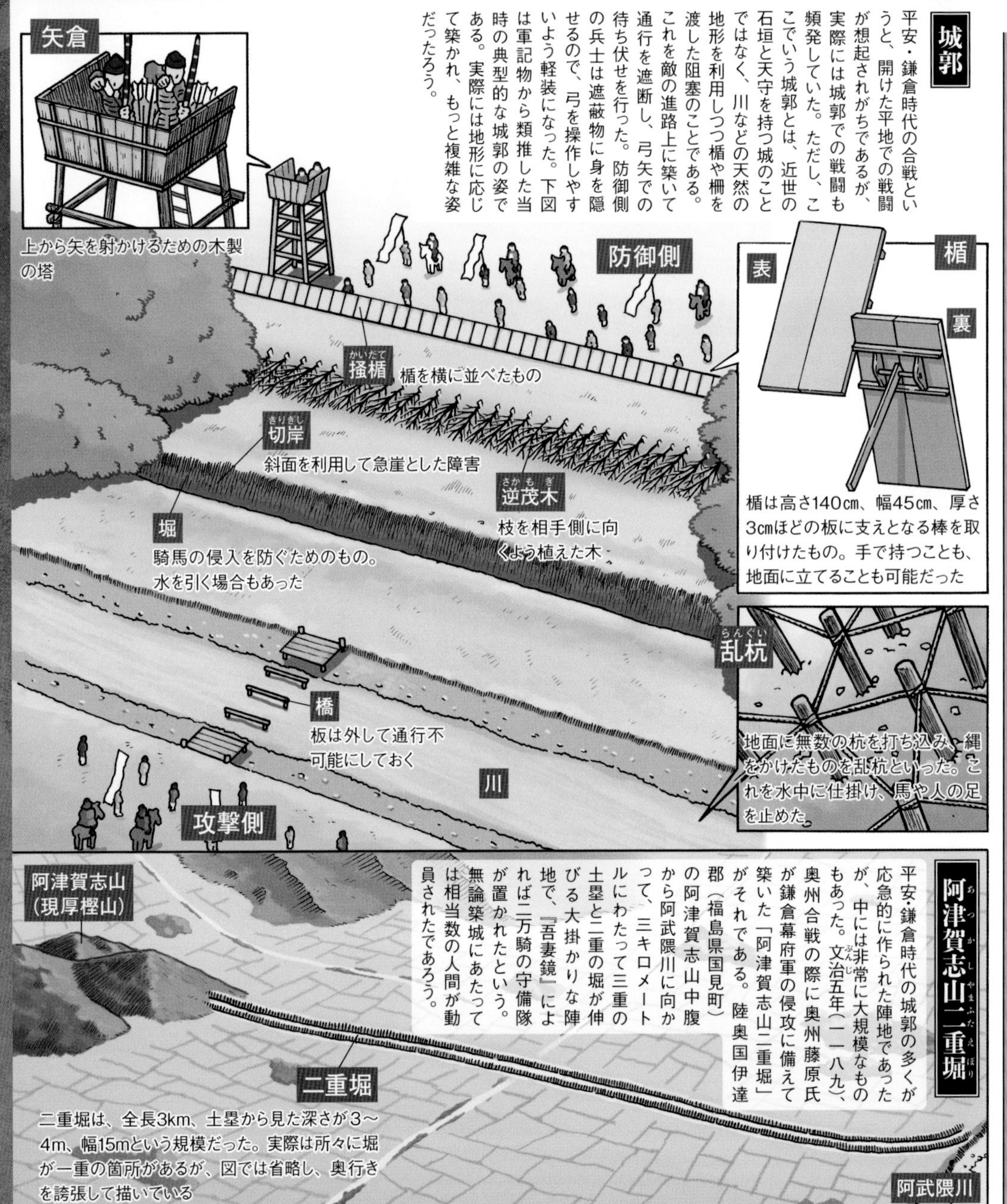

城郭
平安・鎌倉時代の合戦というと、開けた平地での戦闘が想起されがちであるが、実際には城郭での戦闘も頻発していた。ただし、ここでいう城郭とは、近世の石垣と天守を持つ城のことではなく、川などの天然の地形を利用しつつ楯や柵を渡した阻塞のことである。これを敵の進路上に築いて通行を遮断し、弓矢での待ち伏せを行った。防御側の兵士は遮蔽物に身を隠せるので、弓を操作しやすいよう軽装になった。下図は軍記物から類推した当時の典型的な城郭の姿である。実際には地形に応じて築かれ、もっと複雑な姿だったろう。
矢倉
上から矢を射かけるための木製の塔
防御側
楯
表
裏
楯は高さ140㎝、幅45㎝、厚さ3㎝ほどの板に支えとなる棒を取り付けたもの。手で持つことも、地面に立てることも可能だった
掻楯
楯を横に並べたもの
切岸
斜面を利用して急崖とした障害
逆茂木
枝を相手側に向くよう植えた木
堀
騎馬の侵入を防ぐためのもの。水を引く場合もあった
乱杭
地面に無数の杭を打ち込み、縄をかけたものを乱杭といった。これを水中に仕掛け、馬や人の足を止めた。
橋
板は外して通行不可能にしておく
川
攻撃側
阿津賀志山二重堀
平安・鎌倉時代の城郭の多くが応急的に作られた陣地であったが、中には非常に大規模なものもあった。文治五年（一一八九）、奥州合戦の際に奥州藤原氏が鎌倉幕府軍の侵攻に備えて築いた「阿津賀志山二重堀」がそれである。陸奥国伊達郡（福島県国見町）の阿津賀志山中腹から阿武隈川に向かって、三キロメートルにわたって三重の土塁と二重の堀が伸びる大掛かりな陣地で、『吾妻鏡』によれば二万騎の守備隊が置かれたという。無論築城にあたっては相当数の人間が動員されたであろう。
阿津賀志山（現厚樫山）
二重堀
二重堀は、全長3km、土塁から見た深さが3～4m、幅15mという規模だった。実際は所々に堀が一重の箇所があるが、図では省略し、奥行きを誇張して描いている
阿武隈川

平安時代末期からの城は、それまでの律令～平安時代半ばまでの、政庁や居住地を塀等で囲郭したものから大きく変わる。主に道路を阻絶させるために柵、逆茂木、乱杭を主体に櫓等を設けた阻塞のことを「城」と呼んだのである。

　こうした形状は、むろん当時の戦術・戦技に密接に関係していた。

　当時の戦闘の主体は、いうまでもなく弓射騎兵によるもので、戦場は道路を中心とした開豁地であった。また馳組と呼ばれる敵の後方へ回り込もうとする戦技は、広い場所を必要とした。

　つまり、平安時代末の治承・寿永の内乱期から鎌倉時代にかけての城とは、戦場を直接限定し、敵の機動を掣肘するように構築することで、その行動を不如意ならしめる存在だったといえる。

　このような戦場を直接限定するという阻塞という考え方は、第二次対モンゴル戦争（弘安の役〈一二八一年〉）で博多湾に築かれた石築地（元寇防塁）にも結果的には有効に働いた。弘安の役では、水際に構築したこの防塁すなわち阻塞が上陸障害となることで元軍の上陸を防いだのである。

第二章

バサラの時代

伝統・常識が破壊される婆沙羅（バサラ）の時代となった南北朝。
この時代は戦争、そして武器と甲冑も大きな変革期を迎えた。

07 戦う人びと

日本史の一大変革期となった南北朝の内乱。この戦争は、武器と甲冑の変革期でもあった。その第一項目は、甲冑の変化を探るため、当時の社会を考える。

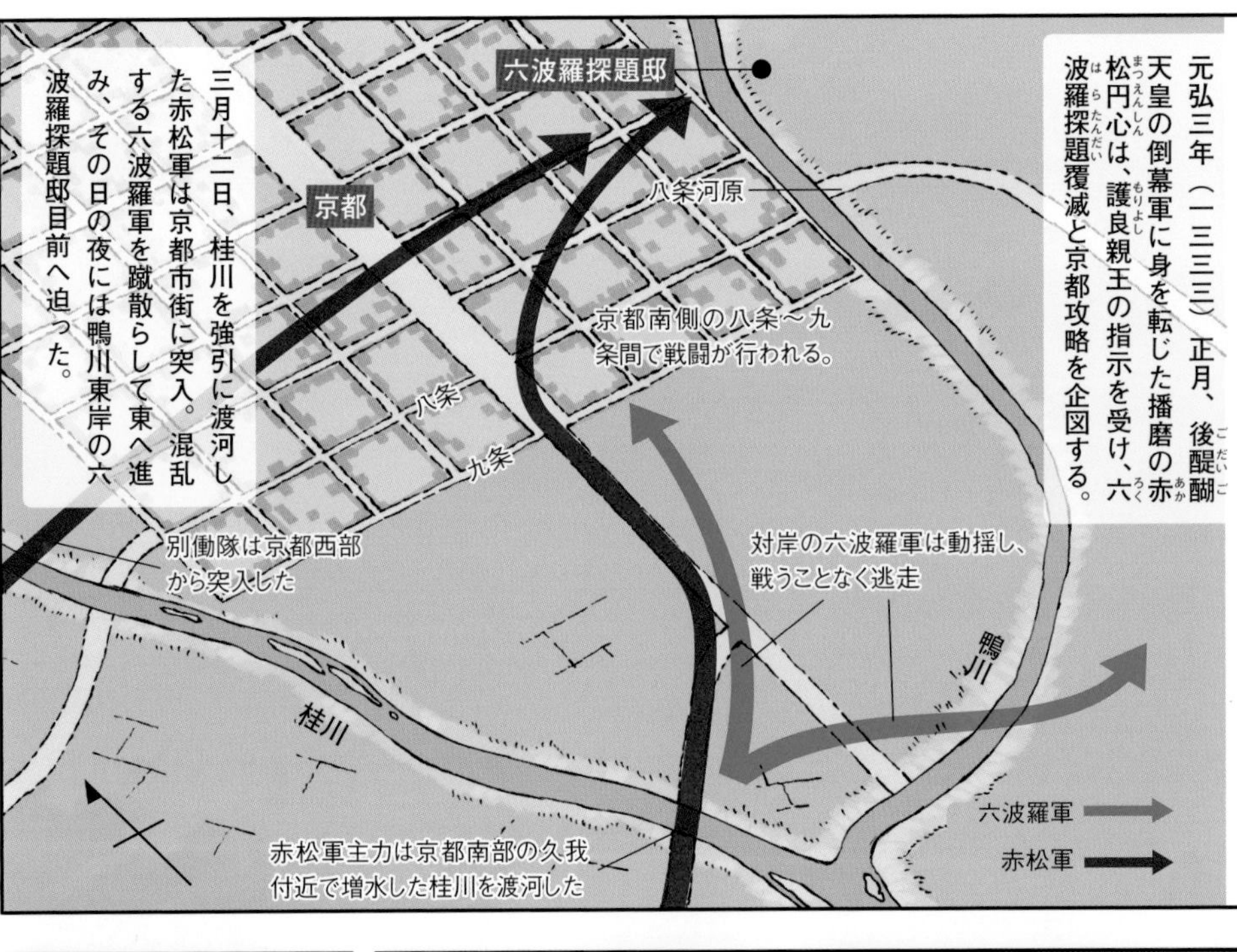

元弘三年京都攻防戦
元弘三年（一三三三）正月、後醍醐天皇の倒幕軍に身を転じた播磨の赤松円心は、護良親王の指示を受け、六波羅探題覆滅と京都攻略を企図する。
三月十二日、桂川を強引に渡河した赤松軍は京都市街に突入。混乱する六波羅軍を蹴散らして東へ進み、その日の夜には鴨川東岸の六波羅探題邸目前へ迫った。
六波羅探題邸
京都
八条河原
京都南側の八条～九条間で戦闘が行われる。
八条
九条
別働隊は京都西部から突入した
対岸の六波羅軍は動揺し、戦うことなく逃走
鴨川
桂川
六波羅軍
赤松軍
赤松軍主力は京都南部の久我付近で増水した桂川を渡河した

いよいよ六波羅へ総攻撃というその時、探題邸の南方、八条河原方面から鬨の声が聞こえてきた。
赤松軍はここで方向を転換。南（※）に向かって戦闘態勢を整え、迫り来る六波羅軍の攻撃を待ち受けた。

だが、

※『太平記』では西とするが、前後の状況から本項では南向きと判断した。

元弘三年（一三三三）、鎌倉幕府が滅び、建武三年（一三三六）南北朝の内乱がはじまる。約六十年続いたこの戦争は、武器と甲冑、とくに甲冑において、大きな変革期であった。

戦闘様相の変化は、治承・寿永の内乱（一一八〇～一一八五）の際に現出していたが、南北朝の内乱を契機に、乗馬しての騎射戦に特化した大鎧は廃れ、胴丸・腹巻といった徒歩戦に適応した鎧が、防具の主流となったとされる。こうした鎧の変化は、戦場の多様性、とくに騎乗しての戦闘が困難な山岳戦や攻守城戦が多くなったことに求められてきた。では、なぜこうした戦いが増えたのであろうか。

さらにいえば、南北朝期の戦いは、山岳戦や攻守城戦が増えたとはいえ、それらが主体だったわけではなく、北関東や摂津・河内、そして北九州沿岸部といった平野も主戦場になっているのである。おそらく、鎧の変化には、山岳戦闘や攻守城戦が増えたという理由のみではない〝何か〟が存在していたと考えられる。

ここでは、南北朝内乱の第一項目ということもあり、具体的な武器と甲冑の変化や、その背景である戦術や戦技を脇に置き、少し〝大きな話〟として、鎌倉時代末期から南北朝期における武

背後から六波羅軍の弓射騎兵が突如現れ、赤松軍に突入した。八条河原に展開した部隊は囮だったのだ。ここで六波羅軍の騎兵は、伝統的な前方への弓射、「追物射」を用いたと『太平記』にある。
「蜘手十文字に懸け乱し、弓手馬手に相つけて、追物射に射てくれ候はん」『太平記』。行軍で疲弊していた赤松軍は四方八方に機動する六波羅軍によって分断させられ、そこを射かけられた。大損害を被った赤松軍は京都から一時撤退する。

対歩兵騎射戦術

話が前後するが、三月二十八日に延暦寺の衆徒が京都北東で蜂起した際も、六波羅の弓射騎兵は徒歩の僧兵に対し大きな戦果を挙げている。この時の『太平記』の記述と合わせ、弓射騎兵の対歩兵戦術を類推できる。

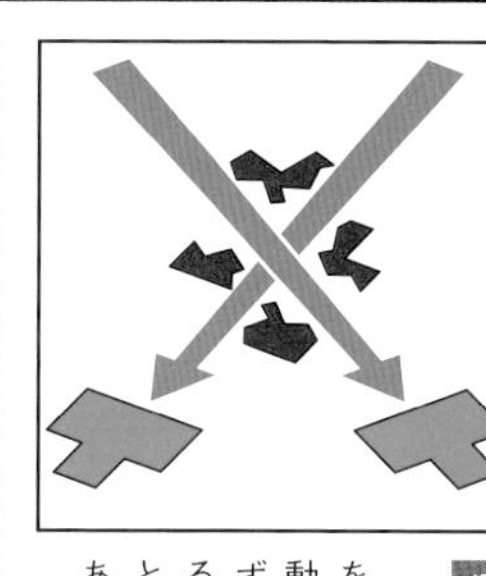

分断

「東西南北に懸け破って、敵を一所に打ち寄らせず」。機動によって敵部隊を固まらせず分断する。その際用いられるのが、「蜘手十文字」などと表現される縦横への機動であろう。

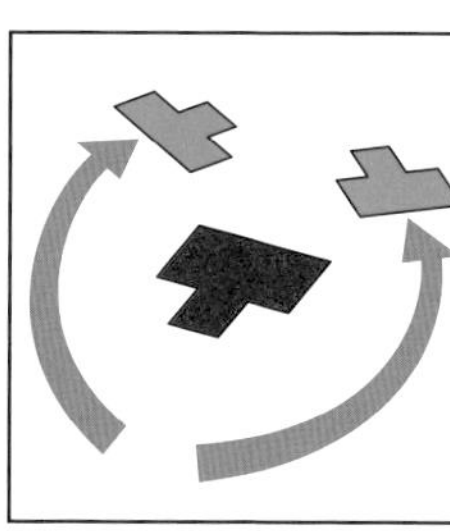

包囲

「敵の懸かる時は、馬を引つ返してばつと引き、敵止まれば、開き合はせて後ろへ駆け廻る」。機動によって攻撃から逃れ、足が止まれば後ろに回る。敵が密集した時包囲する機動は『太平記』に散見される。

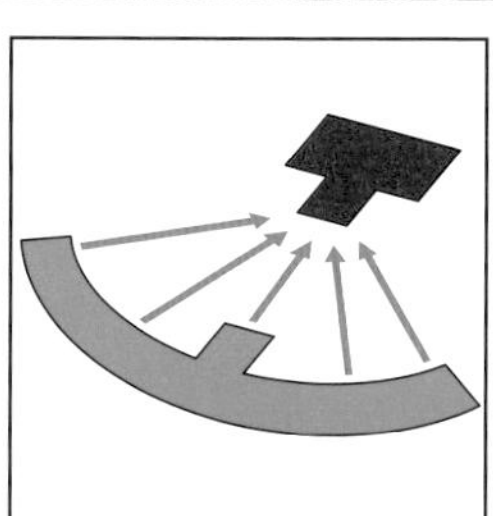

一斉射撃

「重き鎧に肩を押されて、次第に疲れたる体にぞ見えたりける。武士、これに利を得て、射手をそろへて散々に射る」。鎧を着用した歩兵はすぐに疲弊し、動きが鈍る。そこへ徒歩弓兵が一斉射撃を加える。

以上を総合して考えると、歩兵に対する騎兵の利点とは高い機動力にあり、これによって敵を分断し、自らは有利な位置に素早く移動できる。また体力という点でも、騎兵は歩兵より長く戦い続けることができた。

装勢力について述べてみたい。

自力救済を秩序維持の根底に置く中世世界は、まずもって高度に武装化された社会であった。戦士階級である武士以外の人々も武装していたし、また、郷村をはじめ、それぞれの共同体は武装組織を保持していた。

こうした武装組織で南北朝期を象徴するのが、僧兵や神人という寺社が抱えていた戦闘員と、悪党と呼ばれる存在であろう。僧兵は、すでに平安後期から社会に一定の影響をおよぼす存在であった。一方、悪党は鎌倉時代の後半から登場する。

悪党は、これまで様々に語られてきたが、近年の研究では、紛争当事者が敵対者に対して付けるレッテルでしかないとされる。例えば当時の正規の武士である「御家人」も、場合によっては所領紛争等で「悪党」と呼ばれてしまうことがあるのだ。

事実、悪党と呼ばれた楠木正成も赤松円心も、最新の研究では得宗被官（執権北条氏宗家の家臣）出身説が有力である。

つまり、悪党の実態とは、様々な、しかしありふれた武装勢力であるとともに、そのなかには多くの武士が含まれていたのである。

ではまず、当時の武士とはいったい

西岡合戦

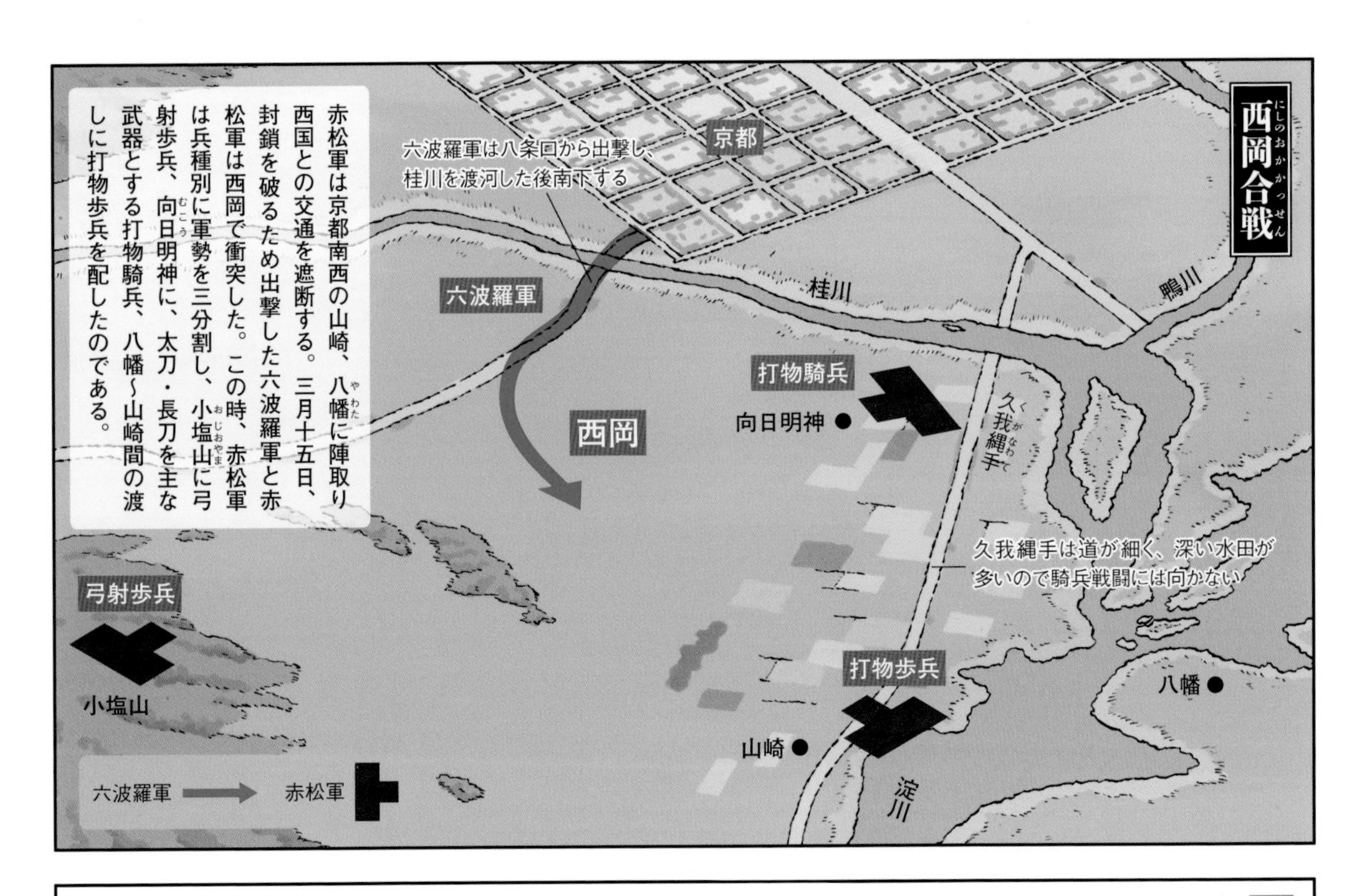

赤松軍は京都南西の山崎、八幡に陣取り西国との交通を遮断する。三月十五日、封鎖を破るため出撃した六波羅軍と赤松軍は西岡で衝突した。この時、赤松軍は兵種別に軍勢を三分割し、小塩山に弓射歩兵、向日明神に、太刀・長刀を主な武器とする打物騎兵、八幡～山崎間の渡しに打物歩兵を配したのである。

赤松軍の諸兵種協同

赤松軍が弓射歩兵、打物歩兵、打物騎兵と兵種別に分かれて布陣したことは、鎌倉～南北朝時代の転換期の戦闘を特徴づける出来事であった。というのも、従来の武士団は強力な血縁意識で結ばれており、棟梁を頂点とする武器ごとに部隊を編成することは不可能だったのである。

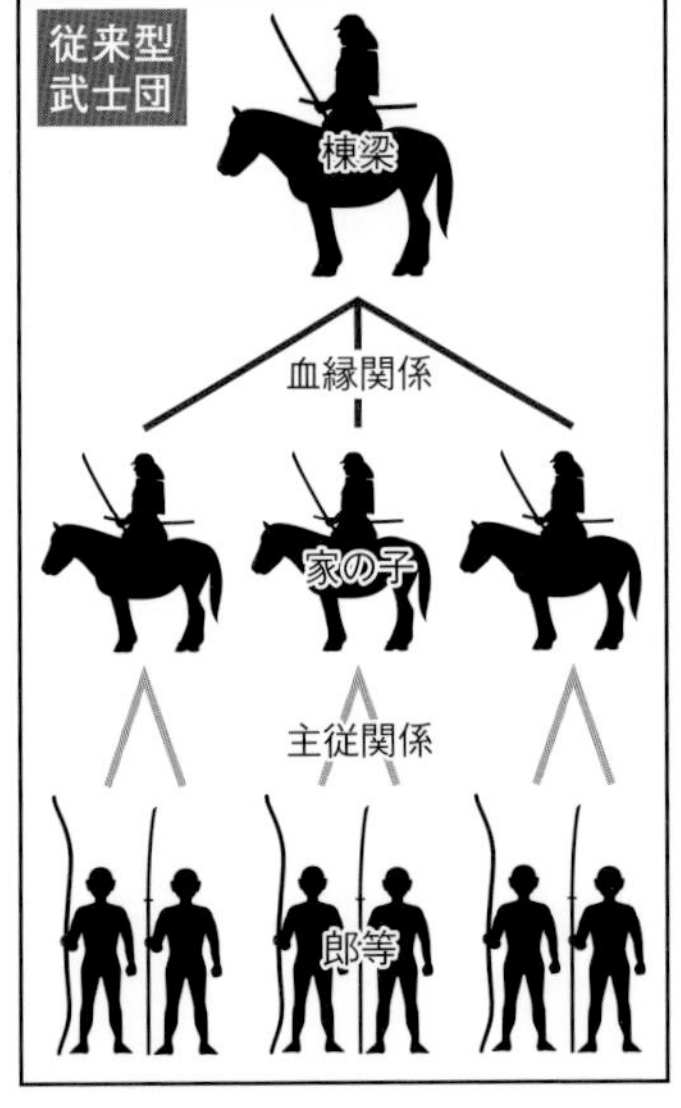

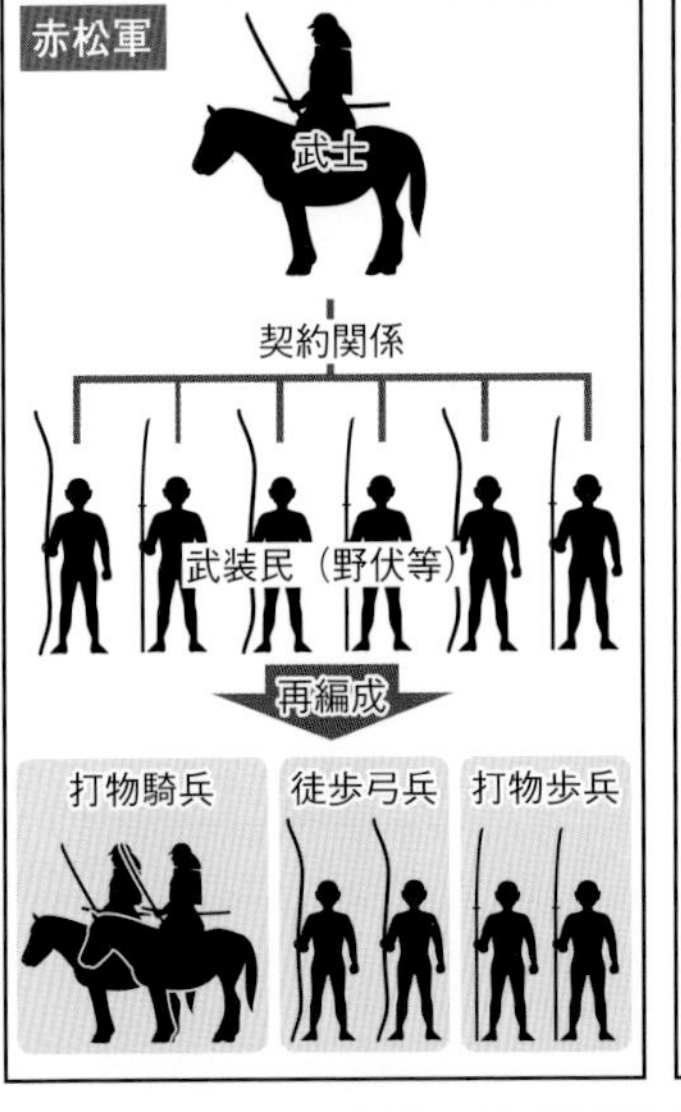

それに対し、赤松軍にはいわゆる「悪党」「野伏」が大量に入り込んでいた。彼らは山賊働きなどで生計を立てる武装民で、基本的に一匹狼の存在であった。イエへの帰属意識など持ち合わせておらず、武器ごとに兵士を抽出することが可能であった。これら兵種ごとの部隊は恒常的に存在するのではなく、合戦ごとに臨時に編成されるものであったろう。

どのような人々だったのであろうか。

当たり前にイメージされるのが、鎌倉時代に、鎌倉殿と呼ばれる将軍と個人的な主従関係を結んだ御家人たちである。いわば彼らが、鎌倉幕府が認めた正規の武士であり、その数は、諸説あるが概ね二〇〇〇人程度（おそらくその被官をいれても三～四万人か）とされる。

加えて、執権北条氏に仕える得宗被官と呼ばれる武士や、対モンゴル戦争（文永・弘安の役）を契機に、西国で徴集されるようになった本所一円地（荘園領主＝本所が一元的に管理する荘園）の荘官（預所、下司等の荘園の現地管理官）が、幕府の軍事力を構成していた。

ただし、本来は、本所一円地に幕府は介入できないから、幕府の指揮下にない荘官としての武士も多数存在する。

ところで、武士が戦士階級として自立することができるのは、確固とした経済基盤[*1]があるからなのは言うまでもない。だが経済基盤は、土地のみに存在するわけではなかった。海運・舟運を始めとした運輸流通、山間部の交通結節点や港湾といった交通の要衝を経済基盤とする武士たちも存在する。これは幕府の軍事

＊１＝鎌倉時代中期以降になると、貨幣経済の発展から困窮して所領を売りはらってしまう御家人（無足の御家人）が発生し、これが幕府の政治問題となる。

力を構成する武士か否かにかかわらず、である（伝統的な御家人たちは「封建制」の言葉通り「封土」という所領に基盤を置き、そこからの年貢によって生活を成り立たせることが多い）。

この他に武士以外の武装勢力としては、貨幣経済の進展とともに生まれた商業、流通業、金融業に携わる有徳人たちが組織したものもある。代表的な人物は、隠岐脱出直後の後醍醐帝を助けた海運業者の名和長年*2だろう。さらには郷村の上層階級も地侍と呼ばれるように独自に武力を編成していた。

平安後期の争乱から治承・寿永の内乱、そして承久の乱*3まで、宗教勢力の武装組織は相応な活躍をしたが、戦いの主役はあくまで武士だった。

だが、鎌倉時代末期の治安の悪化*4をうけて、治安行動や警察行動（両者とも当時は検断と呼ばれた）、さらには所領紛争を行ってきた様々な武装勢力は、鎌倉幕府討幕戦から南北朝の内乱において戦いの庭に降り立つのである。

たしかにここでも戦いの主役は、戦士階級である武士であったが、戦争において直接干戈を交える純軍事

＊2＝海運業を経済基盤とする武士である可能性も高い　＊3＝承久3年（1221）に後鳥羽上皇が、鎌倉幕府執権の北条氏を討伐しようとして敗北した戦い。
＊4＝九州は、対モンゴル戦争以降、準戦時態勢に置かれていた。

京都要塞想像図
京都要塞の建造にあたっては、解体された家屋の部材が転用されたと推測され、もっと雑多な様相だったかもしれない。

京都の要塞化

西岡の合戦後、六波羅軍主力は京に戻った。倒幕軍が再び攻撃をかけてくるのは確実であり、京都の防備強化は必須であった。六波羅軍は京都に大規模な土木工事を施し、大宮大路以東の左京市街を要塞化することとした。

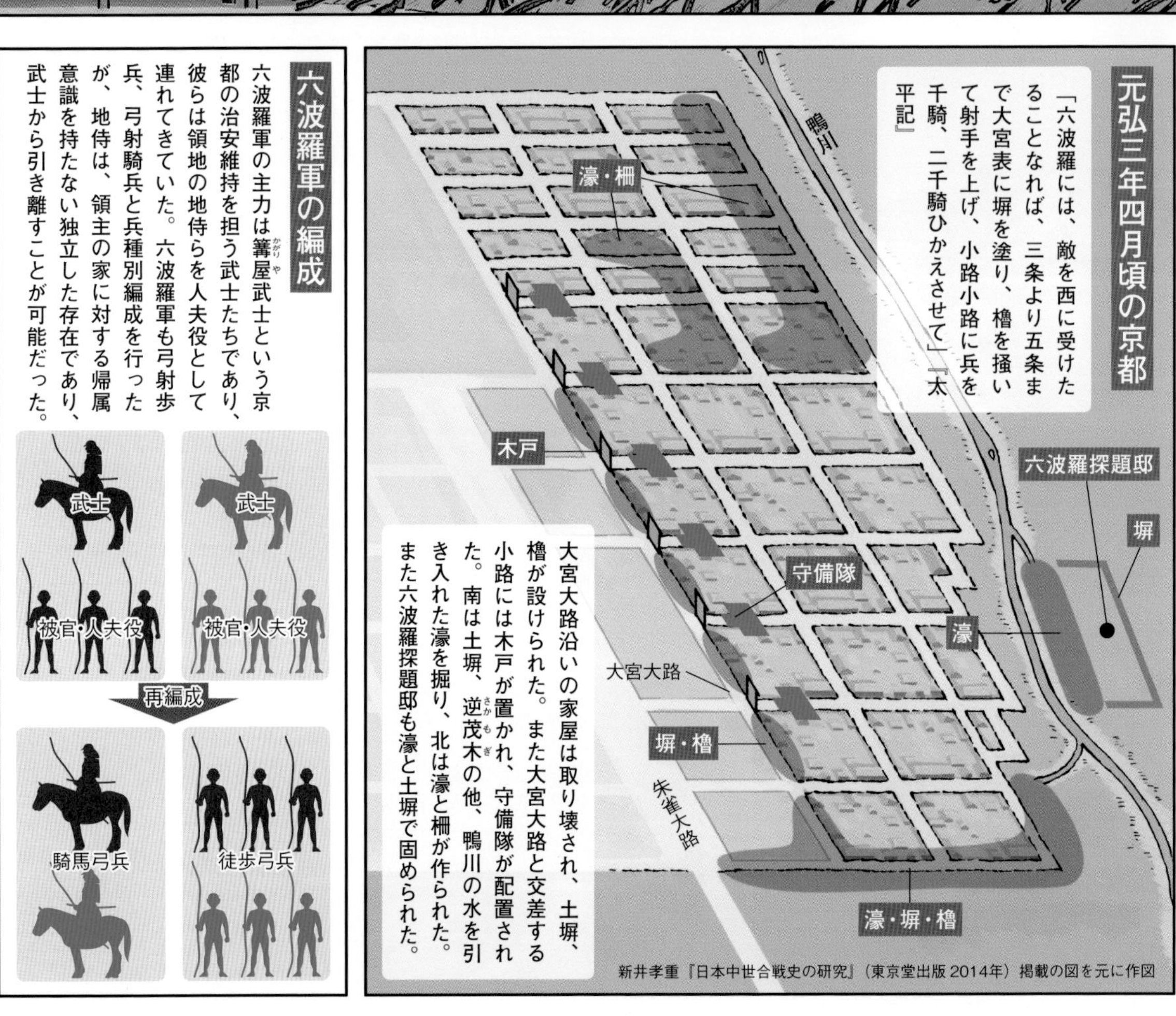

的なレベルで、武士だけでは戦いを全うできなくなったのである。

　さて、ここでもう一つ中世世界の特徴(というよりも前近代の特徴か)を挙げると、中世では、それぞれの共同体が生業や生活環境によって独自の文化を持っているうえに、その共同体の独立性は強い。[*5]中世とは、複雑で多様な世界なのである。

　これを、戦いに落とし込めば、それぞれの共同体で生活環境に根ざす、特有の——しかし現在の我々からは見えにくい——戦い方があったと想像するのが自然だろう。

　あえてわかりやすい例を挙げるなら、武士であっても騎乗しての弓射が不得手な集団もいるし、また家の規模の大小でも戦い方に自ずから違いがでるのだ。

　こうした多様な武装勢力が一堂に会したのが、討幕最終戦となった元弘三年の京都攻防戦である。この戦いで、六波羅探題(幕府)軍は、在京御家人と得宗被官、本来は洛中の警察任務に当たる篝屋武士[*6]を主力としていた。

　一方の討幕側は、赤松円心を総指揮官とする播磨を地盤とした武士団(そのなかには海賊も含まれる)を主力に、宗教勢力(吉野に籠城していた護良親王の配下の一部)や、後醍醐帝側近・

＊5＝孤立しているわけではない。　＊6＝平安時代の検非違使に代わって置かれた。畿内の在地領主が主要な構成員であり、一部は在京御家人と重なる。

千種忠顕の京都攻撃

元弘三年（一三三三）四月八日、後醍醐天皇から派遣された千種忠顕は単独での京都攻撃に踏み切る。彼は木戸ごとに軍勢を分け、入れ替わり立ち替わり要害を攻撃。戦闘が激化すると市中に侵入した工作員に放火させ、背後を混乱させた。

六波羅軍の戦術

ここで千種軍を迎え撃つ六波羅軍の戦術を見てみよう。「射手を面に立て、馬武者を後ろに置きたれば、敵のひるむ所を見て、懸け出で懸け出で追っ立つる」『太平記』

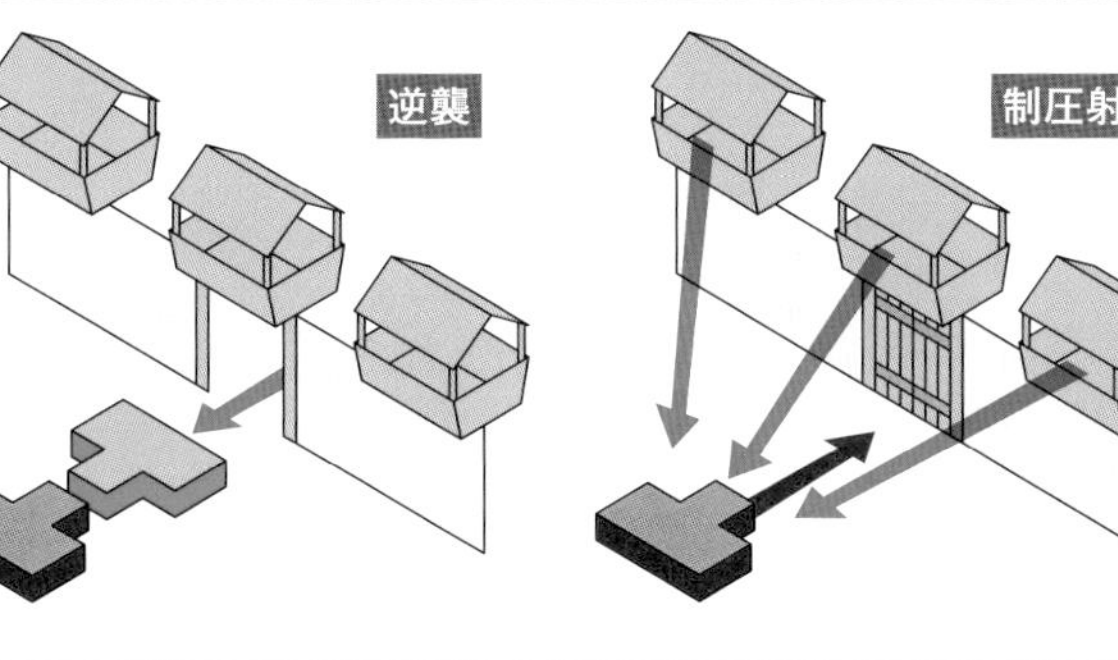

防壁に向かって攻めかかる千種軍を徒歩弓兵の射撃によって制圧した後、木戸を開いて弓射騎兵が逆襲に転じた。攻城戦であれば当然攻撃側は徒歩兵が多く、六波羅軍の弓射騎兵が活躍したであろう。

まとめ

結局、千種軍の攻撃でも京都は落ちず、度重なる京都攻略の失敗から倒幕の見通しは暗いものとなった。状況が変わったのは四月下旬、足利高氏（尊氏）の挙兵によってである。

五月七日、足利に赤松、千種を加えた大軍勢によって京都は陥落、六波羅探題は滅亡する。これをきっかけに新田義貞による鎌倉陥落、鎮西、長門探題滅亡と、堰を切ったように倒幕戦が有利に進み、鎌倉幕府は急速に崩壊するのである。

千種忠顕配下の小規模な武士団や宗教勢力から構成されていた。

　六波羅軍は、六波羅を中心に京都の東半分を城塞化。討幕軍は、強襲でこの「京都要塞」を落とそうとする。

　結局、足利尊氏（当時は高氏）が討幕側に付いたことで、六波羅は陥落するのだが、この戦いでは前の時代なら補助的な存在でしかなかった歩兵が戦闘力の重要な構成要素となったこと、また弓射騎兵とならび、太刀や長刀を主武器とした打物騎兵や、弓射歩兵が登場したことも注目される。

　そして何より重要なのは、六波羅軍も討幕軍も、敵を弓射歩兵で拘束または制圧し、騎兵をもって機動打撃を行うという、遠戦兵種と機動力のある近接戦闘兵種の二つの兵種の協同による普遍（不変）的な戦術の基本を忠実に実行していることだ。

　おそらくは、武装勢力の多様性が生み出した、自然発生的なものであろう。こののち、南北朝の内乱のなかで、様々な出自を持つ武士たちは蝦夷と琉球を除く日本列島を東奔西走し、これまた多様な武装勢力と戦う。

　彼らが欲したのは徒歩戦用の甲冑ではなく、マルチパーパスな甲冑であったのだろう。次項以降、それを武器の変化とともに詳しくみていこう。

08

大鎧の変化と三物完備の鎧

鎌倉時代末期から南北朝の動乱のなかで、大鎧は甲冑の主力の座を明け渡し、腹巻・胴丸が重装化する。鎧の「下剋上」が始まったのだ。

南北朝時代の大鎧

十世紀以降、武士の甲冑は騎射戦に特化した大鎧であり、『太平記』に描かれた南北朝の内乱でも武士達の多くがこの大鎧を着用している。しかし南北朝時代の大鎧は基本構造こそ平安・鎌倉時代のものと同一だったが、そのシルエットは大きく変わっていた。下図は『太平記』巻二十九に描写された、観応の擾乱（一三四九～五二）における足利直義方の秋山新蔵人光政の姿である。腰窄まりの胴と厳重に守られた脚部に南北朝期の大鎧の特徴が表れているが、これらの変化は旧来の騎射戦法が衰退し、乗馬・下馬での斬撃戦を含む騎射戦以外の状況に対応するためである。

『太平記』の秋山新蔵人光政

『太平記』の記述

「火（緋）威の鎧に五枚兜の緒を縮め、鍬形のあいだに、紅の扇の月日出たるが不残開て夕陽に耀かし、樫木の棒の一丈あまりに見へたるを、八角に削て両方に石突入れ」とある。イラストは多くの部分を解説者（渡辺）の想像で補った。

大鎧の変化

星兜・頬当・喉輪

南北朝時代の兜では笠鞠（かさじころ）といって鞠が水平方向に拡がり、両端の吹返しが折れて二重になった。これは本章9項に詳述するように、矢に対する防御と考えられる。また顔面、喉元を守る頬当、喉輪の使用も盛んになった。

腰窄（こしすぼ）まりの胴

下馬時の足さばきと重量に対する考慮の結果、南北朝時代に大鎧の胴は腰窄まりの形状に変化した。また、その他の特徴としては、草摺の広がり方がある。実際に復元品を着用した姿を観察すると、平安時代の草摺は腰から垂れ下がって太腿の上にかかってしまうのに対し、南北朝時代の草摺は笠のように横に広がり、太股の周囲に大きくスペースができる。反面それは足の露出が増えることを意味し、佩楯のような防具が必要となった。

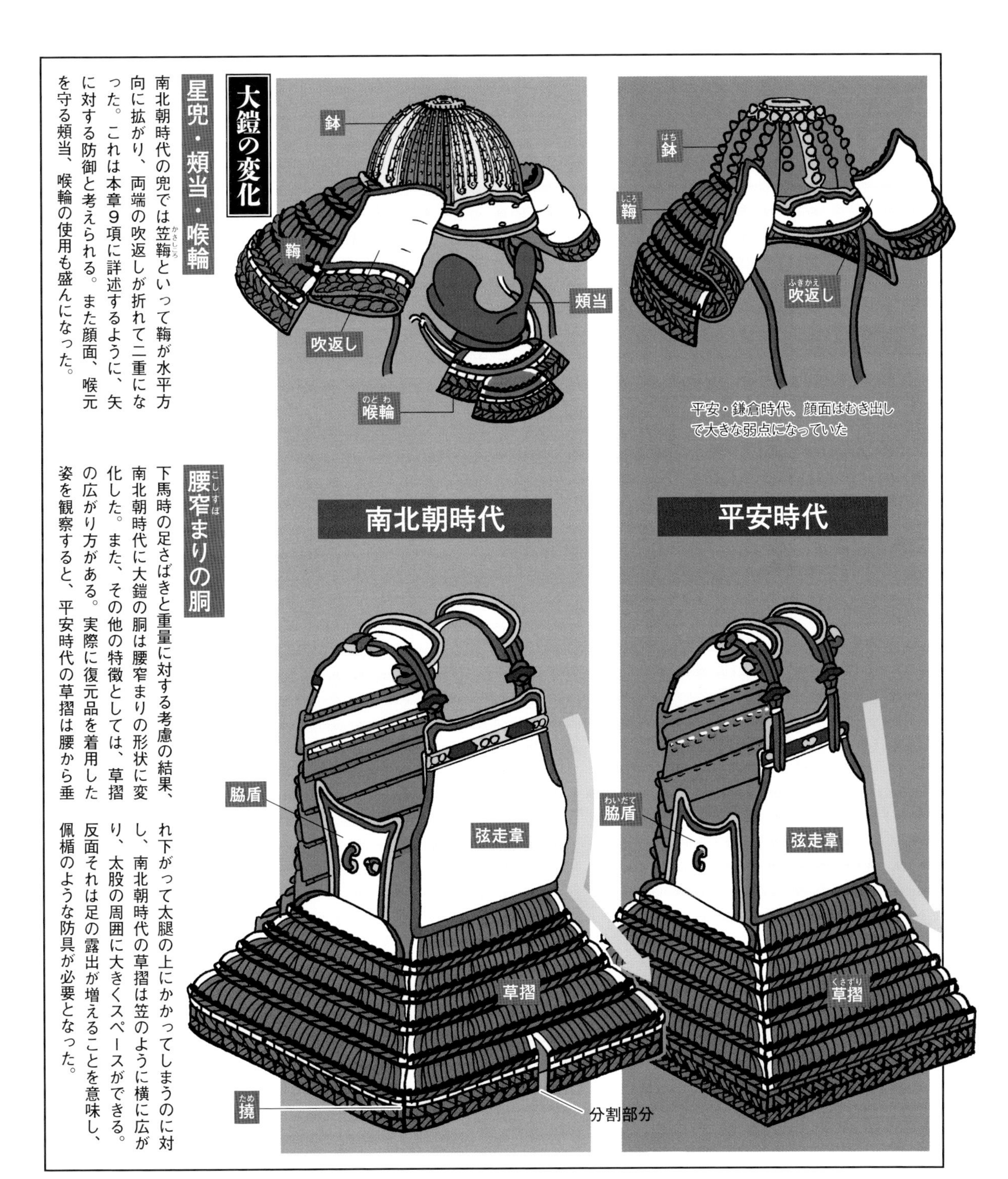

図は平安後期と南北朝時代の大鎧の胴の小札の枚数の一例である。平安時代の大鎧は下段に行くほど増える裾広がりの形状をしているが、南北朝時代のものは、数が減って腰窄まりの形になる

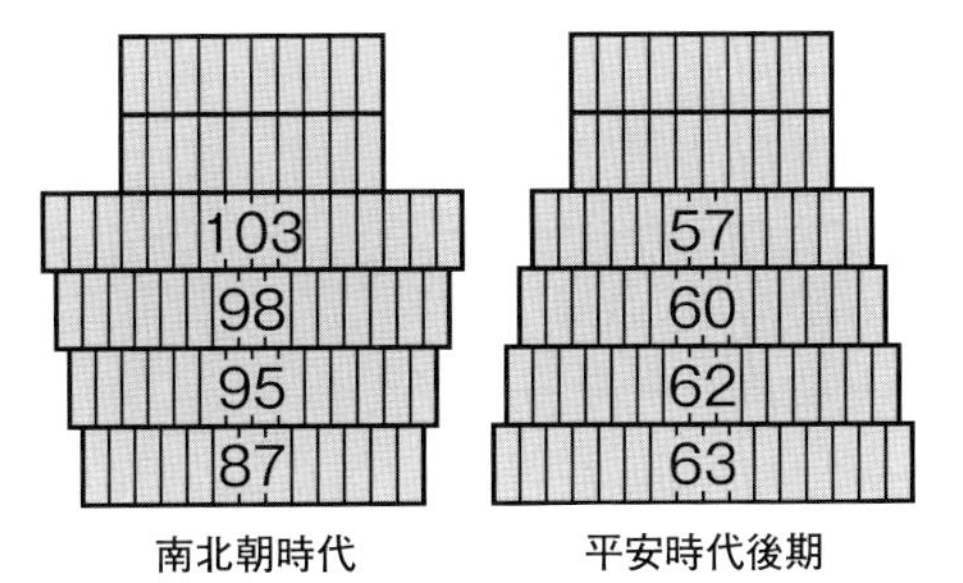

日本の甲冑は「札（さね）」を横に繋げて札板をつくり、それを上下に威して作られているので、札の枚数を変えれば形状も変えられる。

南北朝時代の腹巻・胴丸

下馬した場合に対応できるように改良の加えられた大鎧だが、それでも問題点が根本的に解決されることはなく、南北朝～室町時代にかけて儀礼用のものとなっていった。そして大鎧が衰退すると、それまで下卒用の軽快な防具だった腹巻や胴丸を上級武士達も着用するようになる。腹巻・胴丸には兜、袖が付属するようになり、三物完備の腹巻・胴丸などと呼んだ。明徳二年（一三九一）の明徳の乱を記した『明徳記』には、将軍足利義満自らが腹巻で出陣した記録がある。

『明徳記』の足利義満

「御所さまの其日の御装束はわざと御小袖（足利家重代の大鎧）をばめされず、燻革の腹巻の中二通黒皮にて縅したるを召れ、同毛の甲の緒をしめ」
（『明徳記』中巻）

兜の鉢は鉄板を留める鋲（星）を見せない筋兜。室町時代には笠鞠の水平方向の拡がりは落ち着いて、緩やかな傾斜になる

『明徳記』によれば、義満は「篠作」と「二銘」の二振りの太刀を佩いた。二振りの太刀を同時に佩くのは南北朝時代以降の習慣である

直垂の袖の内側に籠手を着込んで片籠手に見せかけている。上級武将が好んだ着用方法だ

佩楯・脛当
右図と比較すれば、南北朝期以降、脚の防御が充実したことがわかる

当時は草鞋履きが普通だが、義満ならば貫を履いたかもしれない

『平治物語絵詞』の腹巻

鎌倉中期成立の『平治物語絵詞』に描かれた、兜・袖付きの腹巻。下卒用なので足はむき出しである

南北朝時代の甲冑は、一般的に「徒歩斬撃戦」に適するように変化したといわれている。たしかにそれはそのとおりであるが——前項で結論として述べたように——、本質的にはむしろ汎用性を高めるための変化と筆者は考える。しかしそうした議論の前に、まずは南北朝時代（ただしくは鎌倉時代末期）の甲冑の変化を概観してみたい。

まずは大鎧からである。

大鎧の最大の変化は、胴が腰窄まりになったことだ。従来の大鎧が、箱型の形状で、その重量を馬上では鞍を介して馬に負担させるものだったのに対し、腰窄まりになったことで、重量を肩と腰とで分散できるようになった。

また、細かい変化としては、草摺の左右両端が内側に彎曲した。これは徒歩戦闘の際に、草摺どうしが干渉しないようにして、少しでも足さばきを良くしようとした工夫であろう。加えて鎌倉時代中期頃から小札の長さが短くなったことで、草摺を含めて鎧の丈が短くなった。これも足さばきを良くするためであろう。

さらに鎧の丈が短くなったことに関係すると思われるが、左側面にも脇板が付くようになった。

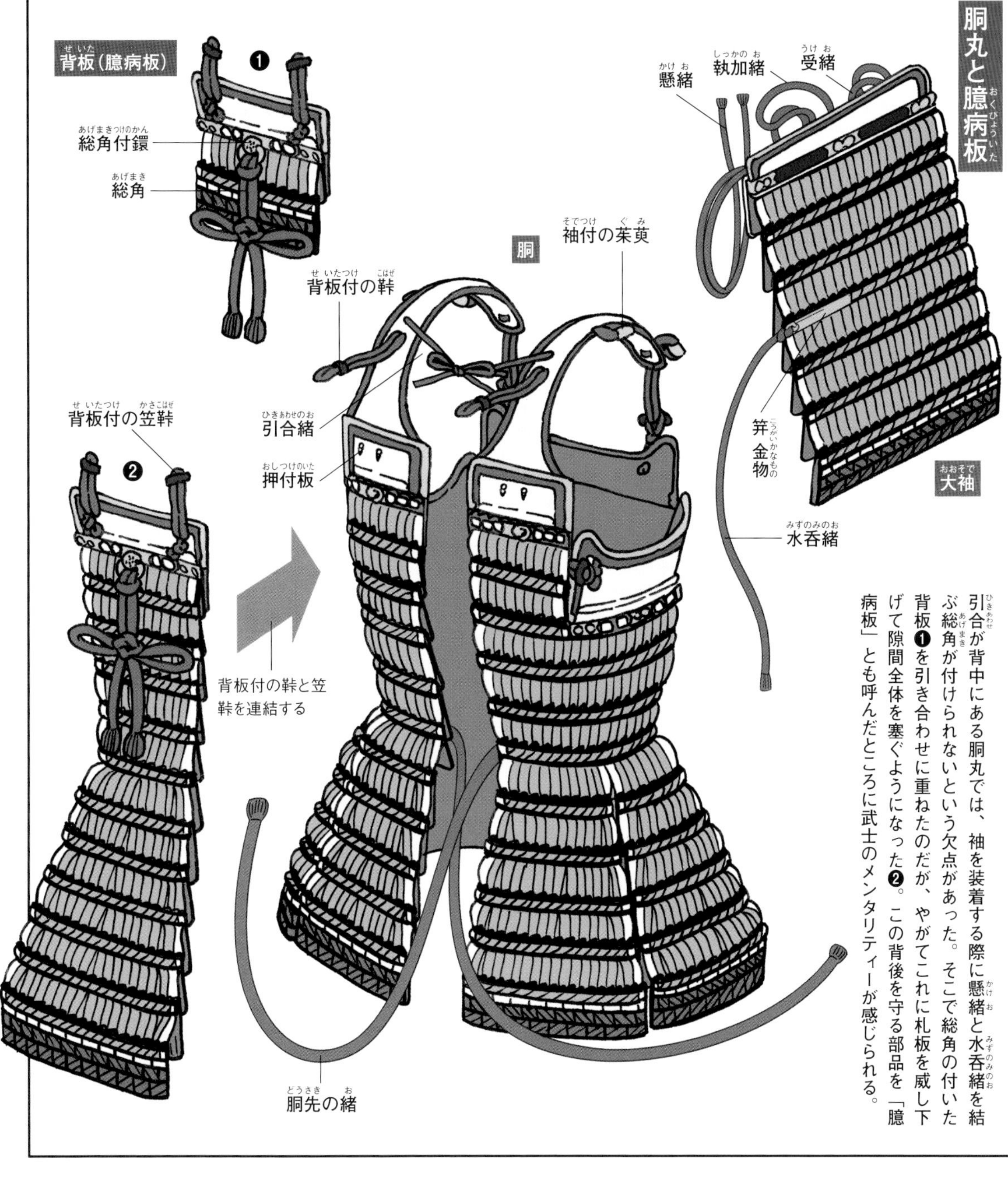

引合が背中にある胴丸では、袖を装着する際に懸緒と水呑緒を結ぶ総角が付けられないという欠点があった。そこで総角の付いた背板❶を引き合わせに重ねたのだが、やがてこれに札板を威し下げて隙間全体を塞ぐようになった❷。この背後を守る部品を「臆病板」とも呼んだところに武士のメンタリティーが感じられる。

もっとも大鎧は、南北朝時代以降、公家を含めた上級武士しか着用しなくなり、後述する腹巻と胴丸が主用されるようになったことから、儀式用または寺社への奉納用に転じてゆく。

　こうした傾向は、鎌倉時代後期より始まったようで、この結果、大鎧は装飾が過多となり、ついには春日大社所蔵の「赤糸威大鎧（竹虎雀飾）」に代表される、当時の工芸技術の頂点に達するような甲冑を生み出す。

　つぎに腹巻と胴丸だ。

　歩卒用、あるいは武士の軽武装用として用いられてきた腹巻と胴丸は、兜が付属するとともに、袖が付くようになり、本格的な戦闘に使用できるようになった。いうまでもなく大鎧と同様の袖（「大袖」という）が付くのは、弓射戦闘に対応するためである。

　このため、腹巻・胴丸には、袖を止めるためのループ（羂／綰）が肩上に付く。腹巻の背中（後立挙の二段目）には、俯いたときに袖が前にずれるのを防ぐ、水呑緒と懸緒を留める総角付環と総角が付く。さらに背面は背中の形に合わせて彎曲するようになり（背溝・背撓）、体に密着して重量負担を軽減した。

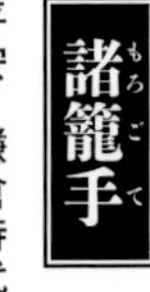

諸籠手（もろごて）

平安・鎌倉時代の武士は、片籠手といって弓射の際に敵に向ける左腕のみに籠手を着け、右腕は弓を引き易いよう籠手を着けなかった。しかし南北朝時代では斬撃戦の増加から両手に着けるようになった。これを諸籠手という。

篠籠手（しのごて）

鎌倉時代から現れた新式の籠手で、細長い篠（しの）を蝶番（ちょうつがい）や菱縫（ひしぬい）等で連結したもの。下卒用の簡易な防具だったがやがて高級化した

篠

『蒙古襲来絵詞』に描かれた簡易な篠籠手(時代)

同じく『蒙古襲来絵詞』に描かれた高級な篠籠手

「騎馬武者像」に描かれた篠籠手。篠の分割が細かい（南北朝時代）

装飾

防御力とは直接関係はないが、甲冑の装飾も南北朝時代に大きく変化している。大鎧の弦走韋（つるばしりがわ）が格子模様から不動明王や獅子等の仰々しい図案に替わったほか、鍬形は大型かつ幅広になり、鳩尾板（きゅうびのいた）と栴檀板（せんだんのいた）の冠板（かんむりのいた）もより鋭角的になっている。これらの変化は派手で奇抜な行いを好む、当時のバサラの気風を反映したものであろう。

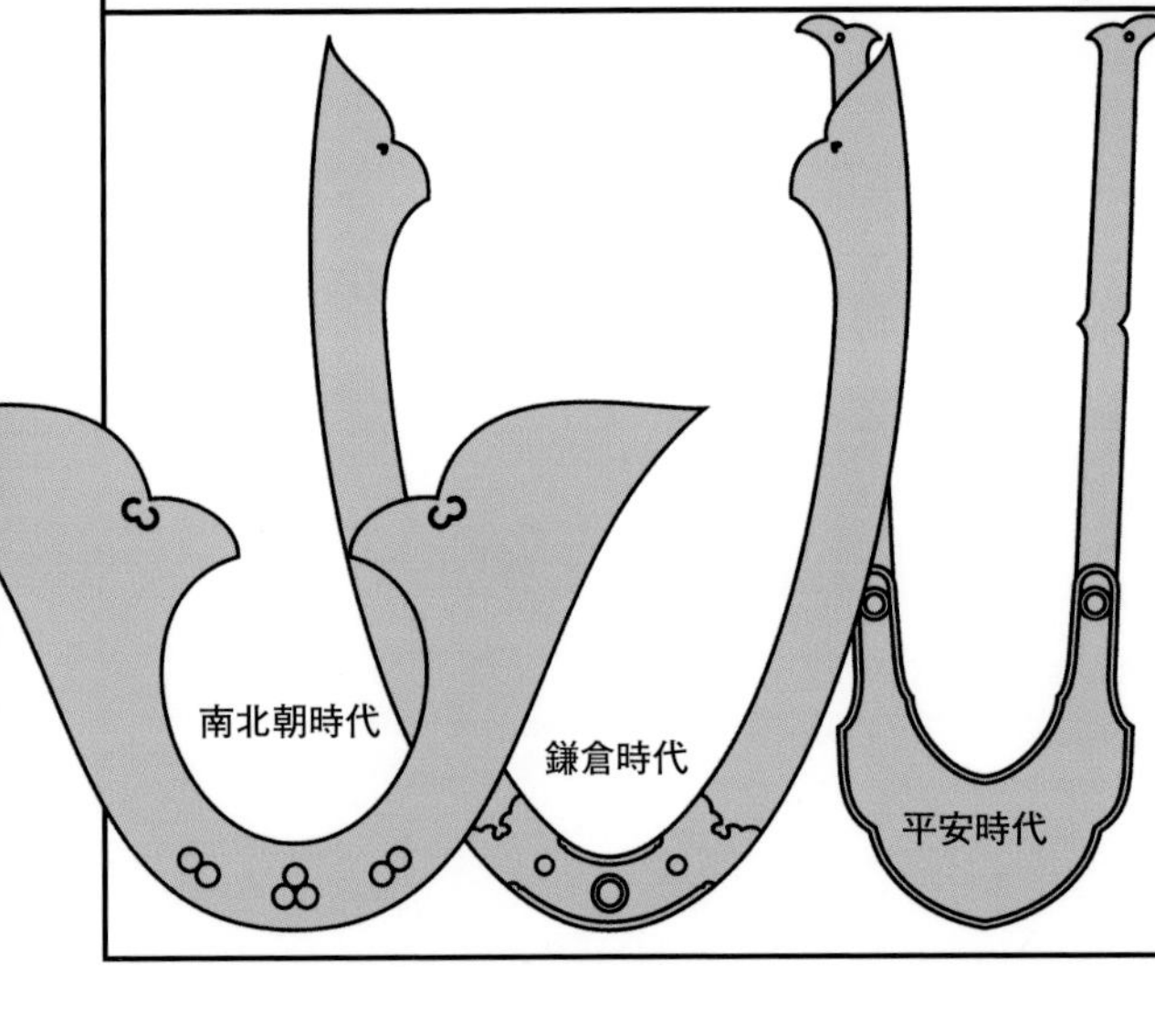

背中で引き合わせる胴丸には総角が付けられないため、押付板（おしつけのいた）に鐶を付けるなどして対処していた（東京国立博物館所蔵「黒韋威肩白腹巻（くろかわおどしかたしろはらまき）」*1）。また、前頁のイラストのように背中の引合（ひきあわせ）を覆う背板に総角付環と総角を付けて水呑緒を留めるという形式もあった。ちなみに背板は臆病板とも呼ばれ、背面防御のために引合部分を塞ぐパーツとされるが、その初期のものはごく小ぶりなので、本来は防御目的よりも、大袖を使用するための工夫であろう。

ともあれ、こうした本格的な戦闘に使用できる腹巻と胴丸は、三物完備（みつものかんび）（「三物」とは兜、袖、胴）の腹巻あるいは胴丸と呼ばれる。その一方で、後立挙が一段しかない初期の胴丸も軽武装用として使われ続けている。

なお、すでに第一章3項でも述べたが、腹巻と胴丸が本格的な鎧に昇格することで、新たに大鎧という名称が誕生し、かつ大鎧は室町時代に「式正ノ鎧（しきしょうのよろい）」と呼ばれるようになる。

では、三物完備の腹巻と胴丸は、南北朝期の戦闘様相にどのように対応していたのか。次項以降で、当時の武器との関係を中心に、よりディテールに踏み込んで解説していこう。

＊１＝すでに第１章３項で解説したように、戦国期に腹巻と胴丸の名称が逆転しているため、形式は「胴丸」だが所蔵品名は「腹巻」である。

08 大鎧の変化と三物完備の鎧

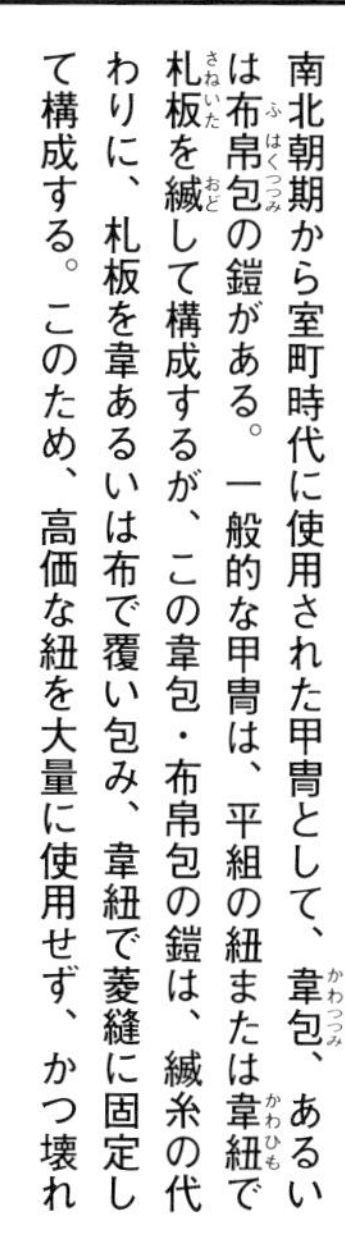

韋包・布帛包鎧

南北朝期から室町時代に使用された甲冑として、韋包、あるいは布帛包の鎧がある。一般的な甲冑は、平組の紐または韋紐で札板を縅して構成するが、この韋包・布帛包の鎧は、縅糸の代わりに、札板を韋あるいは布で覆い包み、韋紐で菱縫に固定して構成する。このため、高価な紐を大量に使用せず、かつ壊れた鎧や古くなった鎧の札を再利用できた。こうした鎧が登場したのは、長期にわたる合戦で、鎧の消耗が激しく補充が追いつかなかった状況を想像させる。現存遺物は、上級武士が着用する高級品で数も少ないが、本来は下級武士用に大量に生産されたと考えられる。

広袖

過渡的な様式の袖で、最下段こそ大袖のサイズだが上にいくに従い窄まっていく。大袖に比べれば多少動きやすい

韋包の兜の例が見られず、兜は通常のものを使ったか、韋包鎧着用者は兜を被らなかったのであろう

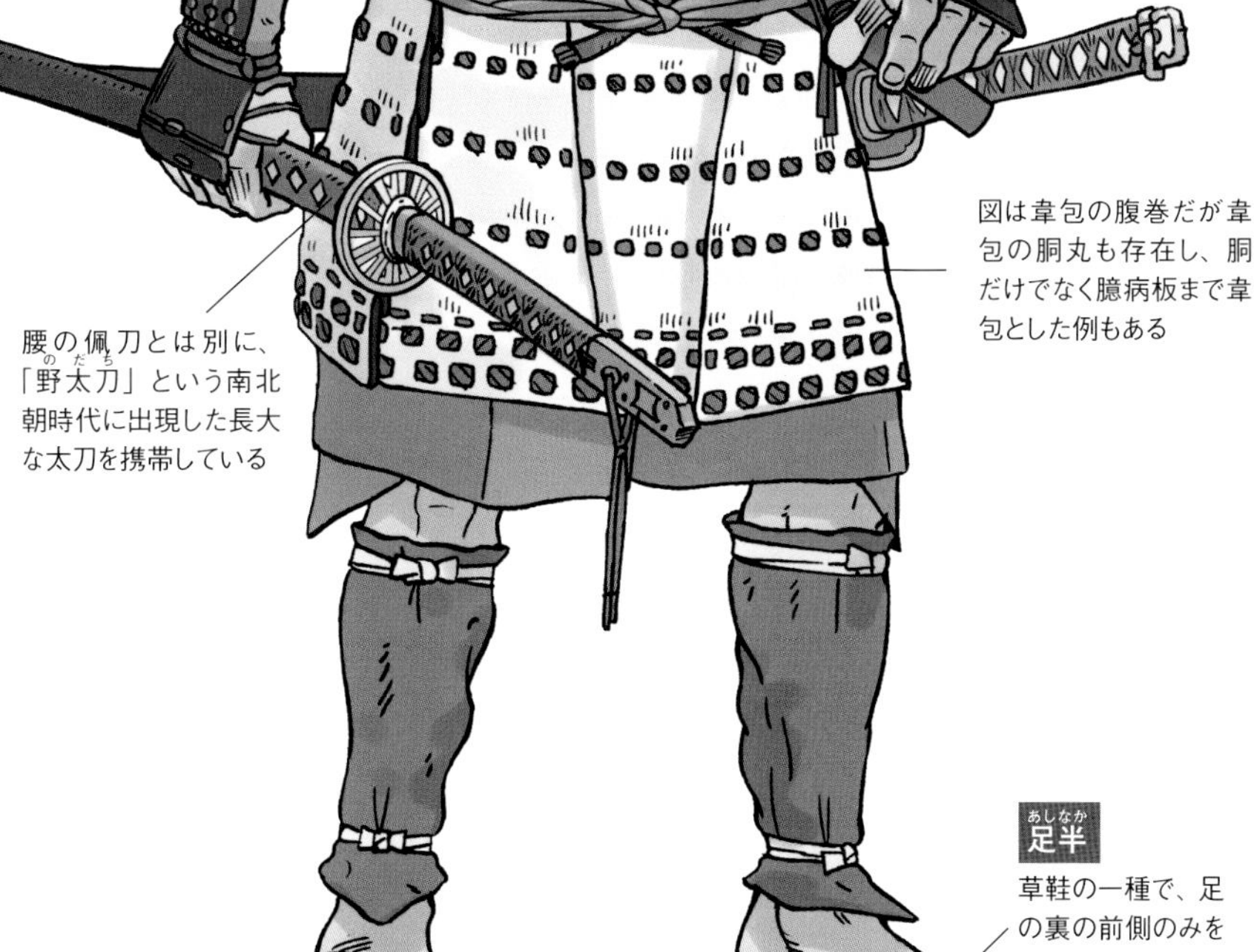

図は韋包の腹巻だが韋包の胴丸も存在し、胴だけでなく臆病板まで韋包とした例もある

腰の佩刀とは別に、「野太刀」という南北朝時代に出現した長大な太刀を携帯している

足半

草鞋の一種で、足の裏の前側のみを覆う簡易なもの

韋包の技法

札板の上部には本来、威し用の穴が縦に三段開いている。韋包ではこの穴の下側二段を使い、上に被せた革または布ごと菱縫で綴じつけるのである。

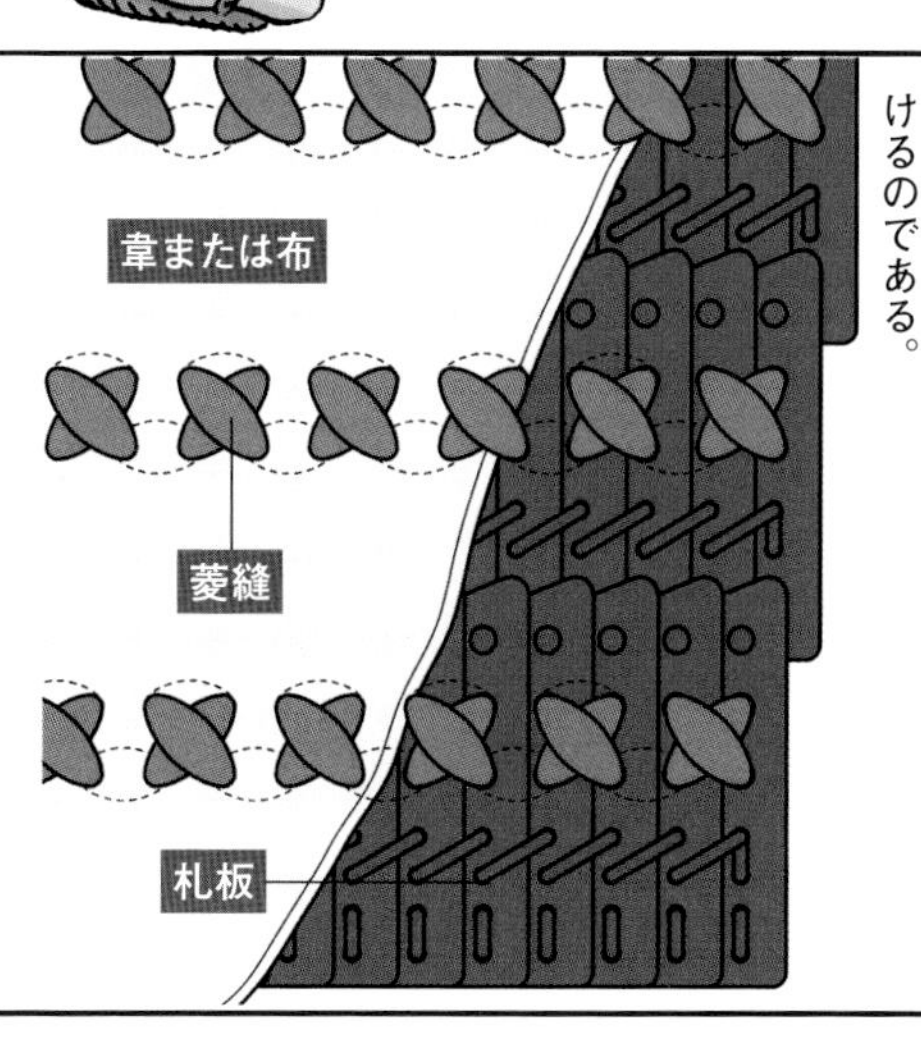

札の再利用 長さの違う中古の札を組み合わせて一領の鎧に仕立てることも容易だった（図の点線部分で札頭を合わせる）

09

弓の発達と鎧の変化①

騎射の技術が廃れる一方で、弓は、前時代よりも強力となった。戦いの場において、こうした弓はどのように使用されたのであろうか。

元弘元年（一三三一）九月三日、笠置山に籠る後醍醐天皇方の足助重範は、遠射を行う際、鎧の高紐を外したと『太平記』にある。

この「高紐を外す」行為の理由は一つ。大鎧の肩にかかる肩上を外すことで腕が自由に使えるようになり、弓を強く引けるからである。

足助の放った矢は二町（約二一八メートル）飛び、幕府方の荒尾弥五郎の兜の真正面に命中して兜の鉢を貫通する。眉間を射られた荒尾はその場で絶命した。

このように射撃の前に甲冑を脱ぐという描写は『太平記』に散見される。ではなぜ、この時代にこうした行為が行われるようになったのか？　それは当時使用された「三枚打弓」に理由がある。

征矢 弓の解説に移る前に、鏃について解説しておこう。戦闘用の鏃の中で最も一般的なものが征矢で、細長く、貫通を目的としている。左図はその一例で様々な形状があった。征矢は、飛行中に矢が回転するよう矢羽（やばね）は三立羽（みたてば）を用いる。

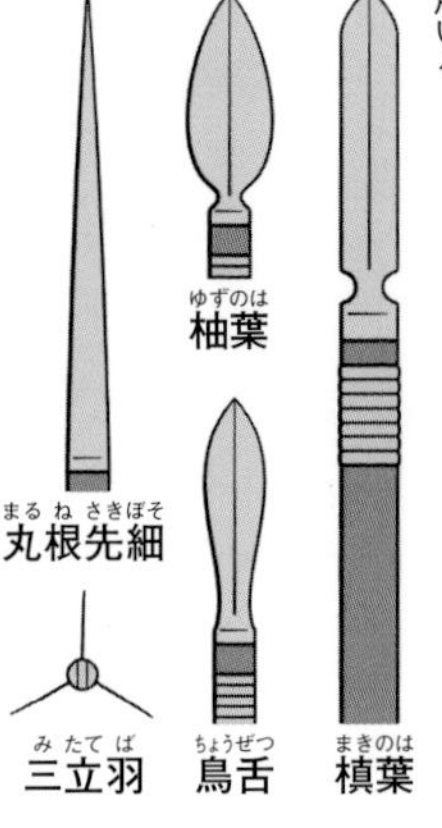

狩矢 貫通より切断を主な目的とした鏃が狩矢で、平たい形状をしている。征矢と同じく多くの形状がある。狩矢は飛行中に回転してしまうと切断機能が発揮できないため、征矢とはちがい矢羽に四立羽（よたてば）を用いる。

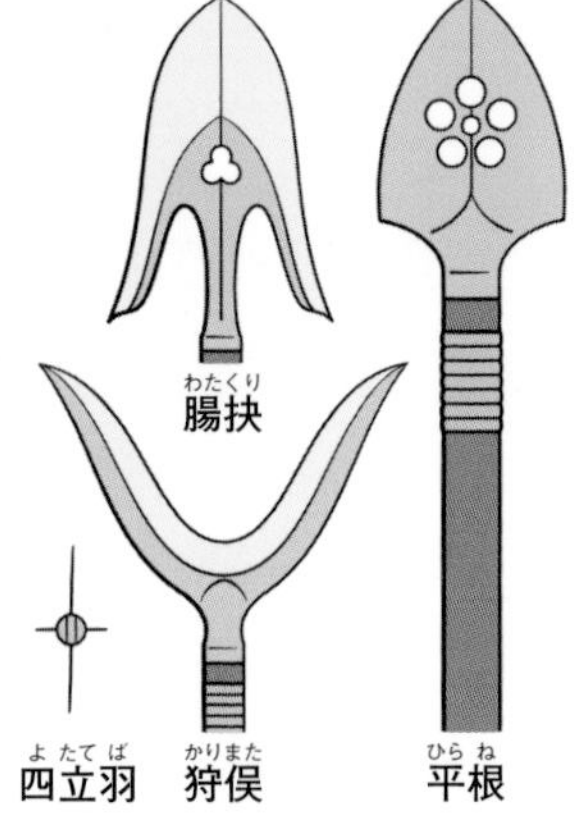

的矢 鏃の先端が丸く、的を射るための矢を的矢といった。本来は競技用だったが、楯などを割り砕くことに使えるため、戦闘にも用いた。上記の足助も、通常の鏃では鎧に当たり砕けてしまうため、的矢の一種の金神頭を用いたという。

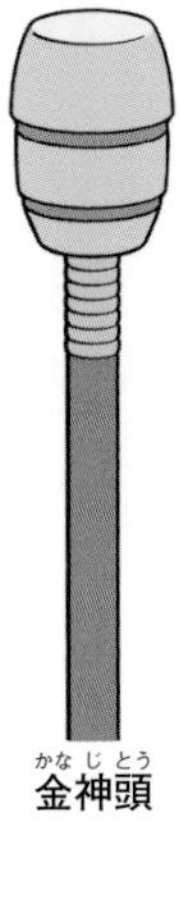

金神頭

三枚打弓

南北朝時代に使用されたのがこの三枚打弓だ。木製の芯の前後に竹を貼ったもので、長さは平均で七尺五寸（約二三〇センチ）あった。弓は木と竹の分離を防ぐため、紐を巻いた上に漆を塗り、装飾を兼ねて籐を巻いた。

❷❸
❶
鏑籐
冠節
鳥打節
姫反節
上成節
❶末弭
外目付節
目付節
❷
❸
手掛節
矢摺籐
弦輪

弦を弭に掛けるために両端を輪にする。結び方には❷❸の二通りある

握り皮
蟇目叩節
下成節
❹本弭
折腰節
引掛節
引起節
❷❸
❹
藤巻
重籐
末重籐
本重籐
矢摺重籐
鏑重籐

※弓、矢の名称は流派等により差異がある

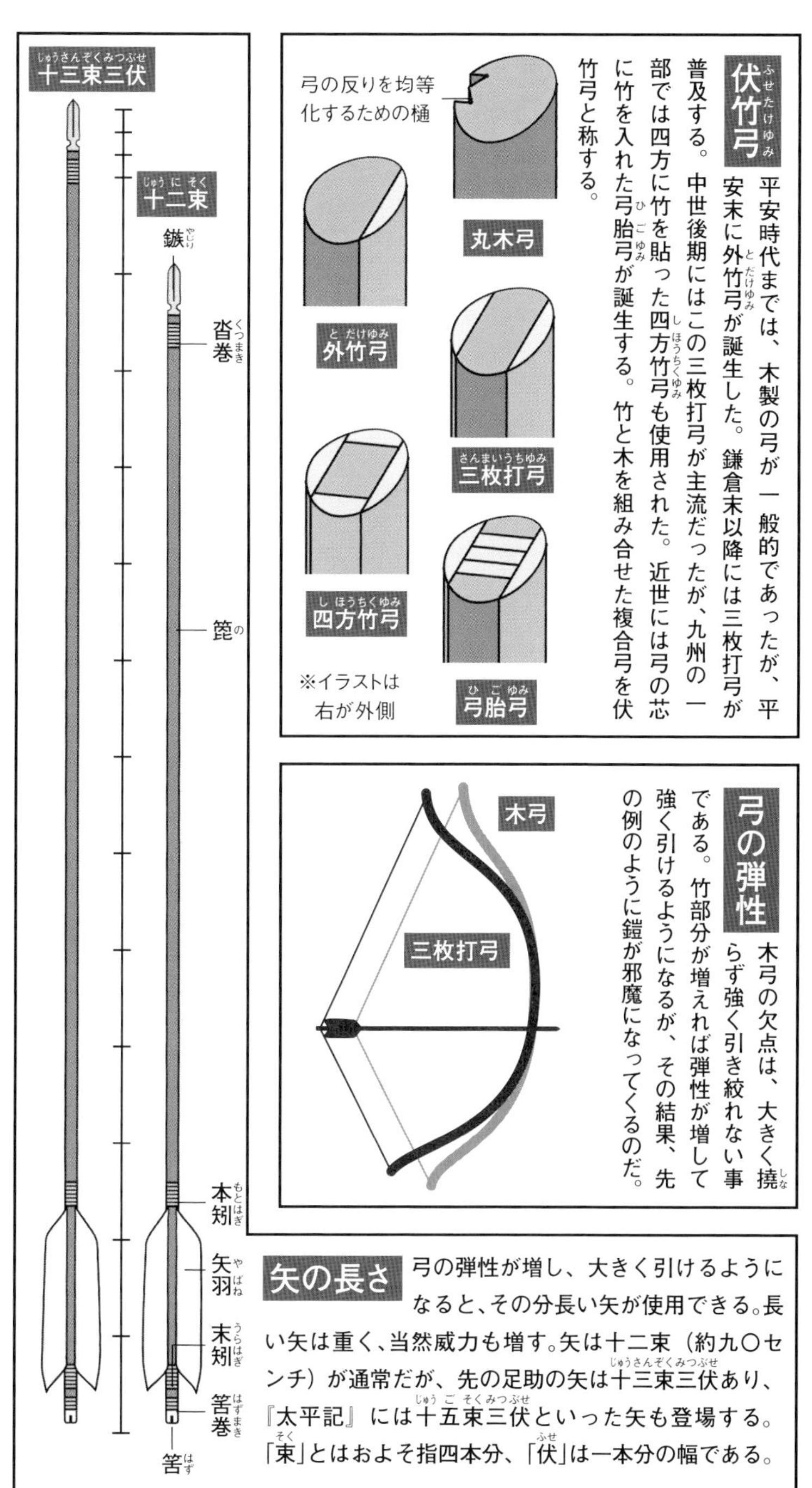

南北朝期の戦闘の特徴として、弓射騎兵が廃れ、代って弓射歩兵が弓兵の主力になったことが挙げられる。ここで簡単に日本の弓（和弓）の歴史を振り返ると、丸木弓と呼ばれる木製単一素材だったものが、芯材となる木の外側に竹を貼った外竹弓（十二世紀に成立したとされる）を経て、鎌倉時代末期には芯材の外側と内側の両方に竹を貼った三枚打弓となる。この三枚打弓が、南北朝期から室町時代かけて使用された弓である。

また、長期化した戦争によって大量に弓が必要とされたことから、弓作りの職人（弓師）集団が誕生し、この時代以降、弓の長さが七尺五寸（約二三〇センチ）に揃ってくるという。そして——話がやや先走るが——、室町時代末期から戦国時代にかけて成立する弓胎弓が現在の和弓へと続く。

甲冑を脱ぐ

精密射撃のため、甲冑そのものを脱いだ例さえ存在する。元弘三年（一三三三）四月二十七日、京都南西に布陣した倒幕方の赤松軍を攻撃するべく、六波羅探題は名越（北条）高家を大将とする部隊を出撃させた。

赤松方の佐用範家は畔の陰に隠れ、高家を待ち伏せた。高家は非常に華美な甲冑を着けていたため、すぐそれと分かったという。佐用は高家の内兜（顔）を狙い一矢で彼を射殺した。この時佐用はあえて甲冑を脱いだと『太平記』にある。これには物陰に隠れるためという理由もあるが、必中が求められる状況では、甲冑は邪魔だったのだろう。

『明徳記』に見る徒歩弓兵

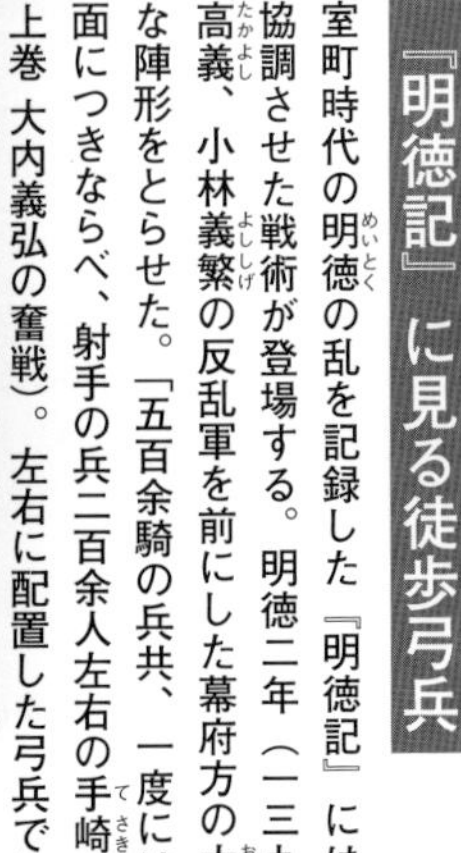

室町時代の明徳の乱を記録した『明徳記』には、弓射歩兵と打物歩兵を協調させた戦術が登場する。明徳二年（一三九一）十二月三十日、山名高義、小林義繁の反乱軍を前にした幕府方の大内義弘は味方に次のような陣形をとらせた。「五百余騎の兵共、一度にはらりとおり立て、楯を一面につきならべ、射手の兵二百余人左右の手崎にすすませて」（『明徳記』上巻 大内義弘の奮戦）。左右に配置した弓兵で矢を浴びせつつ、中央の打物歩兵で敵の突撃を受け止めるのだ。結果的にこの戦術は奏功し、反乱軍を撃退したうえ山名、小林両名を敗死させた。

さて、南北朝時代から室町時代を通じて使用された三枚打弓は、前時代の外竹弓よりも強力なものであった。しかし弓の威力、とくに射程の向上は、馬を疾駆させながら矢を射る戦技の衰えと相まって、弓射歩兵に戦闘力の向上をもたらした。

というのも、騎射は、馬の機動力を活かした至近距離からの射撃であり、弓を大きく引き絞ることはない。威力の大きくなった新しい弓の能力をフルに発揮できるものではなかったのだ。

それよりも、兜どころか、しばしば鎧さえ着ないような軽武装の歩兵の方が、体の動きを掣肘されない分だけ弓の能力をフルに発揮できたのである。

『太平記』を例にとると、笠置山に籠った倒幕側の足助重範は、遠距離からの精密な射撃を行う際に、弓を大きく引き絞るため、肩上を胴に留める鎧の高紐を外し[＊1]（おそらく馬手〈右腕〉側だろう）ている。建武三年（一三三六）の比叡山攻防戦では、南朝側新田軍の本間重氏が、おなじく遠距離射撃のために鎧を脱いでいる[＊2]（ただし、本間が使用した弓は[＊3]、その描写から前時代の外竹弓の可能性がある）。

＊1＝『太平記』第三巻・笠置合戦の事。　＊2＝『太平記』第十七巻・熊野勢軍の事。　＊3＝「白木の弓」、約2.8メートルという大きさ、撓（しな）りを均等化するための溝(樋)を入れてあるとの描写から判断した。外竹弓は、強度の関係から三枚打弓のように大きく引き絞れず、このため遠距離射撃ができる弓は、必然的に弓幹（本体部分）が長くなる。

徒歩弓兵対打物騎兵

最後に徒歩弓兵による弓の集団使用の実例を見てみよう。延元三年（一三三八）閏七月二日、北朝の斯波高経が籠る越前足羽の城郭群を攻めていた南朝の新田義貞は、味方を救援するため、五〇騎程の護衛を連れ、藤島城へと移動した。
そこへ黒丸城に籠る細川出羽守、鹿草彦太郎の両名が、これを追い払おうと三〇〇騎ほどを率いて城から出撃。この部隊と真正面に出くわした義貞は打物騎兵による突撃を敢行した。

「細川が方には、徒立ちにて楯をつきたる射手ども多かりければ、深田に走り下り、前に持楯をつき並べて、鏃を支へて散々に射る」
「左中将（義貞）の方には、射手は一人もなく、楯の一帖も持たざりければ、前なる兵、義貞の矢面に塞がって、ただ的になってぞ射られける」（『太平記』第二十巻・義貞朝臣自殺の事）
五〇騎の護衛はたった一人の敵も討ち取ることなく全滅。義貞も矢を眉間に受けて重傷を負い自決した。打物騎兵が弓兵の掩護もなく、数に勝る弓射歩兵に正面から突撃すれば、このような結果になるのである。

また元弘三年（一三三三）の京都攻防戦では、討幕側赤松軍の佐用範家は、鎧を脱いで徒歩となり、田の畦を遮蔽物に利用して接近し、六波羅軍の大将・名越尾張守（北条高家）を狙撃で討ち取っている。*4

むろん、徒歩弓兵は、彼らのような名のある武士たちのみではない。重要なのは、遠距離射撃が可能となったことで、本来的に近接戦闘を苦手とする非武士階級を戦力化できたことなのである。だからこそ、南北朝の戦いでは、農村の地侍やあぶれ者たちが、戦場で活躍できるようになったのだ。

さらにいえば、弓を始めとした投射兵器を有効に使用するためには、それを使用する集団は、必然的に横に拡がらざるを得ないことも重要であろう。第二章1項で述べた弓射歩兵と近接戦闘兵種である騎兵（武士）の連繋だけではなく、プリミティブな形ではあったが、陣形（隊形）が形成されるようになったとも考えられるのだ。*5

ともあれ、〝源平合戦〟の時代には考えられなかったであろう、遠距離から大量の矢の雨が降る戦場に適応した甲冑が求められようになったのである。

＊4＝『太平記』第九巻・名越殿討死の事。　＊5＝ただし、『太平記』に見られる陣形描写は、作者が中国の古典に詳しいことから、そこから採り入れた軍記物特有の演出的表現が大きい。

10

弓の発達と鎧の変化②

強力になった弓矢と弓射歩兵集団の登場によって、より激しくなった射撃戦。こうした戦闘様相の変化は、甲冑をどのように変えたのか。

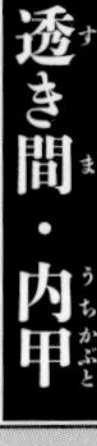

透き間・内甲

南北朝時代に三枚内弓が登場し、矢の威力が向上した。しかしその結果、甲冑が矢に対して無力になったというわけではない。甲冑の強度自体は、強力になった矢に対して十分に対抗し得たことが、『太平記』から推察できる。

『太平記』第八巻・田中兄弟軍の事では元弘三年（一三三三）四月三日の京都での戦闘において、倒幕軍側の頓宮・田中の親子兄弟討ち死にの様子を「鎧の透き間、内甲におのおの矢二、三十筋射立てられて（中略）死にたりける」と書いている。あくまで甲冑の隙間に命中した矢が致命傷となったのだ。

大鎧の隙間とは、脇の下・胴の引合・草摺の外れ等である。また、内甲（内兜）はむき出しの顔面を指す。図では甲冑の隙間に命中した矢のみを描いたが、実際には大鎧のいたるところに命中していたであろう

射向の袖・鎧突

また『太平記』第十六巻・義貞朝臣以下の敗軍等帰洛の事では、新田義貞は「甲突きを透き間なく揺り合はせ、或いは立つ矢を射向に受け留め」ている。鎧を揺すって隙間を無くし、左側の袖で矢を防ぐという平安時代の戦訓は、南北朝時代にも有効だったのだ。

薄金

義貞が着ていたのは、「薄金」という平安時代末の大鎧だった。平安時代の甲冑であっても、三枚打弓の矢を防げたことは特筆に値しよう

射向の袖

前項で述べたように、弓が強力になったことで、近接戦闘を苦手とする非武士階級を弓射歩兵として戦力とすることが可能となった。

さらに弓射歩兵は、弓射騎兵のように戦場を駆け巡らず、一定の場所に集団で留まって射撃を行うから、理論上は、弓の長射程化と相まって、弓射歩兵集団の戦闘正

矢の弾道

南北朝時代に甲冑の変化を促したのは、矢の威力ではなく弾道だった。強力な三枚打弓を指向した下卒達は、当然遠距離射撃を指向しただろう。そして遠距離射撃では矢は山なりの弾道を描くことになる。

櫓からの射撃

櫓・城郭など高所からの射撃では矢は上から射ち下ろす形になる

遠距離射撃

45度の角度で発射した時に射程は最大となるが、命中精度の関係でもっと浅い角度だったろう

また南北朝時代の戦闘では城郭や櫓の利用が盛んになった点も見逃せない。馬上からの近距離射撃が主だった平安時代に対し、南北朝時代では矢は上から飛んで来るものだったのだ。

笠鞍

「上からの矢」に対応して生み出されたのが、南北朝時代の兜の特徴である大きく横に広がった笠鞍だ。野太刀、薙刀等から首や肩を守る為と説明されることも多い笠鞍だが、むしろ矢に対する防御とする方が自然だろう。

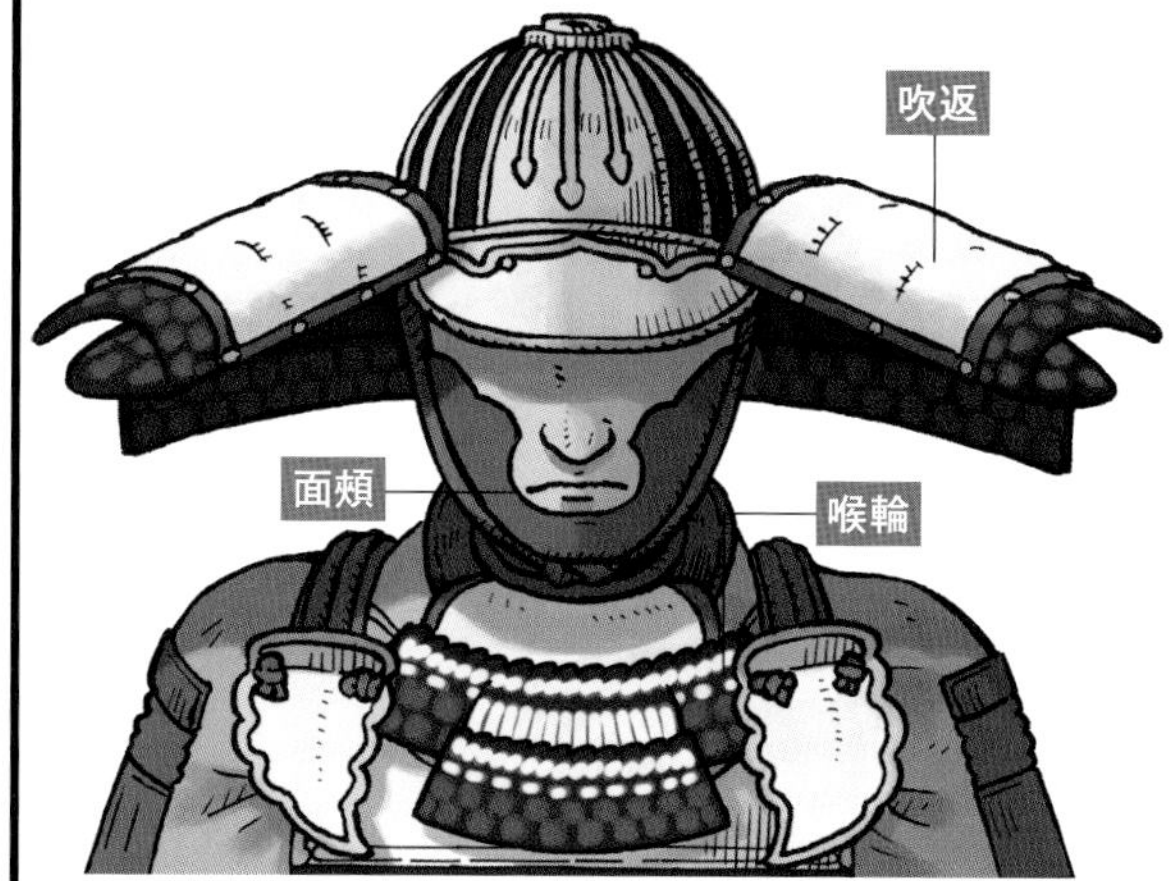

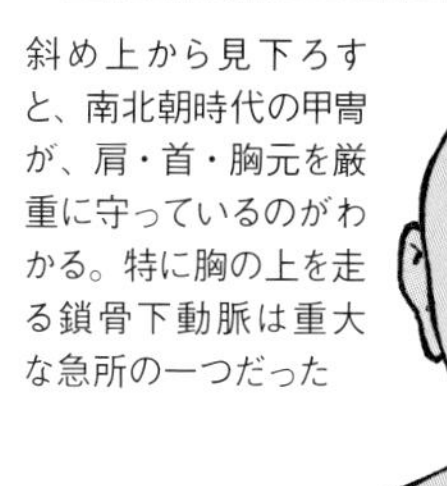

斜め上から見下ろすと、南北朝時代の甲冑が、肩・首・胸元を厳重に守っているのがわかる。特に胸の上を走る鎖骨下動脈は重大な急所の一つだった

上からの矢と兜

笠鞍は斜め上から飛来する矢に対し、肩全体を守る形になっている

折れた腰巻

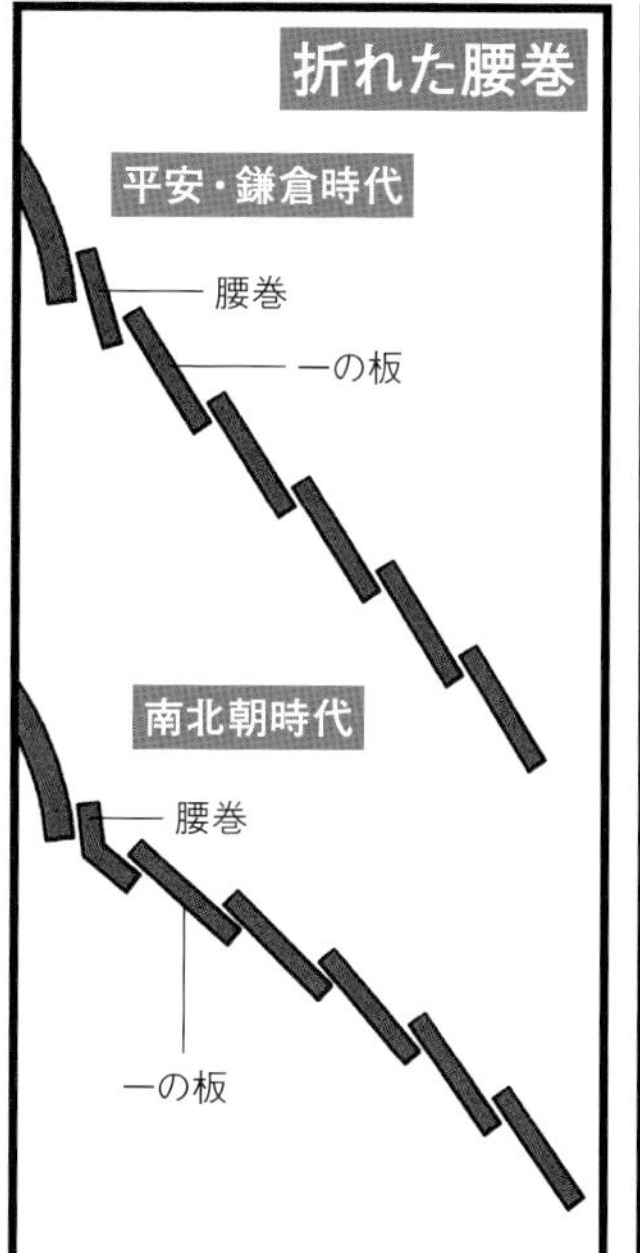

笠鞍は兜鉢の周囲に巡らした腰巻を折り曲げて、そこに取り付けられている。この構造からして、太刀で打つなどの大きな衝撃には弱かったと推測される。

面には、長時間にわたり密度の濃い射線が構成されることとなる。

　これを一面から証明するのが、当該期の「軍忠状」[*1]に書かれた矢傷の多さだ。例えば大量の軍忠状を分析した鈴木眞哉氏の研究を引用すると、鎌倉幕府が滅亡した元弘三年（一三三三）から南北朝末期の至徳四年（一三八七）までの軍忠状一八三点に記載された負傷者五七二人のうち、約八六パーセントが矢傷である。[*2]

　もっともすでに近藤好和氏が批判しているように、軍忠状では敵味方とも死因は不明であることが多く[*3]、また敵側の状況も不明なため、軍忠状のみをもって戦闘様相を論ずることはできない。鈴木氏のように、弓矢による遠距離戦闘が戦いの本質だったとは言い切れないのだ。

　むしろ注目すべきは、負傷部位である。負傷のほとんどは、鎧に防護されていない部分である。[*4]これは、当時の甲冑が弓矢に対し、充分防護力を持っていたことを証明している。

　したがって、南北朝期の甲冑の変化のうち弓矢に対する防護は、遠距離から中距離にかけて大量

＊1＝合戦に参加した武士が、戦功を認めてもらうために、主君や上官（軍奉行や軍勢の指揮官）に提出する文書で、対モンゴル戦争から登場する。負傷や、一門・被官の戦死も戦功となるため記載されており、戦闘様相を分析するには有力な史料となる。　＊2＝『「戦闘報告書」が語る日本中世の戦場』。負傷者総数は606人だが原因不明34名を除いた数値。なお死者は54人　＊3＝『騎兵と歩兵の中世史』　＊4＝日本甲冑武具研究保存会の鈴木裕介氏のご教示による。なお氏は、鎧の防護力が高いので、無防備な箇所を狙っているのではないかという意見を持つ。

杏葉

杏葉の位置が変化したことも、南北朝時代の甲冑の大きな特徴である。杏葉とは本来、胴丸・腹巻の肩部分に付けた防具で、南北朝時代にはこれが肩の上から胸の前へと移動している。

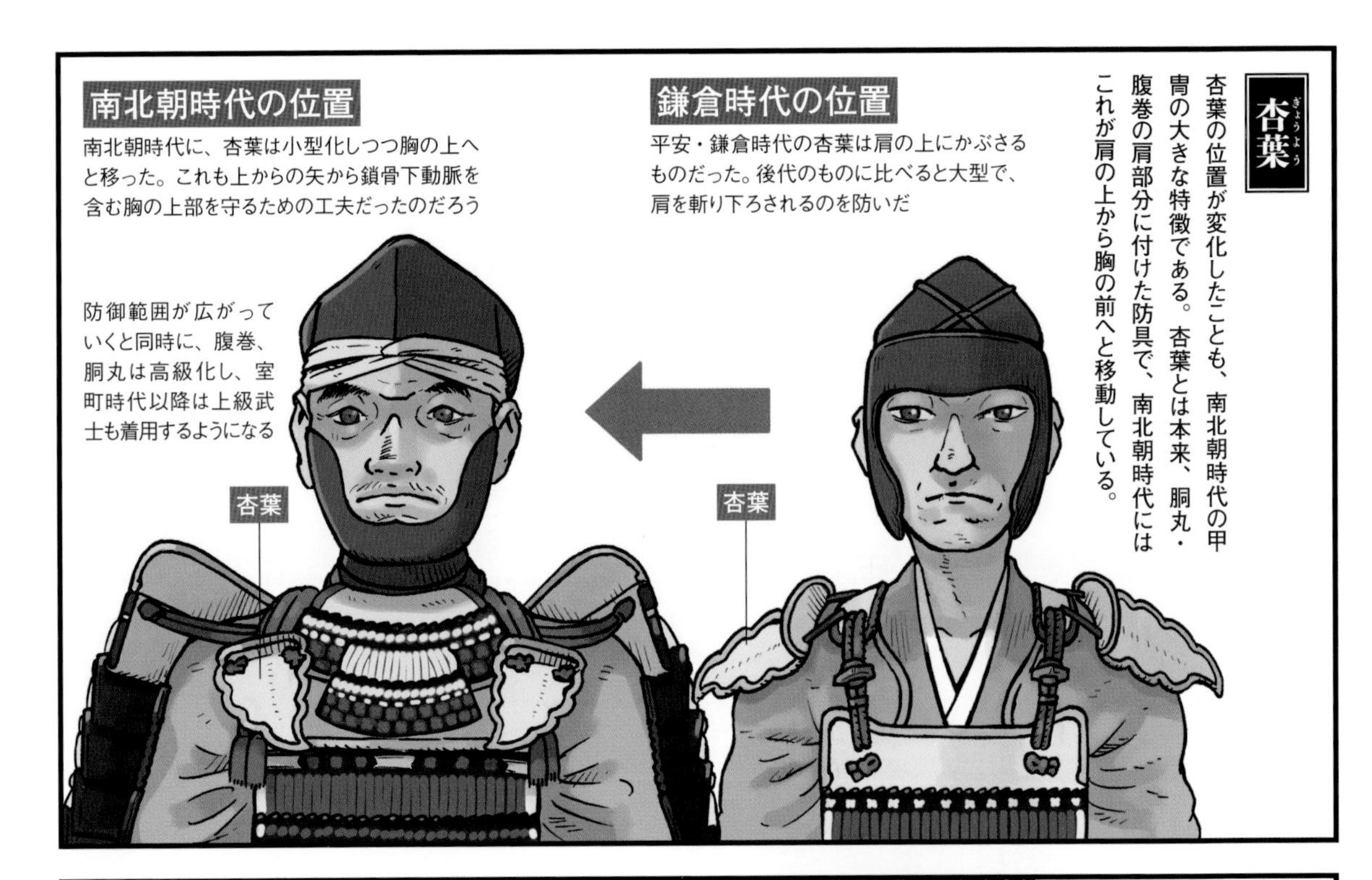

鎌倉時代の位置

平安・鎌倉時代の杏葉は肩の上にかぶさるものだった。後代のものに比べると大型で、肩を斬り下ろされるのを防いだ

南北朝時代の位置

南北朝時代に、杏葉は小型化しつつ胸の上へと移った。これも上からの矢から鎖骨下動脈を含む胸の上部を守るための工夫だったのだろう

防御範囲が広がっていくと同時に、腹巻、胴丸は高級化し、室町時代以降は上級武士も着用するようになる

面頬・喉輪

顔面と首元を守る面頬・喉輪の利用も南北朝時代に盛んになった。『太平記』ではさかんに内兜（むき出しの顔面）を射る、刀で突く場面があり、かなり意図的に顔面を狙ったようだ。

喉輪は喉を囲む月形に、三日月状の札板を下げたものだ。時代が下ると月形を廃して、面頬と一体化した

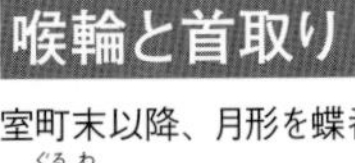

喉輪と首取り

室町末以降、月形を蝶番で分割して首を囲い込むようにした曲輪や、曲輪の下げの部分を廃した領輪といった派生型が生じた。こうした形状から推察するに、喉輪には組討ちの際に首を掻かれにくくするという役割もあったのだろう。

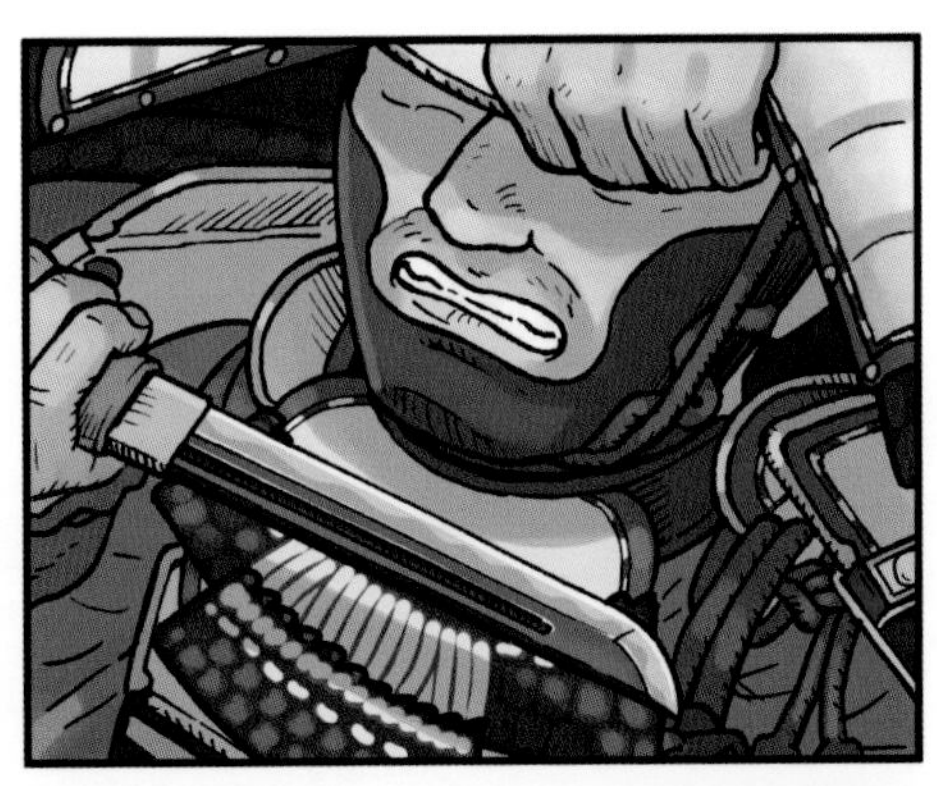

に射ち込まれる矢に対するものであったろう。戦闘の形態は、弓射歩兵の掩護下に、武士が近接戦闘を交えるようになっていたと考えられるから、突撃あるいは接近機動間に、飛来する矢をどう防ぐかにポイントが絞られる。このような視点でみると、矢に対する甲冑の変化は、次の三点に集約できそうだ。

まず、兜の𩊱が、水平方向に拡がった笠𩊱になったことである。笠𩊱は上方からの斬撃や打撃に対する防護とされてきた。たしかにそれもあろう。しかし笠𩊱の場合、𩊱と鉢を接合する部分が構造的に強度が低く（とくに初期の笠𩊱）、強力な斬撃や打撃には耐えられないと考えられる。したがって笠𩊱は、上方から飛んで来る矢に対し、肩部を守ることが主目的だったのではないだろうか（斬撃には、吹返を寝かせることで、𩊱の前部を二重にして対応しているのではないだろうか）。

二つ目は、胴丸や腹巻において、肩を守るために使用していたパーツである杏葉が小型化して、大鎧の鳩尾板や栴檀板のように胸の上部左右を守るようになったことである。

肩から胸上部には、動脈（鎖骨下動脈）が走っており、遠距離から射

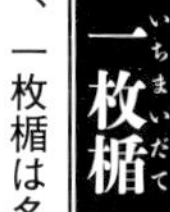

一枚楯（いちまいだて）

『太平記』には「一枚楯」なる楯が頻出する。

通常の楯が板を横に二枚繋いで作るのに対し、一枚楯は名の通り一枚の板でつくり、非常に軽量だった。『太平記』第三十四巻・和田夜討の事では、和田和泉守（わだいずみのかみ）はこれをかざして櫓からの矢を防ぎつつ、障害を乗り越えて敵の城に攻め入った。南北朝時代に増加した櫓を組んでの城郭戦、野伏戦（のぶせりいくさ）に適応した楯だったといえよう。

楯
通常の楯は人の背丈程あり、非常に大型だった

一枚楯『十二類合戦絵巻』に、一枚楯と思しき防具が描かれている。通常の楯が木の板二枚を横につないで作られるのに対し、文字通り板一枚で構成されており著しく縦長である。裏面には手で持てるように取っ手が付いている

表　裏

「射手（いて）は元来（もとより）櫓にあれば、差し詰め引き詰め散々（さんざん）に射る（中略）和田和泉守正氏（中略）一枚楯を引っ側（そば）めて城の内へ飛び入りければ」

母衣（ほろ）

最後に母衣について解説しよう。母衣とは甲冑の背中につけるマントで、許可された者のみ着用する儀礼的な装飾だった。しかし実用的な効果もあり、馬上での疾走時に風で膨らみ、矢を防ぐことができたという。もっとも母衣の着用が盛んになった南北朝時代には馬上戦闘は衰退傾向にあり、やはり副次的な役割に過ぎなかったであろう。

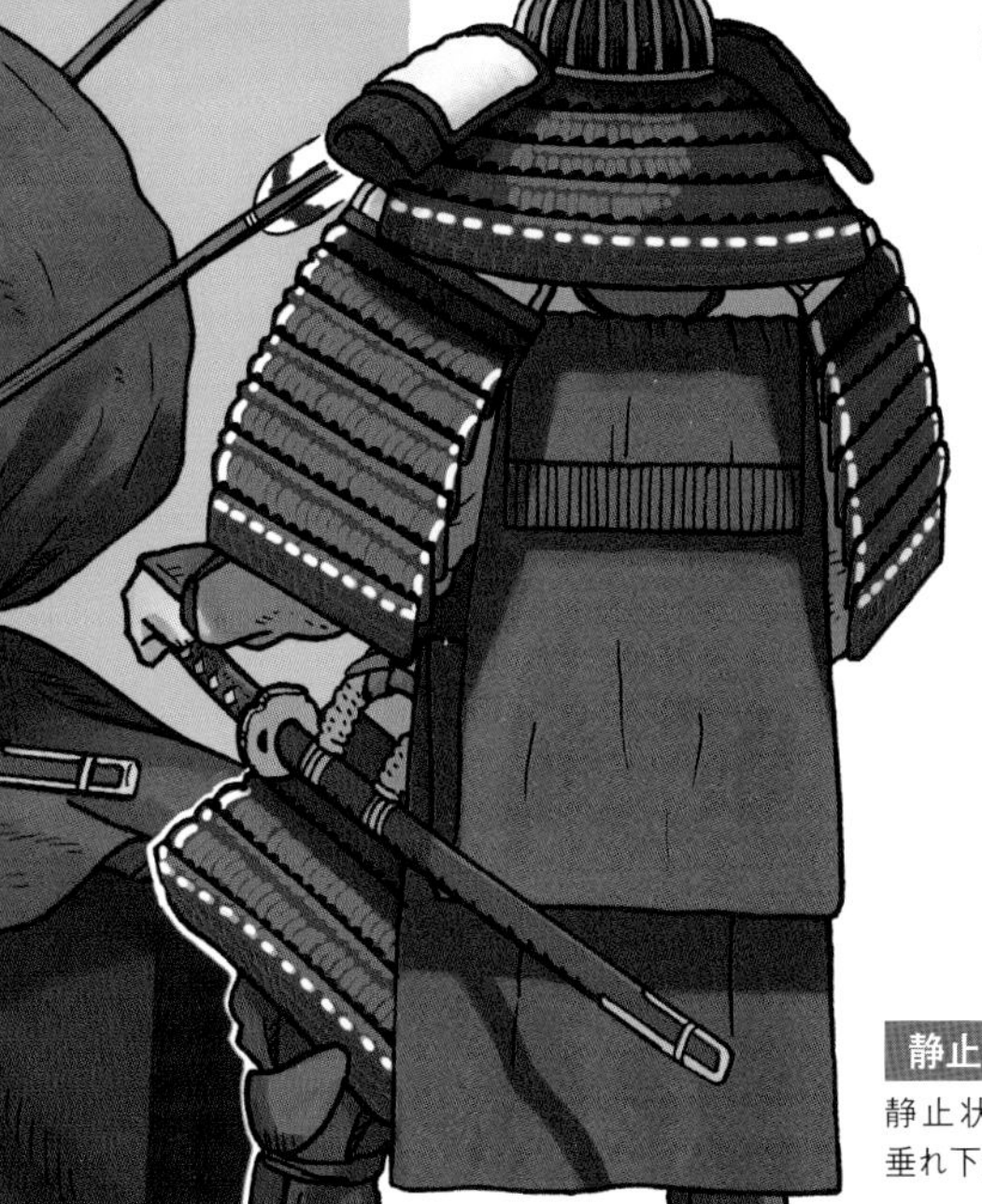

疾走状態
肩と腰の部分で留めているので、走ると帆のように風をはらんで膨らむ

静止状態
静止状態では肩から垂れ下がるだけである

たれた威力の弱い矢でも致命傷になりかねない部分なのだ。＊5

三つめは、顔面と喉を守る、面頬（めんぼう）と喉輪（のどわ）だ。軍忠状を読むと、意外に顔面への受傷が多いことがわかる。

本来、日本の甲冑は、弓矢に対する防護を主体としている。戦闘の形態が変化しても脅威対象（この場合は弓矢）が変わらなければ、それに対する大きな、例えば構造に関わるような変化は生じなかったのである。

それでも変化したのは、弓矢の威力の強弱に関係なく致命傷となり、かつ、遠距離射撃特有の上方から飛来する矢（遠距離射撃なので弾道は放物線を描く）に対応する部分である。こうした顔面、喉、胸元といった部分は、遠距離では、あまり命中しそうにないように思えるが、しかし矢が大量に放たれる以上、命中の公算は高まる。つまり、遠距離から大量の矢を射ち合う射撃戦を意識した変化といえよう。

南北朝期の甲冑のより大きな変化は、弓矢ではなく、むしろ斬撃武器に対応するものだったと考えられそうなのである。次に、斬撃・打撃武器と甲冑の関係を見ていきたい。まずは、次項で斬撃・打撃武器を取り上げ、13項で、甲冑について触れよう。

＊5＝戦国時代の当世具足（とくに武士用）等では、胴のうち胸部分の前立挙が三段になり、鎖骨部分まで守られるようになる。

11 「打物騎兵」の登場

騎射技術の低下をうけて、戦闘に決を着ける存在となったのは、斬撃兵器を持って突撃する武士たちであった。そして主要な武器となった日本刀は、この時代に大きく変化する。

車透かしの鐔（つば）
鐔は軽量化のため車輪状に透かしが入っている。他にもここに紐を通し、手首に固定する目的もあったかもしれない。
大太刀
諸籠手（もろごて）
鎌倉中期以前の大鎧
折れた矢
弓
近年の研究では、下書きの段階では弓が描かれていたことがわかった。使わない時はこうして左腕にかける。
佩楯
大立挙脛当

南北朝時代の武装

図はかつて足利尊氏像として知られていた騎馬武者像を模写したものだ。肩の大太刀（だち）、両手の籠手（こて）、佩楯（はいだて）と大立挙脛当（おおたてあげすねあて）など、随所に南北朝時代の武装の特徴が見て取れる。数の少ない矢から考えて、弓射戦から打物戦に移行した後の姿を描いたものであろう。兜は戦闘中に脱げたか、または従者に持たせているのだろうか。注目すべき点は、大鎧（おおよろい）は各部の形状から鎌倉中期以前のものと見られることだ。先祖伝来の古風な鎧を着用していると考えられ、像主は当時のバサラの気風とは違った価値観の持ち主だったのであろう。

治承（じしょう）・寿永（じゅえい）の内乱（源平合戦）期における武士の大量動員をきっかけとした騎射技術の低下は、その後、鎌倉幕府の正規の武士である御家人（ごけにん）をのぞいて、緩慢に進行していた。

倒幕から南北朝の内乱に入ると、非御家人と、武士以外の共同体内で暴力行使を主に行う人びと＊1という、騎射を得意としない人たちが戦争に参加するようになり、騎射技術を持つ将兵が軍勢に占める割合は低くなった。

加えて、御家人の系譜に連なる武士たちも、長引く戦争によって騎射の技術を低下させた＊2。訓練の時間がとれなくなったからだ。

その一方で、前項までで述べてきたように、弓の威力向上は、遠距離から濃密な射線を構成することができるようになった。だが、それで戦闘が決せられるものではなかった＊3。戦闘に決を着けるのは、徒歩弓兵の掩護の下に突撃し、積極的に近接戦闘を交えることができる、弓射騎兵から「打物騎兵（うちもの）」に変じた武士たちの役割であった。

降りくる矢のなかを突撃し（実際には自軍の弓兵で、敵の弓兵を制圧しなければ突撃はできない）、フェイス・トゥ・フェイスの近接戦闘で

＊1＝僧兵、地侍（農村の侍衆［上層農民の一部］）、商業・流通業者内の武装組織に所属する人、都市や都市的な地域に住むあぶれ者等。　＊2＝日常生活での狩りや祭事にともなう流鏑馬（やぶさめ）から、大規模なものでは巻き狩りが、武士にとって騎射の訓練となった。＊3＝新田義貞が討死にした燈明寺畷の合戦は例外であろう。この戦いでは、新田義貞を含めて50騎の「打物騎兵」が、弓兵の支援を受けることなく、徒歩弓兵の戦列に突撃して全滅した（第2章9項参照）。

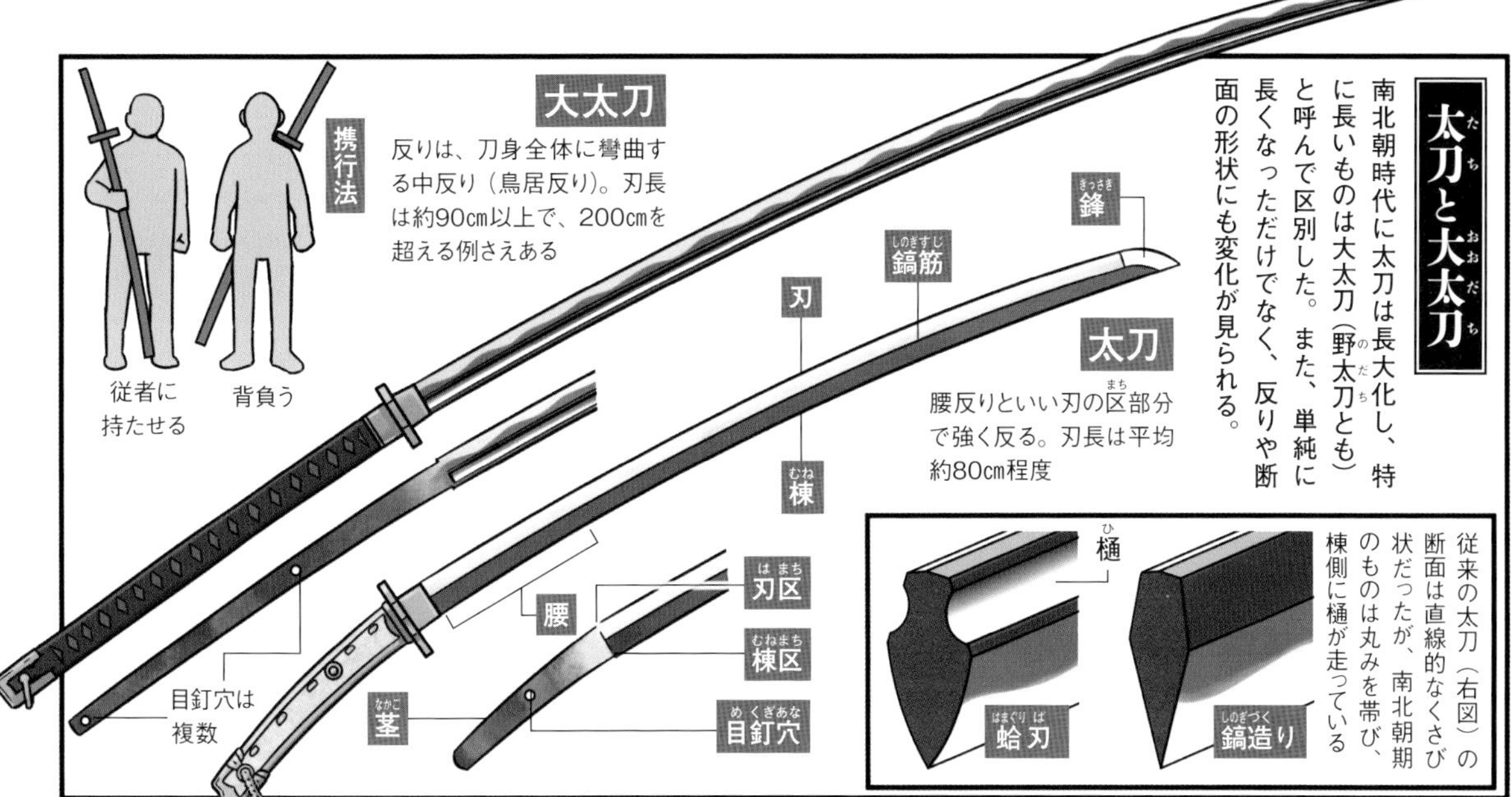

太刀と大太刀

南北朝時代に太刀は長大化し、特に長いものは大太刀（野太刀とも）と呼んで区別した。また、単純に長くなっただけでなく、反りや断面の形状にも変化が見られる。

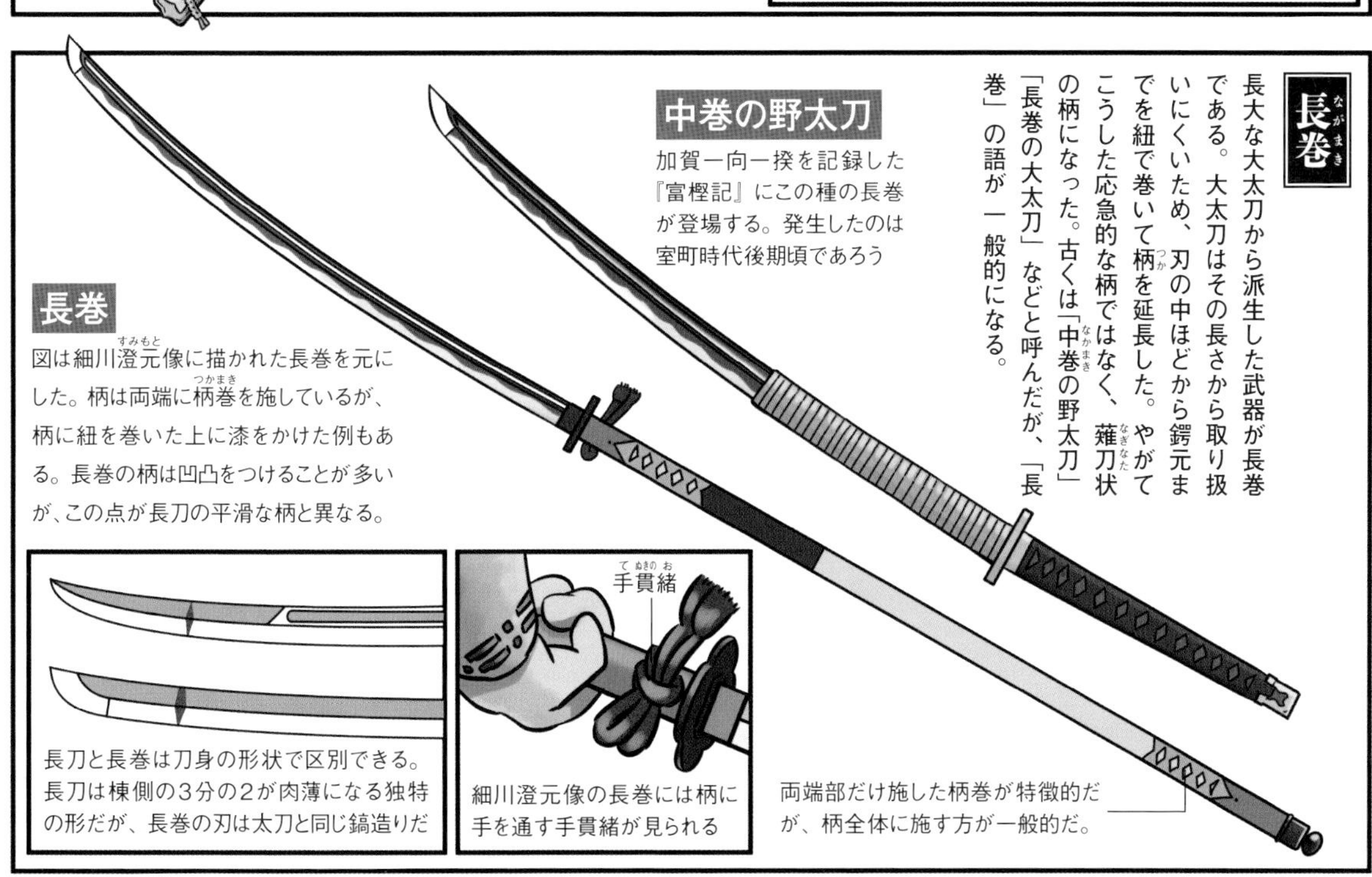

中巻の野太刀
加賀一向一揆を記録した『富樫記』にこの種の長巻が登場する。発生したのは室町時代後期頃であろう
長巻
図は細川澄元像に描かれた長巻を元にした。柄は両端に柄巻を施しているが、柄に紐を巻いた上に漆をかけた例もある。長巻の柄は凹凸をつけることが多いが、この点が長刀の平滑な柄と異なる。
長刀と長巻は刀身の形状で区別できる。長刀は棟側の3分の2が肉薄になる独特の形だが、長巻の刃は太刀と同じ鎬造りだ
手貫緒
細川澄元像の長巻には柄に手を通す手貫緒が見られる
両端部だけ施した柄巻が特徴的だが、柄全体に施す方が一般的だ。

長巻

長大な大太刀から派生した武器が長巻である。大太刀はその長さから取り扱いにくいため、刃の中ほどから鍔元までを紐で巻いて柄を延長した。やがてこうした応急的な柄ではなく、薙刀状の柄になった。古くは「中巻の野太刀」「長巻の大太刀」などと呼んだが、「長巻」の語が一般的になる。

人を殺せるのは――異常な能力や資質を持つ個人を除き――、身分制社会のなかでは、戦いを生業とする武士のみが為せる技であった。

たしかに、呉座勇一氏や新井孝重氏が述べているように、長期にわたる戦争の結果、武士たちの戦意は下がる一方だったが[*4]、多くの場合、それは、戦争に参加しない、あるいは参加してもまともに戦わないことでイエを守るためであった。[*5] 逆に言えば、イエや面子（武士という稼業を続けるためには重要であった）を守るためには、彼らはやはり情け容赦なく戦ったのだ。

こうして南北朝時代には、弓射騎兵が衰退した代わりに、斬撃用の武器を持つ「打物騎兵」が登場する。「打物」とは、刀などの斬撃用武器の当時の総称で、「打物騎兵」とは近藤好和氏が名付けたものである。

ここから、「打物」について見ていくが、まず、その代表である、武士（や家人のうち比較的身分が高い層）が常に佩く「太刀」の変化を述べよう。

鎌倉時代の太刀は、腰反りで刀身も短く、筆者は第一章4項で、これは馬上使用の際に、片手で刺突するのに便利な形であると、試論的に述べた。

＊4＝武蔵国高麗郡の高麗行高（大宮司高麗氏）の事蹟が、厭戦意識の代表であろう。得宗被官（北条宗家家臣）であったこの一族は、元弘3年（1333）の鎌倉陥落時に、当主の弟2名が戦死。その後、彼らの甥の子である行高が、南朝側として東国で活動するが、その行高も弟2人を失うだけでなく、故郷にも戻れなくなる。晩年に帰郷できた彼は、「武士の行いを為すことなかれ、軍（いくさ）は致さざるものなり」と家人を戒めた。＊5＝所領を維持し、一門の結束を保つために、総領あるいは家督相続予定者を戦死させないためである。

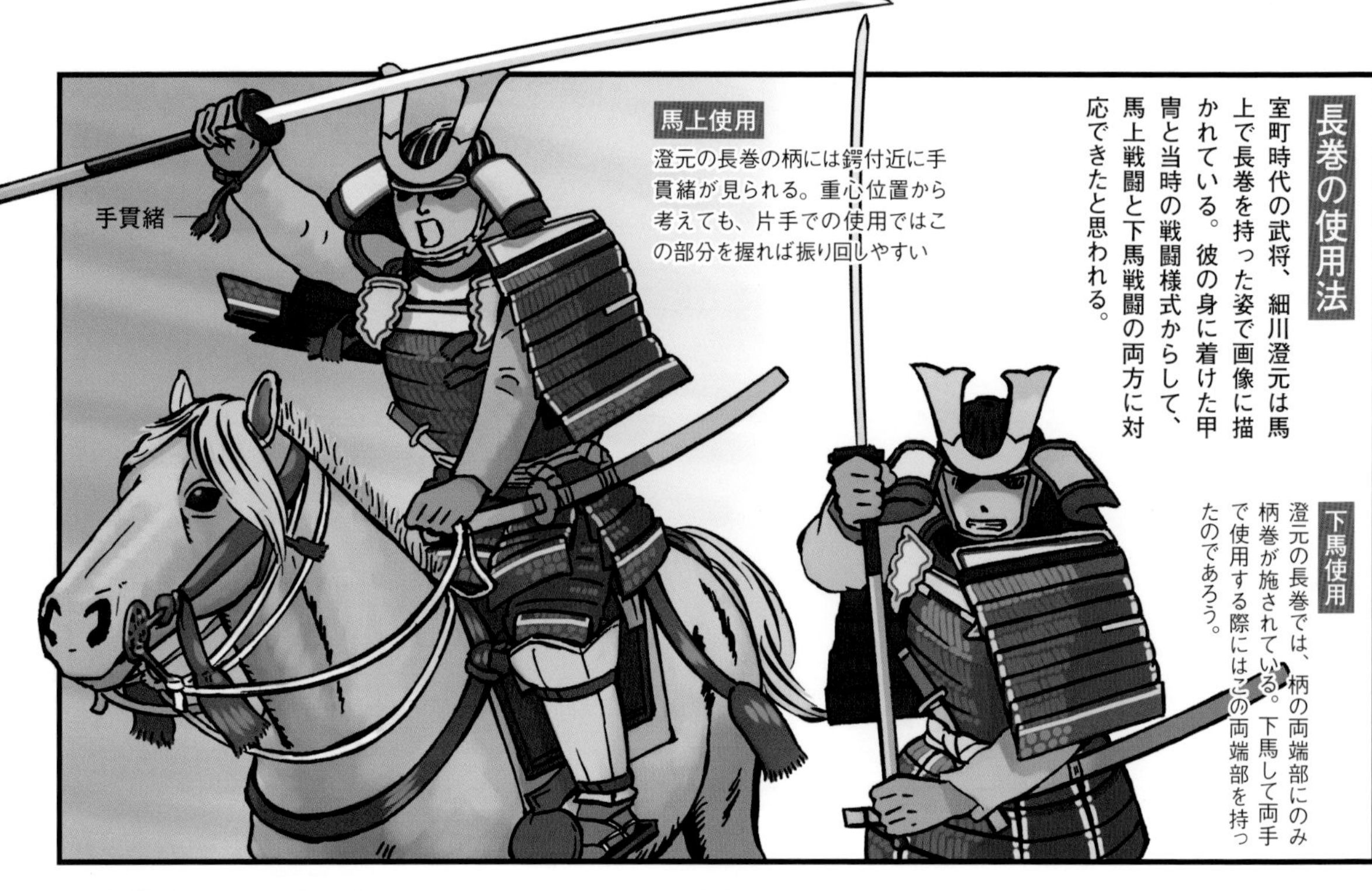

長巻の使用法
室町時代の武将、細川澄元は馬上で長巻を持った姿で画像に描かれている。彼の身に着けた甲冑と当時の戦闘様式からして、馬上戦闘と下馬戦闘の両方に対応できたと思われる。
馬上使用
澄元の長巻の柄には鍔付近に手貫緒が見られる。重心位置から考えても、片手での使用ではこの部分を握れば振り回しやすい
手貫緒
下馬使用
澄元の長巻では、柄の両端部にのみ柄巻が施されている。下馬して両手で使用する際にはこの両端部を持ったのであろう。

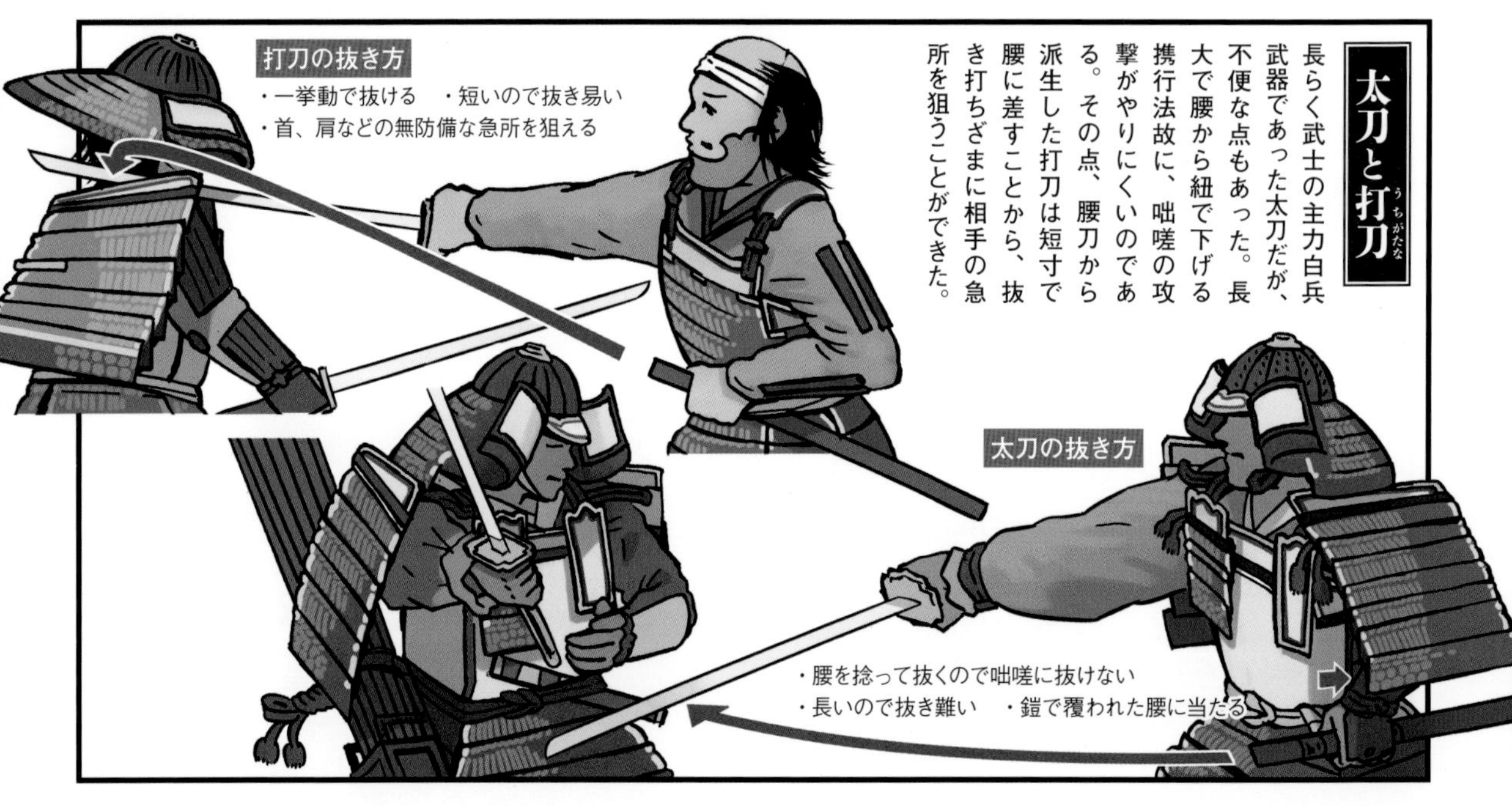

太刀と打刀
長らく武士の主力白兵武器であった太刀だが、不便な点もあった。長大で腰から紐で下げる携行法故に、咄嗟の攻撃がやりにくいのである。その点、腰刀から派生した打刀は短寸で腰に差すことから、抜き打ちざまに相手の急所を狙うことができた。
打刀の抜き方
・一挙動で抜ける　・短いので抜き易い
・首、肩などの無防備な急所を狙える
太刀の抜き方
・腰を捻って抜くので咄嗟に抜けない
・長いので抜き難い　・鎧で覆われた腰に当たる

南北朝期の太刀は、長さが延び、かつ彎曲が均等となってゆくので（中反り・鳥居反り）、徒歩・馬上にかかわらず、斬撃を行い易い形状となった。

とはいえ、刀身が長くなると、截断効果が最も高い「物打」の部分は手元に近づくので、単純に長くすれば良いというものでもない（強度の点でも不足する）。もっとも、鎧を着た武者を斬ることは不可能に近いから、戦場で太刀を使う際は、打撃効果が重視されたはずだ。その意味では、まずは敵に届くことが重要で、こうした理由から長大な大太刀が誕生したのであろう。

大太刀は、使いやすくするために、茎を延ばして全体のバランスを保ち（このため目釘は二本以上となった）、加えて軽量化のために、刀身に「樋」という溝を入れている。また刀身断面は、曲線を描き、蛤のような形状となっている（「蛤刃」という）。これは截断時の摩擦を低減し、対象物を張り付きにくくする工夫である。

大太刀の究極の形態が、おそらくは、長巻であろう。柄を極端に延ばし、その全長は小型の長刀に匹敵する。ちなみに大太刀は、佩くと抜けないほどの長さのものもあり、背中

打刀

太刀が長大化するのに伴い、腰刀もまた長大化していった。その結果発生した武器が打刀である。長くなると同時に太刀のような反りが生まれ、鍔もついた。腰刀にはなかった「打つ」機能も加わったため「打刀」と呼ばれる。本来は下卒の武器であったが、室町時代以降大流行し、やがて太刀を駆逐して身分の上下を問わず用いられた。

南北朝時代の武士を描いた『二人武者絵』を元にした下卒の図。前立挙が一段しかなく、胸板がV字に分かれた珍しい胴丸を着けている

図の下卒は長寸と短寸の二本の打刀を持つが、これが近世の大小二本差しへと発展した

打物の破損

騎射戦が廃れて打物戦が流行すると、必然的に打物の使用頻度は上がり、破損する割合も増加していった。ここでは打物が破損した際の主な対処法を紹介しよう。

二振り佩く

打物が折れてしまった場合はもう使えないので、予備の太刀を佩くことも行われた。「金作りの丸鞘の太刀に、三尺六寸の太刀を一振帯き添へ」（『太平記』第九巻・名越殿討死の事）

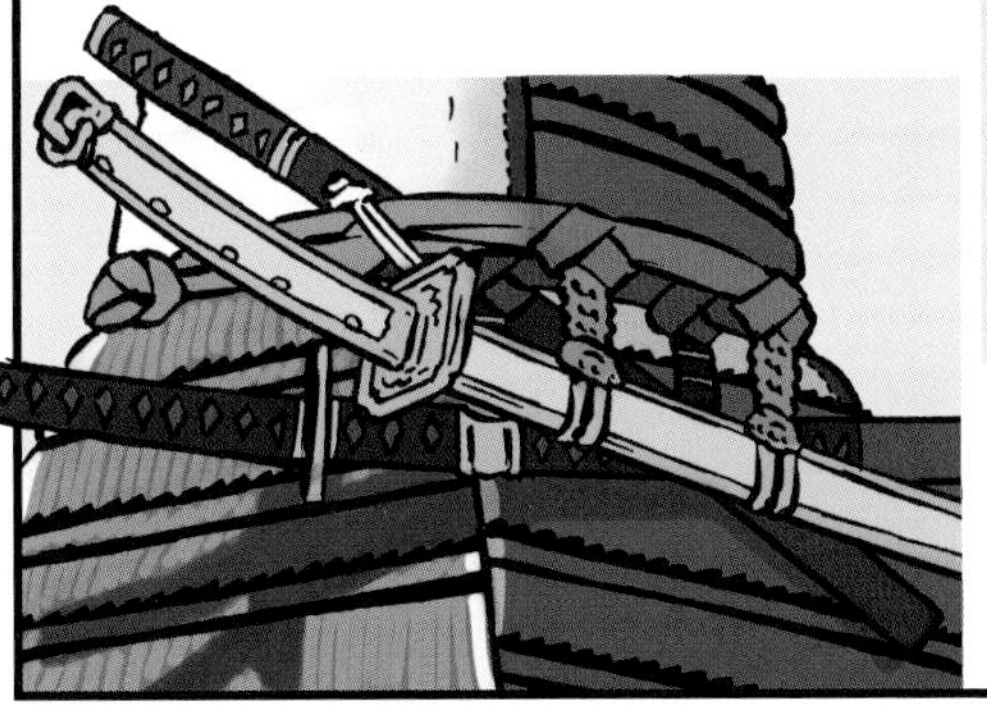

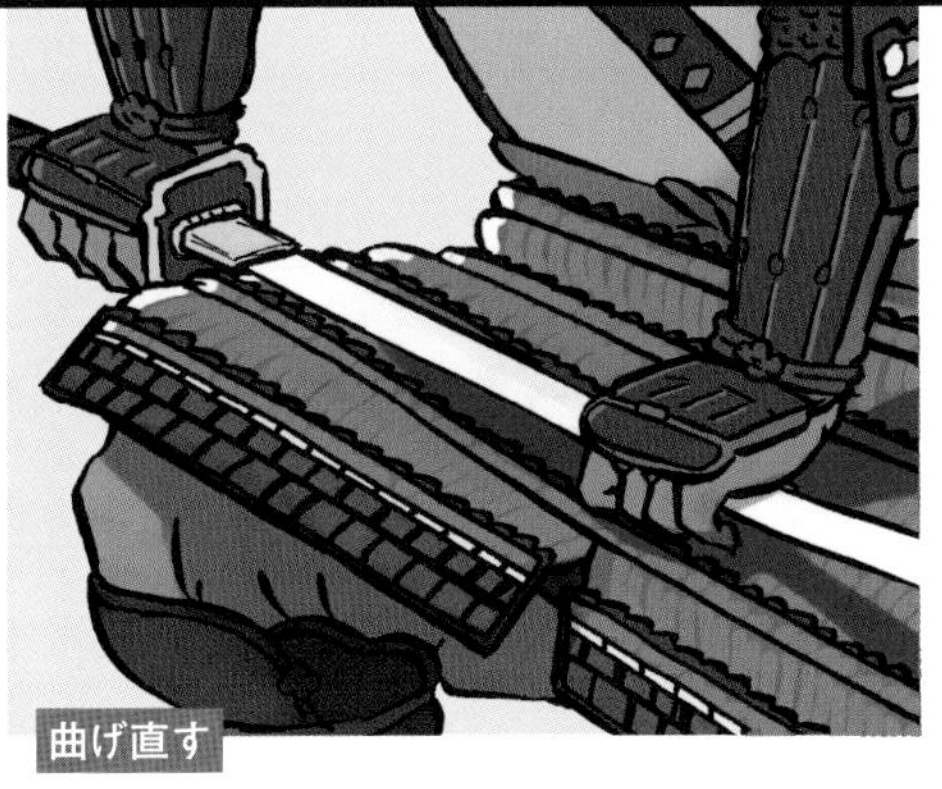

曲げ直す

刃が曲がった程度なら腕の力で何か固いものに押し当てて曲げ直してしまう。「敵三人懸けず胴切って、太刀の少し仰りたるを、門の扉に当てて押し直し」（『太平記』第八巻・山門京都に寄する事）

に背負うか、戦闘が始まるまでは従者に持たせていたはずだ。

『太平記』には、これらの太刀を二振り、あるいは太刀と大太刀を持つという描写が散見されるが、これは太刀も大太刀も長巻も、柄がガタつきやすいという日本刀の欠点が解消されておらず、さらに、鎧武者を相手にする以上、刃毀れや折損を考えてのことと考えられる。

一方、この時代の特徴として、下級の兵士が打刀を帯びることが一般化した。打刀は、腰刀が長寸化したもので、すでに十二世紀には登場しているが、刀身遺品は応永年間（一三九四～一四二八）から急激に増えるとされる。

打刀は、太刀よりも抜き易く、咄嗟の戦闘には便利な存在だ。日常の闘争はもとより、例えば、戦場では、弓射歩兵等が護身用に使用するには使い勝手が良い。このために、打刀が大量に使用されるようになったのであろう。

しかしながら、「打物騎兵」が使用するのは、太刀や大太刀のみではなかった。様々な階層や共同体が戦争に参加した南北朝の内乱では、長刀を始め、多様な武器が使用されたのである。

12 多様な長柄武器と鑓の登場

様々な共同体が、戦争に参加した南北朝の動乱は、多様な長柄武器を登場させた。そしてこの中から、後に武士の表道具となる鑓が登場する。

様々な打物の出現

南北朝時代の合戦では、太刀・腰刀・弓矢等の伝統的武器の他に、多種多様な打物が使用されるようになった。合戦に参加する階層が拡大し、彼らが日常的に使用していた道具がそのまま戦場に持ち込まれたためである。ここでは絵巻物から復元した、ユニークな打物を持つ下卒たちの姿を紹介する。

撮棒
『石山寺縁起絵巻』に登場する悪僧の一人。両端に石突を入れた撮棒を振り上げている

上腕部の座盤が二つある籠手も興味深い

鶴嘴
『十二類合戦絵巻』には、腰に鶴嘴を差した武者姿の動物が登場する。この種の武器は、対物対人両方の使用に効果があったろう

鉞
『春日権現験記絵』に登場する鉞を持つ下卒。長い柄には蛭巻の装飾が施され、高級な印象だ

熊手
同じく『春日権現験記絵』から、熊手で馬上の敵を引きずり落とそうとする武士。相手を落馬させた後は、組討を挑むか、従者に討ち取らせるのであろう

南北朝期の戦いを特徴づける武器として、様々な長柄の打物が挙げられる。その代表は、平安時代以来の長刀だが、それは後に回して、この他にどのような武器が存在したかを、まず列挙していこう。

・撮棒

撮棒は樫などで造った木の棒である。本来は僧などが護身用を兼ねた杖として使うものだが、兜を被っていない敵に対しては頭蓋骨を砕くのに充分だし、兜を被っていても、肩などに当たれば鎖骨が折れる。

専用の武器としての改造は、握りの部分を残して、断面を八角形にするのが標準のようだ。さらに、強度と打撃効果を高めるために金輪を巻く（金撮棒＝金砕棒）、突起をつけるなどの工夫がなされた。

・鉞

こちらは木の伐採に使用する道具の「軍事転用」である。武器としては、通常の鉞よりも柄が長いのが特徴だが、柄の短い通常のものも、薙刀や大太刀と併用する形で使用されたようだ。鉞は、対人用のみではなく、当然ながら元々木を伐るためのものなので対物用にも使え、攻城戦では有用な武器となった。

・薙鎌

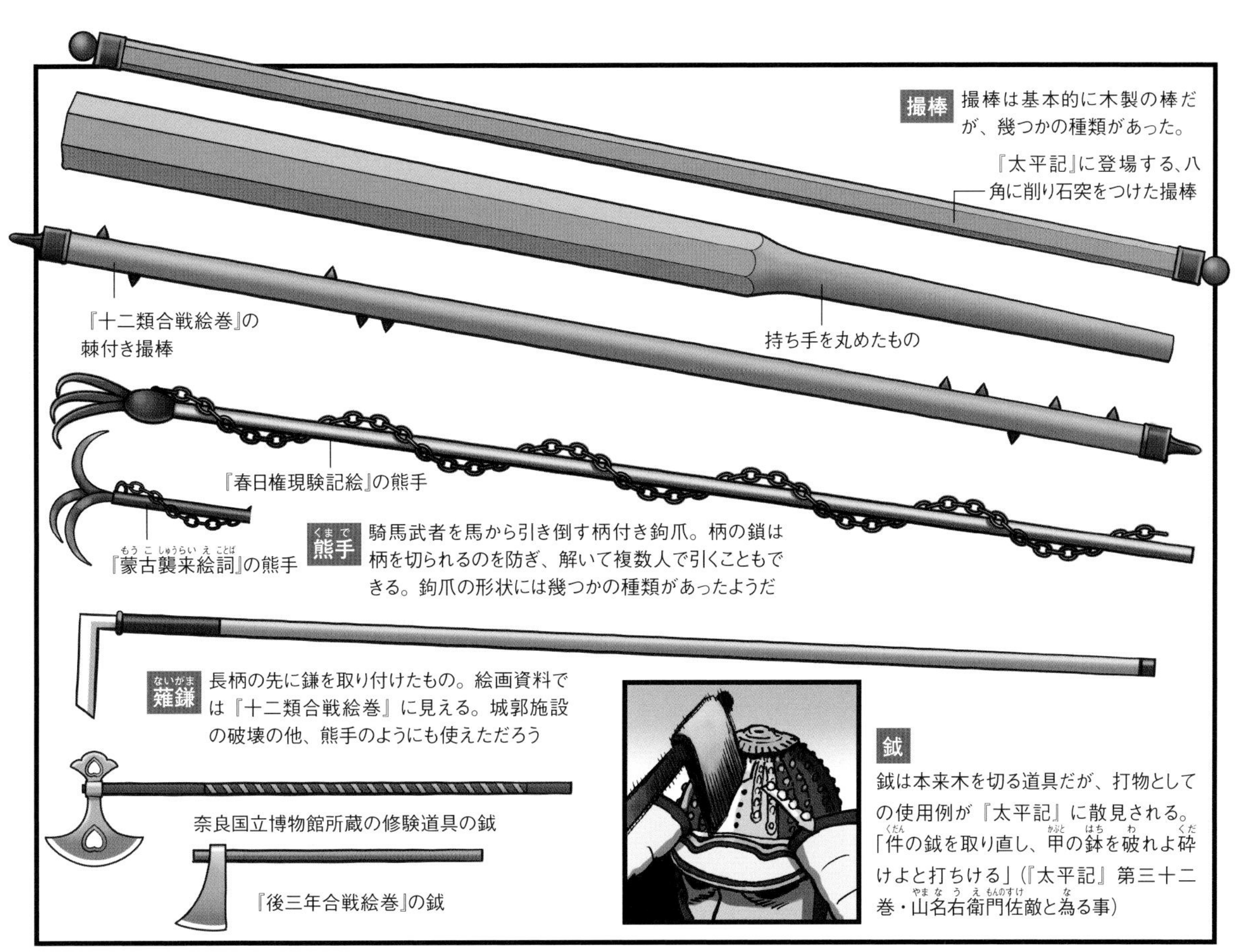

長い柄の先に鎌を付けたこの武器も、もともとは船に絡みつく藻などを刈るために使用されたものだ。

　この他の武器としては、長柄の先に槌を付けた、ヨーロッパのメイスのようなものもある。また舟戦で使用されていた熊手が陸上戦闘でも多用されたことも特徴的なことかもしれない。

　こうした武器が登場するのは——ここまで何度も述べてきたように——、南北朝期の戦争が、様々な共同体が参加する戦いだったからである。太刀や弓箭といった専用の武器以外に、日常使用する道具を武器として転用したのである。

　一方、戦争の様態で見ると、攻城戦が増えたことも、日常の道具の武器転用を促したといえるであろう。鉞はもとより、金撮棒、薙鎌、さらに熊手は、城郭の施設を破壊するのに便利であった。こうした戦争の様態の変化をうけて、武士も、日常の道具から転じた武器を積極的に使用するようになったと考えられる。

　平安時代以来の徒歩戦用の武器であった長刀は、この時代になると太刀と同様にさらなる長尺化を遂げ、馬上、徒歩を問わずに盛んに使用されるようになる。歩卒や僧兵の武器

鑓の出現

南北朝時代は鑓が本格的に使用され始めた時期であり、『太平記』にも幾つかの使用例が伺える。「阿間了願」と名乗って、唐綾の鎧に、小太刀帯いて、柄の長さ一丈（約三メートル）ばかりに見えたる鑓を馬の平頸に引き添へて、（中略）つと懸け入つて、前後左右を突いて廻るに、小手のはづれ、髄当の余り、手辺の真中、内甲、一分もあきたる処をばはづさず、矢庭に三十六騎突き落として」（『太平記』第二十六巻・住吉合戦の事）

太平記によれば了願の鑓は約3mもあったが、近世の持鑓は九尺（約272.7㎝）以下が標準だった

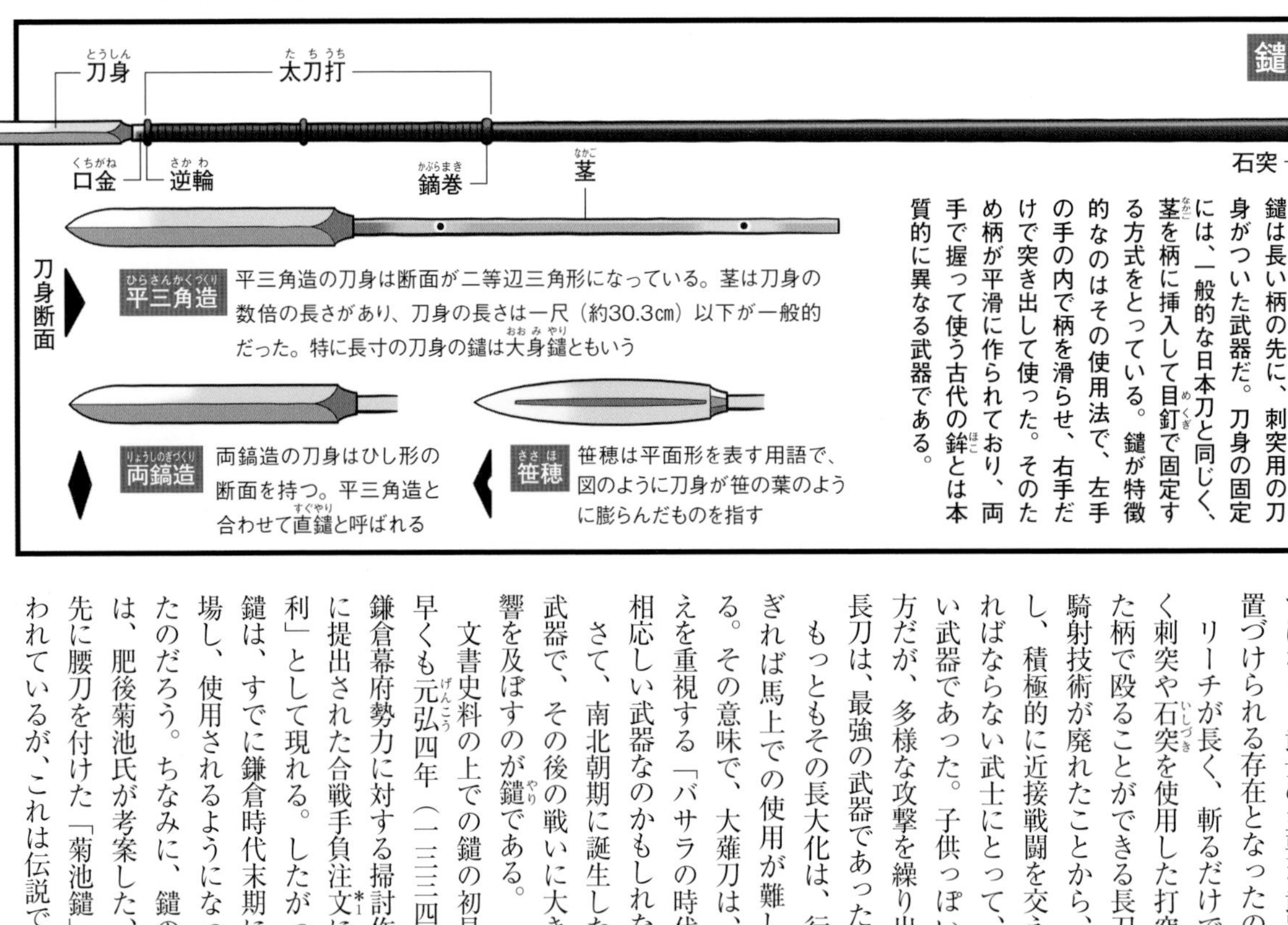

平三角造の刀身は断面が二等辺三角形になっている。茎は刀身の数倍の長さがあり、刀身の長さは一尺（約30.3㎝）以下が一般的だった。特に長寸の刀身の鑓は大身鑓ともいう

両鎬造の刀身はひし形の断面を持つ。平三角造と合わせて直鑓と呼ばれる

笹穂は平面形を表す用語で、図のように刀身が笹の葉のように膨らんだものを指す

鑓は長い柄の先に、刺突用の刀身がついた武器だ。刀身の固定には、一般的な日本刀と同じく、茎を柄に挿入して目釘で固定する方式をとっている。鑓が特徴的なのはその使用法で、左手の手の内で柄を滑らせ、右手だけで突き出して使った。そのため柄が平滑に作られており、両手で握って使う古代の鉾とは本質的に異なる武器である。

ではなく、武士の主要な武器に位置づけられる存在となったのだ。

リーチが長く、斬るだけではなく刺突や石突を使用した打突、また柄で殴ることができる長刀は、騎射技術が廃れたことから、突撃し、積極的に近接戦闘を交えなければならない武士にとって、得難い武器であった。子供っぽい言い方だが、多様な攻撃を繰り出せる長刀は、最強の武器であったのだ。

もっともその長大化は、行き過ぎれば馬上での使用が難しくなる。その意味で、大薙刀は、見栄えを重視する「バサラの時代」に相応しい武器なのかもしれない。

さて、南北朝期に誕生した長柄武器で、その後の戦いに大きな影響を及ぼすのが鑓である。

文書史料の上での鑓の初見は、早くも元弘四年（一三三四）、旧鎌倉幕府勢力に対する掃討作戦中に提出された合戦手負注文に[*1]「矢利」として現れる。したがって、鑓は、すでに鎌倉時代末期には登場し、使用されるようになっていたのだろう。ちなみに、鑓の最初は、肥後菊池氏が考案した、棒の先に腰刀を付けた「菊池鑓」といわれているが、これは伝説である。

＊１＝陸奥国津軽平賀郡の大光寺合戦に参加した岩盾曽我氏が、戦功認定のために自隊の損害を書き出した「曽我乙房丸道為合戦手負注文」による。これによると、曽我乙房丸の被官、八木弥二郎が、矢利（鑓）によって胸を突かれ半死半生の重傷を負っている。

鑓の原型を考える

後に武士の象徴となる鑓がどのような経緯で誕生したのかは、実はわからない。とはいえ、多分に想像を交えて考えると、平安末期にごく少数が使用されたと考えられる「小薙刀」（手鉾）がその原型ではないだろうか。小薙刀は第一章4項にあるように長柄の先に腰刀を付けたような形状であり、伝説の菊池鑓によく似ている。※対モンゴル戦争で元軍が装備する矛に影響をうけ、おそらくは薙刀よりも生産性が高いことから、鎌倉時代末期から徐々に普及していき、その間、改良を重ねられて、鑓は完成したのではないだろうか。

平治物語絵巻の小薙刀（手鉾） 鎌倉後期の『平治物語絵巻』に描かれた小薙刀。短く直線的な刀身だが、形状は冠落としになっている

法然上人絵伝の鑓 さらに時代が進んだ『法然上人絵伝』には竹柄に片刃の刀身を取り付けた原始的な鑓が描かれている

十二類合戦絵巻の鑓 室町時代成立の『十二類合戦絵巻』では、刀身はすでに平三角造に描かれている

※元亨三年（一三二三）十一月十二日の奥書を持つ、『紙本着色拾遺古徳伝』には、長柄に片刃の刃物を付けた鑓（のような武器）を持つ雑兵が描かれているという。

薙刀で突く

薙刀は文字通り斬撃用の武器だが、『太平記』には「突く」描写が見える。「快実、長刀を取り延べ、内冑へ鋒挙がりに、二つ三つ透き間もなく入りたりける程に、海東あやまたず喉笛を突かれて、」（『太平記』第二巻・坂本合戦の事）。南北朝時代に甲冑の隙間を埋める小具足が充実して体の露出部が少なくなり、斬撃の効果が薄れたのであろう。この後の薙刀から鑓への移行は、この点も理由の一つと考えられる。

小札を横に繋ぎ合わせた日本の甲冑は、刺突に弱い。また南北朝以降、甲冑の大量生産に伴い、小札そのものが薄くなっていった点も見逃せない

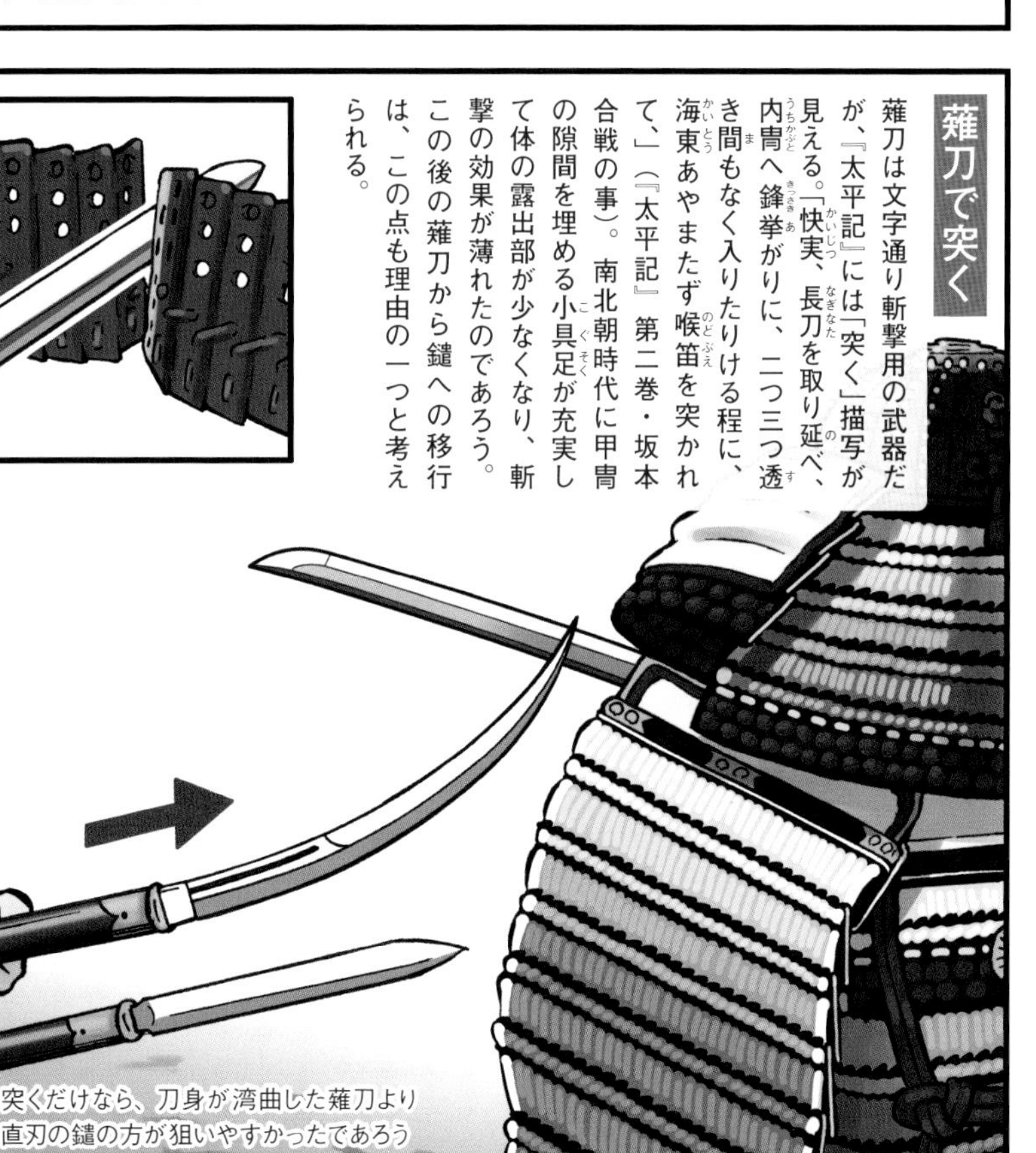

突くだけなら、刀身が湾曲した薙刀より直刃の鑓の方が狙いやすかったであろう

鑓は、馬上、徒歩の両方で使用しており、『太平記』では、阿間了願という楠木軍の武士が、顔面、兜の頂辺穴など、鎧の隙間を狙った精密な刺突で、山名軍の武士、三六騎を瞬く間に馬上から突き落とす場面がある。*2 これは、練度の高い使用者ならば、弱点を狙った精密な刺突ができるという、鑓の特徴を捉えた描写だろう。

とはいえ、鑓という武器の最大の強みは刺突力の強さだ。至近距離からの強力な刺突なら、小札を綴った形式の鎧では容易に貫通されてしまったであろう。しかしながら、そうした鎧の弱点が認識され、それへの対処がなされるようになるのは、遥かに時代が下って、鑓が爆発的に普及した戦国時代も後半になってからだったと考えられる。

『太平記』だけでなく、絵画史料の『十二類合戦絵巻』（室町時代の中期に成立）や『結城合戦絵詞』（応仁の乱以降に成立）を見ても、鑓は薙刀と併用されている。後代、「鑓一筋の家」のフレーズに象徴される武士の表道具となる鑓は、まだまだ多くの長柄武器の一つでしかなかったのである。

＊2＝『太平記』第二十六巻・住吉合戦の事。

13

甲冑の変化の本質

南北朝の内乱で、兜と袖を付け、「三つ物完備」と称され、防具の主役になった胴丸と腹巻。新しいタイプの甲冑が登場したその本質はどこにあったのか。

兜鉢への打撃
南北朝時代から増加した徒歩打物戦において、盛んに行われた戦法の一つが兜鉢への打撃である。頭部への衝撃によって相手の動きを止め、その後とどめを刺すというものだ。これには小具足の充実により甲冑各部の隙間が小さくなって攻撃しやすい部位が限られてきたこと、そして初期の兜―星兜―の構造的弱点が関係している。

星兜の弱点

初期の星兜は現代のヘルメットとは違い、着用時に鉢を直接頭部に被せる。平安・鎌倉時代の騎射戦では問題なかったのだろうが、打物戦の際に打撃を受けると、そのまま頭部に衝撃が伝わってしまう。固定方法も不安定で、『太平記』には、ずれた兜の吹返が視界を塞いでしまったという例が記されている。

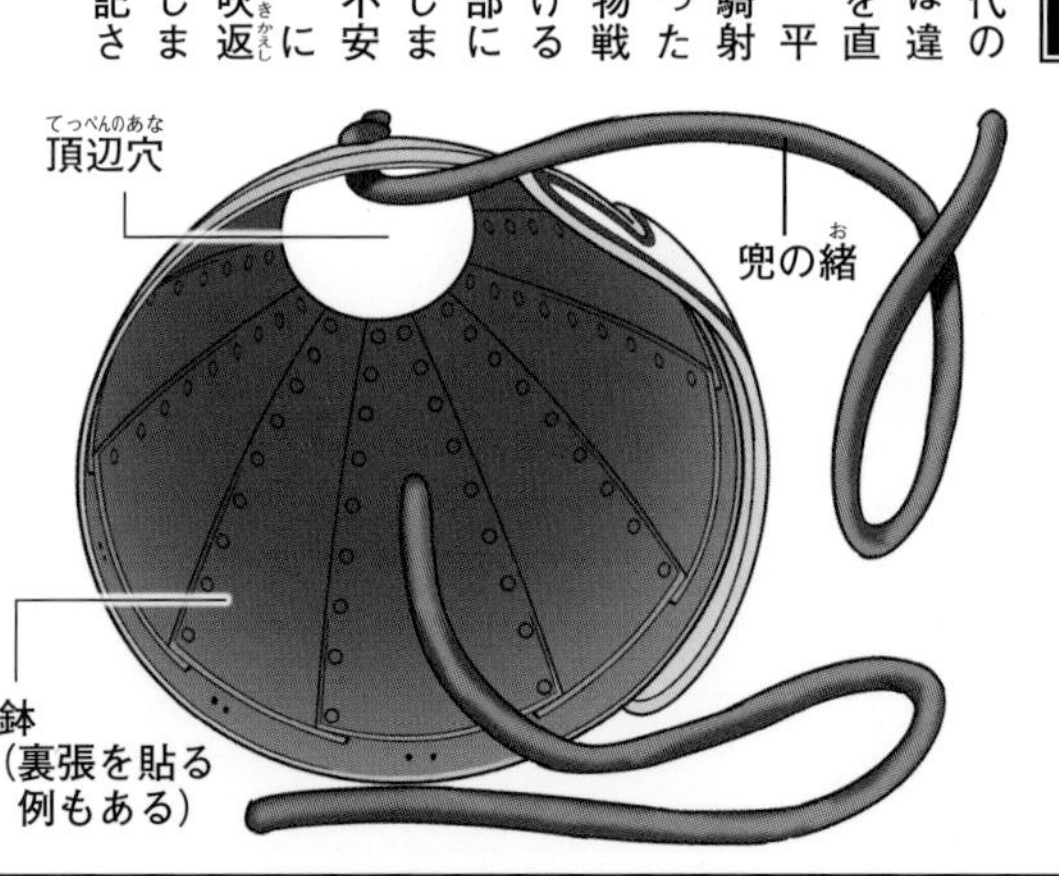

固定方法

鉢中央の穴から髻を出し紐で留める

吹返

鉢に打撃を受けると位置がずれ、吹返が視界を塞いでしまう

第二章10項の最後に、甲冑の変化は弓矢の威力向上に対応する以上に、「むしろ斬撃武器に対応するものだったと考えられる」と筆者は述べた。

また前項、前々項と、様々な斬撃武器や打撃武器（総称して「打物」）を紹介したのだが、では、南北朝期の甲冑は、これにどのように対応して変化していったのであろうか。

結論からいってしまえば、打物に対応した甲冑の最大の変化は、兜の構造である。

登場時から鎌倉時代後半までの兜は、その形態から「星兜」と呼ばれるものであった。

頭部への固定方法は、髻を天頂部の穴（頂辺穴）から出すとともに、左右それぞれ一か所から出した紐（兜の緒）を顎下で締めるだけという単純なものだった。このため髻を解いて兜を被るようになると安定は悪くなった。

さらに馬上、徒歩を問わず、打物戦の機会が多くなると、鉢と頭部が直接触れる星兜は、衝撃を直接、頭部に伝えてしまうという欠点が露になった。騎射戦に特化した星兜は、打物戦に対応できなか

星兜の小改良

星兜の弱点は平安時代の終わり頃には広く認識されていたらしく、幾つかの小改良が施された。

響穴の増加

緒を留める響穴を4つに増やし、より安定して固定できるようにした。図の取りつけ方は一例

推定図

『後三年合戦絵巻』には兜鉢に布を巻き、応急的な緩衝材とした例が描かれている

布を巻く

筋兜の出現

星兜に替わり、南北朝時代に登場したのが筋兜だ。「星兜」の名の由来だった鋲が無く、替わりに筋が鉢に走っている。

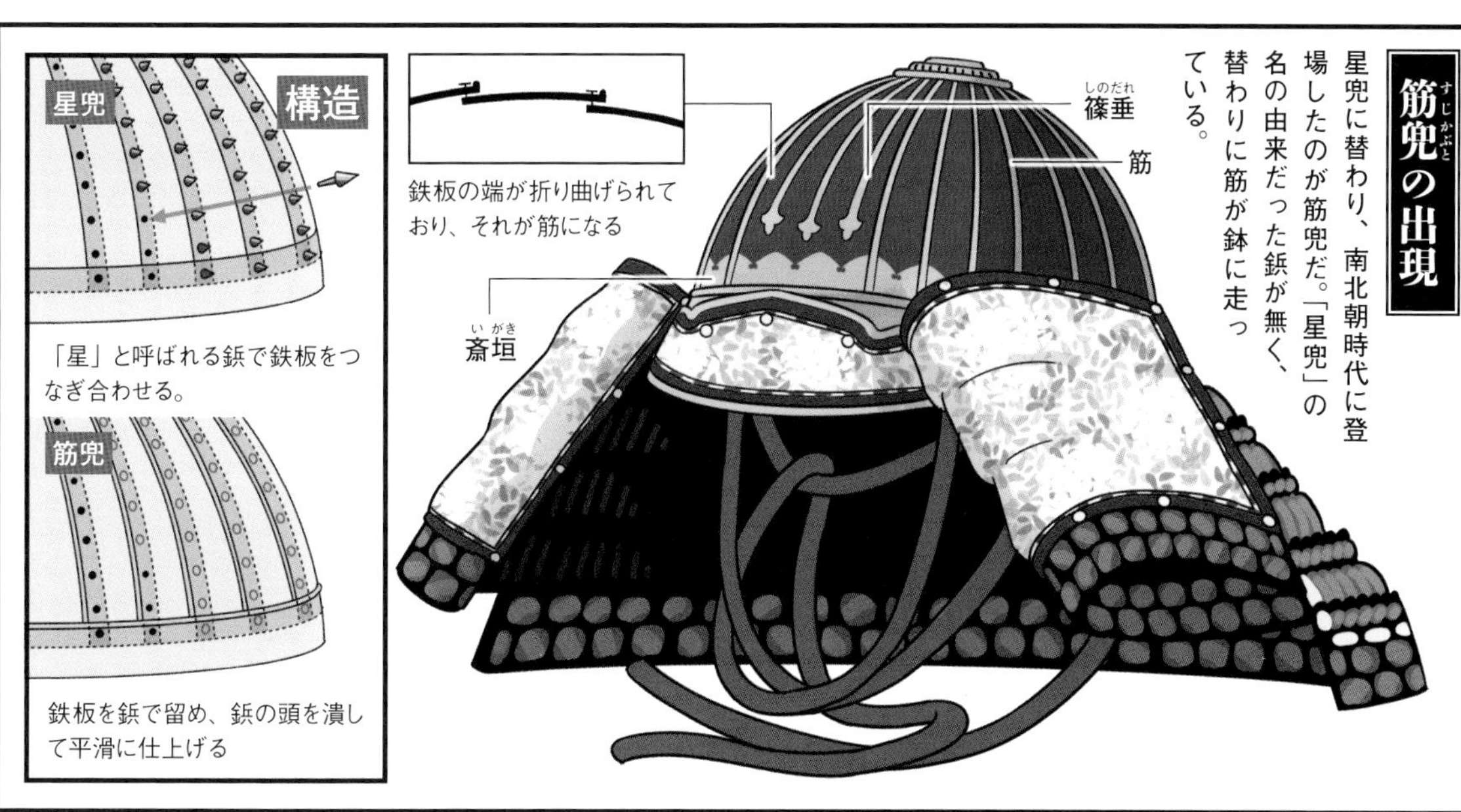

構造
星兜
「星」と呼ばれる鋲で鉄板をつなぎ合わせる。
筋兜
鉄板を鋲で留め、鋲の頭を潰して平滑に仕上げる
鉄板の端が折り曲げられており、それが筋になる
篠垂
筋
斎垣

着用方法の改善

筋兜の出現と前後して、兜の着用法も変化した。打物戦の増加に伴い、しっかりと兜を固定する必要が生じたためである。

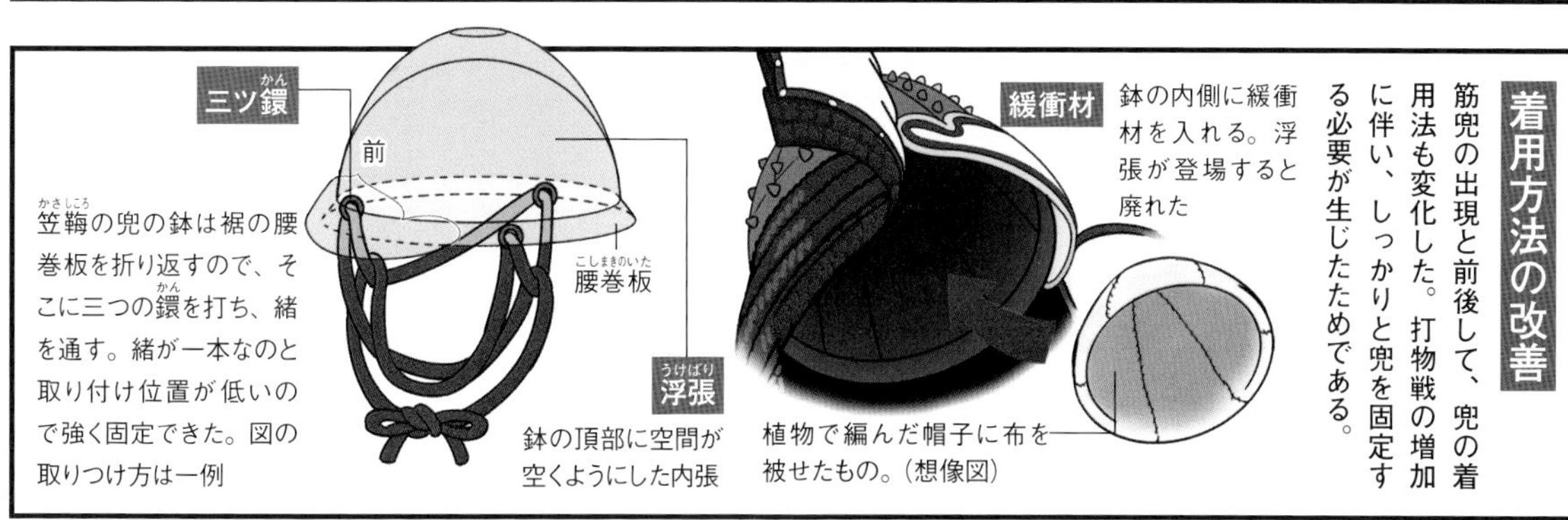

三ツ鐶
前
笠鞠の兜の鉢は裾の腰巻板を折り返すので、そこに三つの鐶を打ち、緒を通す。緒が一本なのと取り付け位置が低いので強く固定できた。図の取りつけ方は一例
腰巻板
浮張
鉢の頂部に空間が空くようにした内張
緩衝材
鉢の内側に緩衝材を入れる。浮張が登場すると廃れた
植物で編んだ帽子に布を被せたもの。（想像図）

ったのだ。

こうして、南北朝期後半に登場したのが「浮張」という韋または布製のライナーを張って鉢と頭部の間に空間をつくる構造を持つ「筋兜」だ。筋兜は生産効率の点から誕生したと考えられるのだが、*1浮張自体は筋兜とともに現れたわけではなく、その発生には、しばらくのタイムラグがあるようだ。筋兜でも、初期のものは、緩衝材として草を編んだものを頭頂部に敷いたり、紐や韋を組んだものをライナー替わりとしていた。

さらに鎌倉時代後期頃の星兜から、兜の緒を付ける部分が三か所以上になったことから（星兜では、鉢にある四か所に増えた響穴、筋兜の場合は腰巻板に付けた三か所以上の鐶または羂）、緒を耳に引っ掛ける形で完全に固定できるようになった。

一方、袖の形状にもバリエーションが発生した。鎧の袖は、何度か述べているように、矢に対する盾だから、打物を大きく振り回しながらの激しい運動には不向きだ。こうしたことから、広袖という上部が狭く、下部が広い袖が登場。時代が下って、応仁の乱（応仁元

＊1＝鉢を形成する鉄板を細分化することで鉄板の曲面加工を簡易にし、パーツ数は多いが、各パーツを製作する際の技術的なコストを低減させて生産効率を向上させたと考えられる。

佩楯と大立挙脛当

南北朝時代の特徴的な防具が、太腿を守る佩楯と、大立挙脛当である。特に大立挙脛当は上端が著しく外側に広がり、徒歩では動きにくい。南北朝時代は、騎射戦から徒歩斬撃戦への移行期と説明されることも多いが、むしろこれは乗馬時に足を打物の攻撃から守るための防具である。

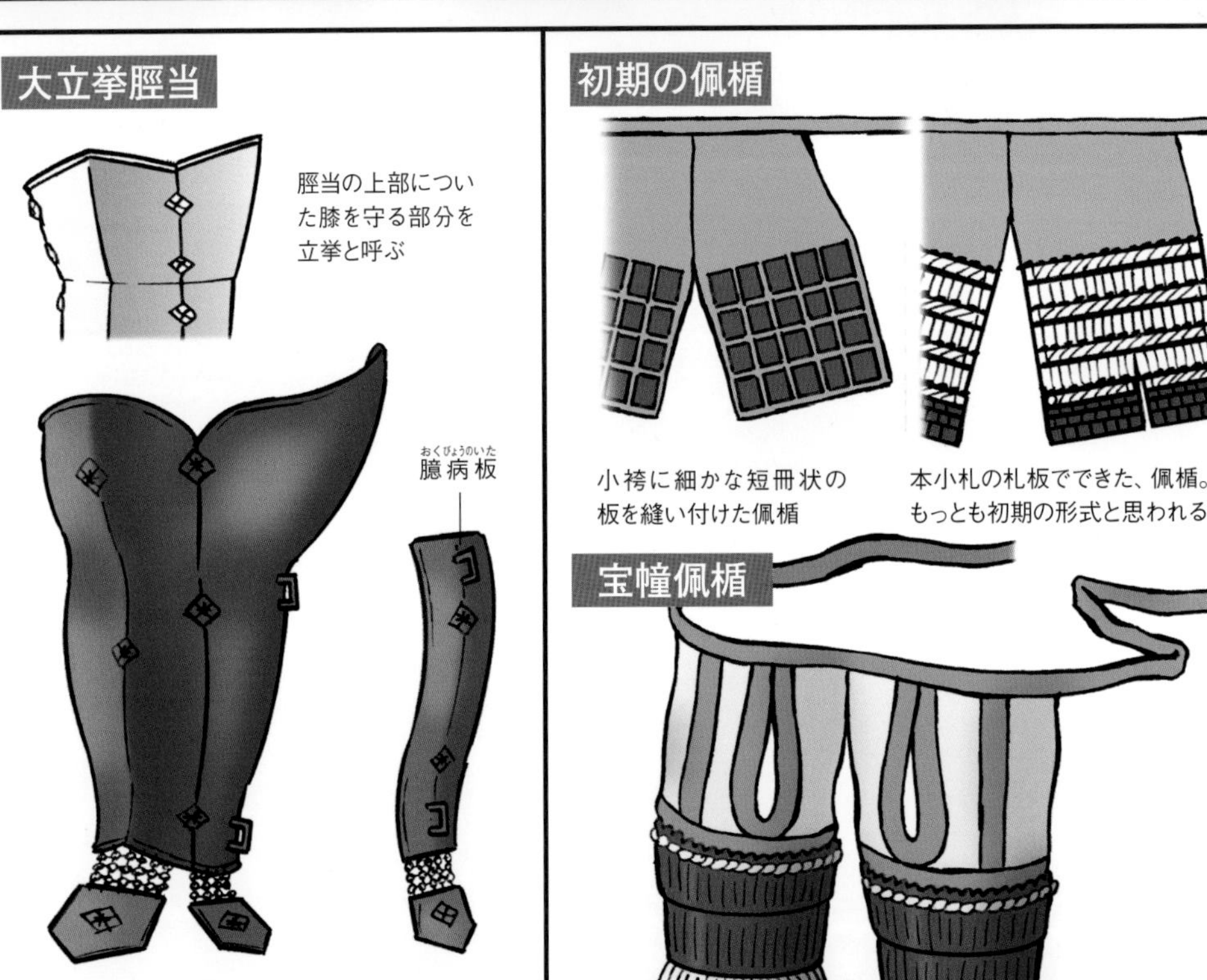

脛当の上部についた膝を守る部分を立挙と呼ぶ

立挙が特に大きい脛当は大立挙脛当と呼ばれる。図の脛当は、足を守る鎖でつないだ板と背面の隙間を塞ぐ臆病板がついた特に高級なもの

小袴に細かな短冊状の板を縫い付けた佩楯

本小札の札板でできた、佩楯。もっとも初期の形式と思われる

佩楯

佩楯（別名膝鎧）は太腿を守る防具で、鎌倉時代に描かれた『平治物語絵巻』に初期のものが描かれている。佩楯のなかでも南北朝時代から室町時代によく用いられたのが、宝幢佩楯と呼ばれる形式だった。これはエプロン状の家地に半円筒形の札板を付け、その下に、三分割された最下段を縅し下げたものである。

年（一四六七）～文明九（一四七七）の少し前には、小ぶりで、下部が狭い「壺袖」が登場した。

おそらくこの壺袖が、戦国後半期に登場する「当世具足」の袖（当世袖）の原型になるのだろう。

広袖は腕の動きと矢に対する防御を両立させようとしたものだと言えるが、しかし、機能的に中途半端な存在で、後世には廃れてしまう。なお大袖は、戦国時代に入っても長い間、上～中級武士の間で使用されている。

兜とともに変化が大きかったのが、足を守るためのパーツである。鎌倉時代後半から大鎧の丈が短くなっていくが、これを受けて、「佩楯」という腿を守る防具が登場した。

佩楯は、胴のように小札を縅糸で綴った「法幢佩楯」が有名だが、絵画史料では、大口袴によく似たものに鉄片を縫いつけたものが描写がされている。こちらが一般的なものだったのであろうか。*2

加えて、脛当は、膝を守るための「立挙」が発生し、この部分が巨大化した「大立挙脛当」へと変化する。

佩楯も大立挙の脛当も、装着す

＊２＝南北朝期のバサラの気風の一つとして、本来は下着である大口袴を、高級で派手な織物で仕立て、合戦の際に直垂袴の替りに履くことが流行した。後世の作ではあるが、「護良親王出陣図」では、大塔宮護良親王がそうした着方をしている。

武士の戦闘方法の推移

南北朝時代の武装や『太平記』の記述を合わせて考えると、武士の戦闘方法は騎射↓徒歩斬撃と一方向に変化したとは言い切れない。むしろ武士は状況により、騎射、馬上打物、下馬打物と様々な戦法に対応できるように変化したというのが正確なところだろう。

成立期

武士は律令制軍団の弓射騎兵を源流としており、承平・天慶の乱（935～941年）を経て成立した。この時期、武士はおもに騎射を駆使した

治承・寿永期

治承・寿永の乱（1180～1185年）では、武士は騎射の伝統を残しつつ、馬上打物、馬を下りての組討ちなど、戦技が多様化した。この点は第一章2項を参照してほしい

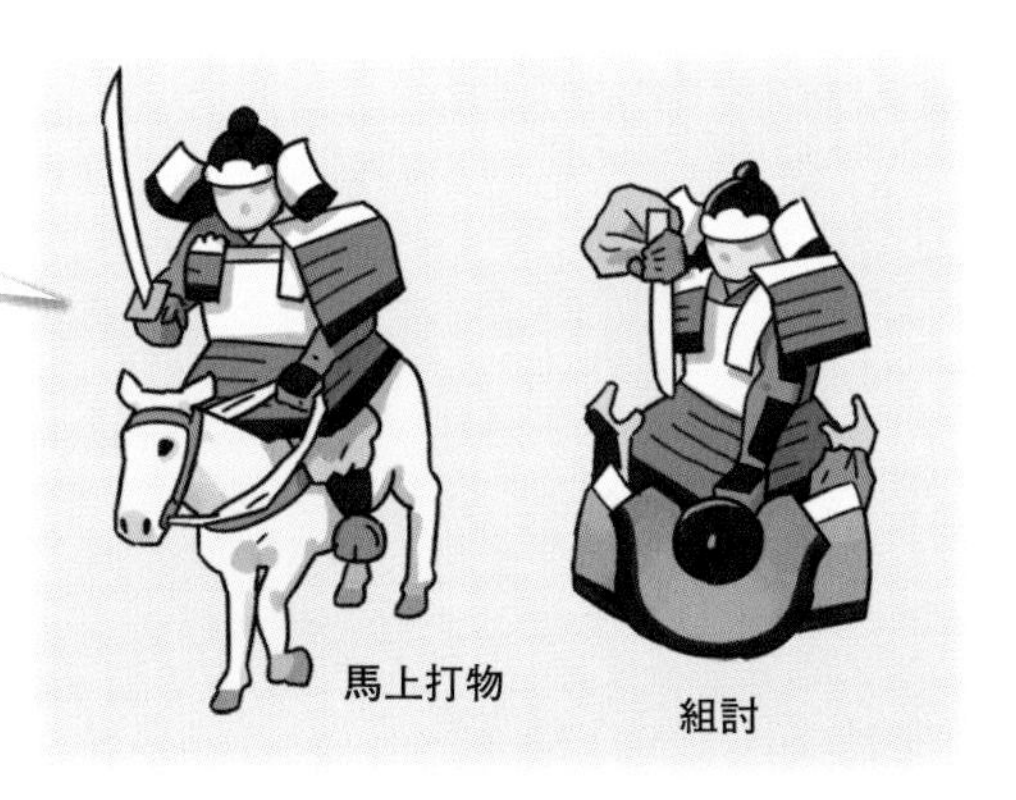

南北朝期

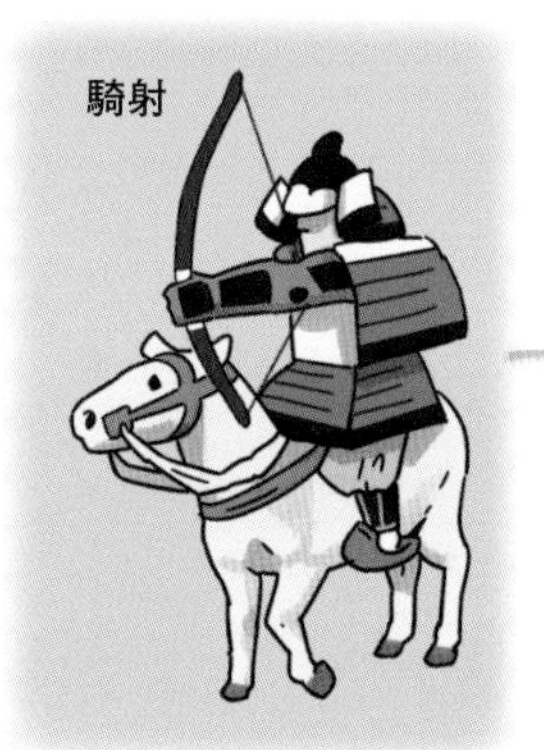

南北朝時代となると、武士は平安時代以来の騎射の伝統から離れて、弓兵の掩護射撃の下、馬上・下馬での打物による突撃を盛んに行うようになる。一方で六波羅探題の幕府軍騎兵のように、騎射戦を得意とする武士も未だに存在していた。詳しくは第二章7項参照

歩射

武士の主戦法の変化を促したのが徒歩の下卒による弓の大量使用である。これにより、武士が弓を受け持つ必然性が薄れたのだ

ると歩きにくく、徒歩戦闘には不向きである。乗馬時に、歩兵が持つ長柄武器から脚部を守るために誕生した防具といえよう。

南北朝期の甲冑の変化は、これまで、徒歩戦闘に対応したためと言われてきた。しかしながら、実はそうではなく、多様な戦場で様々に使用できるように〝汎用化〟したと結論づけられないだろうか。

だからこそ、騎射戦に特化していた大鎧は、改良に限界を迎えて廃れ、徒歩戦闘用だった胴丸と腹巻が、馬上打物戦用のパーツを付加されて、新しい戦闘様相に応じて変化したのである。

馬鎧と乗馬突撃

最後に『太平記』に見られる馬鎧と乗馬突撃の例を紹介しよう。「畑六郎左衛門、（中略）一引両に三洲余書いたる笠符を、馬の三頭に吹き掛けさせ、塩津黒とて五尺三寸ありける馬に、金を鏁りたる馬鎧懸けさせ、劣らぬ兵十六騎左右に相順へ、（中略）大勢の中へ懸け入り、追い回し懸け乱し四角八方へぞ懸けたりける。」（『太平記』第二十三巻・鷹巣城合戦の事）馬鎧は『太平記』を初見とし、元中八年・明徳二年（一三九一）の明徳の乱を記した『明徳記』などにも見られる。南北朝以降特有のもので、当時の武士が乗馬突撃を好んだ証左といえよう。

馬鎧札

中世日本の馬鎧には、四角い煉革製の札を家地に縫い付けるという、古代の綿襖甲に近い手法が用いられた。軽量化のための工夫と見られ、実用性に注意が払われていたことがうかがえる。

『二人武者絵』の馬鎧

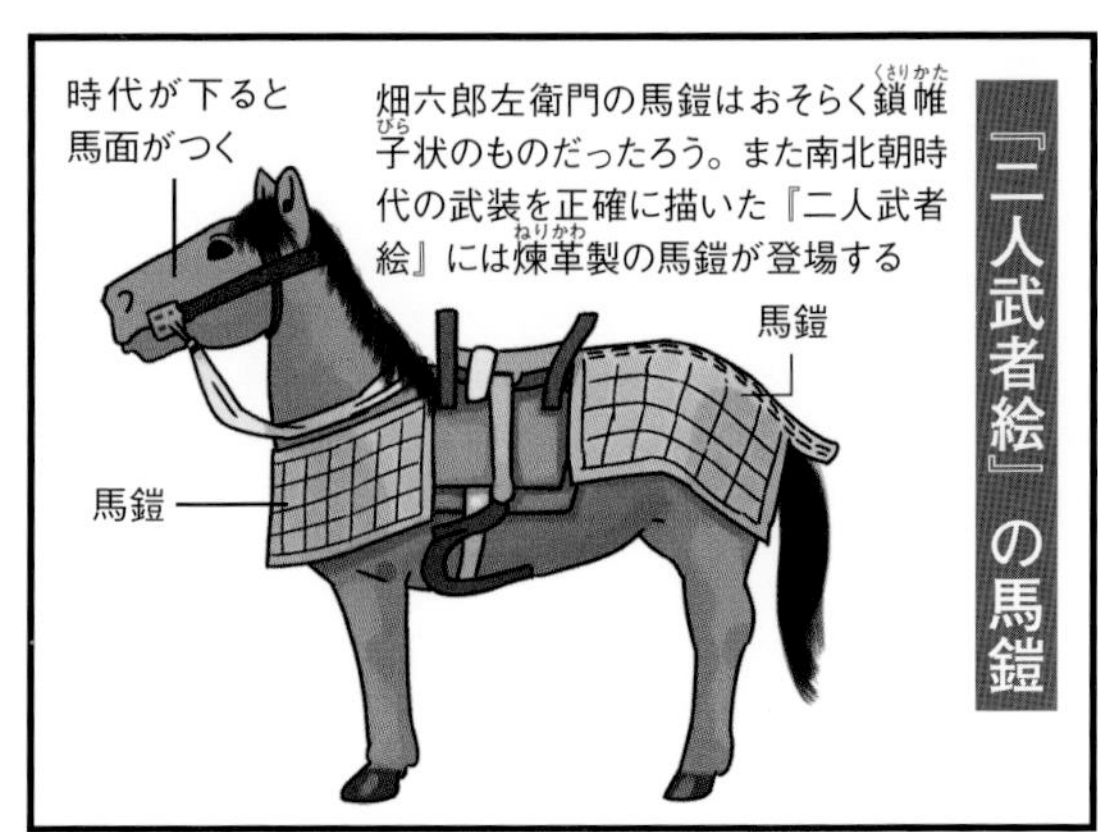

畑六郎左衛門の馬鎧はおそらく鎖帷子状のものだったろう。また南北朝時代の武装を正確に描いた『二人武者絵』には煉革製の馬鎧が登場する

第三章
戦国への序章

室町時代に甲冑は、細部の変化がはじまり、後の「当世具足」へとつながる。さらに城郭にも大きな変化が生じた。本章では戦国への胎動をこの２点から概観する。

14 城郭の誕生

甲冑の変化を促した背景の一つに、城の存在がある。戦国時代に合戦の中心となる城は、当初は臨時の施設だった。だが、室町時代には恒常的に維持される軍事施設となった。

南北朝～室町時代の城
南北朝～室町時代の戦闘を特徴付ける大きな要素の一つに城郭の盛んな利用が挙げられる。一例では元弘元年（一三三一）に始まる後醍醐天皇の倒幕戦争（元弘の乱）において、楠木正成の千早城が重要な役割を果たした。とはいえ当時の城郭は天然の地形に幾らかの土木工事を加え、木柵や土塀で囲い、櫓を上げた、後の時代のものと比べれば簡素なものであった。
1
2
3

前項までで、南北朝時代に鎧は騎射戦専用から、様々な戦いに応じられるように変化したと結論付けた。つまり、甲冑の汎用化である。

その背景にあったものは、武器の変化や戦技というミクロな面からみれば、弓の威力向上によって弓射歩兵の戦闘力が大きくなったことと、騎射技術の衰退から打物騎兵が主力になったことが挙げられる。

また、マクロな視点からは、様々な共同体が戦争に参加し、これによる戦いの広域化、すなわち戦場となる地形とそれに伴う戦闘様態の多様化が挙げられる。もっとも、大きな視点での戦いの在り様の変化は、前近代では、兵器装備（本書では武器と甲冑）の短期的な変化には結びつかない。それでも兵器論を考える場合、軽く考えて良い要素ではないだろう。

ここでは、戦国時代への橋渡しとして、戦場の多様化の象徴として、南北朝時代から室町時代後期までの城郭を取り上げてみたい。

戦国時代には当たり前の存在となる城は、しかし、本来は戦時の臨時的な存在であった。それゆえに城を築くこと（「城槨を構える」と言われた）は、戦時や非常時を宣することに他ならなかった。このため、私的に城を築くことは、地域の安寧と秩序を乱す「悪行」だったのだ。

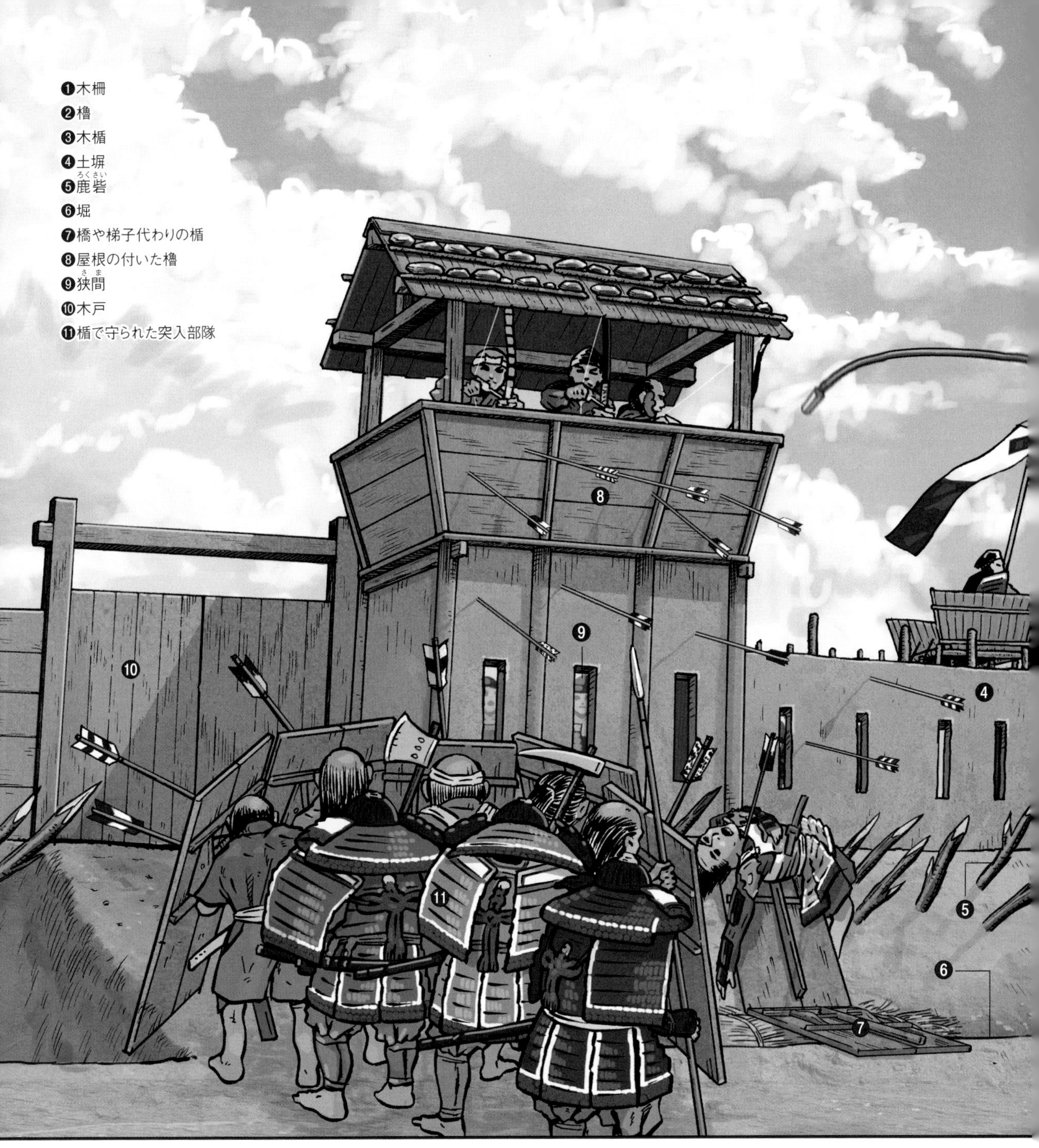

悪党の非法行為を訴えた文書には、必ずといってよいほど城を築いている様が述べられている。

一方、鎌倉幕府倒幕戦の最初は、笠置城、赤坂城、そして千早城での籠城戦であり、京都攻防戦では、幕府軍が六波羅探題邸を中心に京都東半分を城塞化して、討幕軍を迎え撃っている。城郭は、倒幕戦を経て、南北朝内乱期に盛んに築かれた。

ところで、『太平記』には、「城」という言葉が頻出する。しかしながら、これらの城は、やはり臨時的な存在で、場合によっては楯や柵で囲んだだけのものだったようだ。実際、本来は防御構築物が存在しない武士の屋敷*1や、荘園の政庁である政所に、楯を並べ、櫓を建てるなどして戦闘状態にすると「城」と呼ばれるのである*2。

しかし、そうしたなかから恒久的な城も現れる。例えば関東では、下野の名族、小山氏の小山城*3や、同じく小田氏の小田城が著名な城だ。

時代が下り十五世紀中頃になると、城は、平時戦時を問わず領主が恒常的に維持する施設と

＊1＝武士の屋敷の様子は、『男衾三郎絵詞』『一遍上人絵伝』『法然上人絵伝』などで知ることができるが、防御構築物は門にある櫓しかない。ちなみに、絵画技法上、櫓は武士の屋敷を表す表現の一つであるとされる。また武士の屋敷に防御構築物が無いのは、発掘調査によっても明らかにされている。　＊2＝これは時代が下って、応仁・文明の乱の頃でも畿内では同じで、洛中の屋敷を戦闘状態にすると「城」と認識された。　＊3＝正確な位置は不明だが、鷲城と鷲城の東に隣接する「神鳥谷の曲輪（小山氏の屋敷）」を併せて小山城として比定されている。

櫓、土塀の構造
絵巻から推定した南北朝～室町時代の櫓、土塀等の防御構築物。基にした『後三年合戦絵巻』等は平安時代の出来事を描いているが、絵巻の成立年代は南北朝時代であり、当時の風俗を再現している。
『六道絵』には大量の矢が刺さった陣幕と、その裏で平然としている一団が描かれ、陣幕には遠矢を防ぐ効果があった
『後三年合戦絵巻』の土塀の上の櫓。射界を広げるため前に張り出している
『秋夜長物語絵巻』の凝った造りの櫓。背の高い3枚の板は体全体を守るもので、『後三年合戦絵巻』にも見られる
『秋夜長物語絵巻』の簡易な櫓。縦板は横に動かせ、自在に狭間を作れたのであろう
『後三年合戦絵巻』に描かれた、綱を切って石を落とす仕掛け。木の横材は綱が土塀に食い込まないようにするためのもの
板塀
切岸や堀の際に塀を作る場合、若干の間隔を設けねばならない。これを「犬走り」といい、中世城郭の弱点の一つであった
『秋夜長物語絵巻』には、犬走りに竹矢来が設けられている。土塀の上の藁は雨よけで、戦闘時は取り外す（左図参照）。縦長の狭間は弓用、正方形の狭間は鑓、長刀を突き出すためのものか
藁を外すと柱が露出する
『六道絵』の木柵と、犬走りに埋められた鹿砦。こうした簡易な施設は無数にあったと思われる

なる。とくに畿内では、荘官に出自を持つ領主が、政所を自己の城としてしまうことも多かった。

つまり、南北朝時代の内乱を契機として、けして平和な時代ではなかった室町時代になると、本来は臨時的な存在（場合によっては「悪」の象徴）だった城は、武士の統治拠点となるのである。戦国時代に入ると、城は、統治拠点だけでなく、作戦（「行」と呼ばれた）や戦況に合わせて数多く築かれ、なかば消耗品として「運用」されるようになる。

こうして登場した、南北朝時代から室町時代の城郭であるが、その実態、とくに縄張はよくわからない。著名な城は、戦国時代にも使用されており、戦国時代を通じて大規模な改修がなされている例が多いからだ。

しかしこれまでの研究をもとにすると、山城は、切岸＊4が防御線の主体で、尾根の細くなった場所に堀切を入れることもないようだ。また、南北朝時代の戦いでは、山岳寺院が城として使用される例が多いが、これは山岳寺院が、切岸や石積に囲まれて、かつ宿営施設が存在するからである。

一方、平地の城では、武士の屋敷などを基に、外郭を付け加える形で、

＊4＝斜面を削り込んだり土を積み上げて造った人工的な急崖。

防御線を多重化することが多いようである。平城の場合、防御の骨幹となるのは堀である。

また、文書や絵画史料から、長期間使用されるような城では、櫓や柵だけではなく、狭間を入れた土塀も使用されたと考えられる。

戦国時代の、それも後半期の城に比べて、はるかに単純な城であっても、堀や切岸を障害とし、そこに櫓からの射線を指向すれば、必要充分な防御力は発揮できる。櫓の上から放たれる矢は、兜の鞠などの変化を促し、顔面や首などの防御の強化をもたらした（第二章10項参照）。

一方、攻撃側は、遠距離射撃が可能となった弓を使用することで、突撃を妨害する防御側の射手を排除して、楯を切岸に掛けて梯子代わりに、また草束等で堀を埋め、突撃路を啓開して突撃する。弓とともに、鉞や薙鎌、さらに金撮棒（金砕棒）といった武器（第二章12項参照）は、障害を破壊し、排除するのに役立ったことであろう。

ともあれ、南北朝期に多数が築かれ、室町時代に恒久化した城郭は、次の戦国時代になると無数に築かれ、戦争は、それを核に進められていくようになる。

15 甲冑の量産化

汎用化によって、新たに鎧の主役となった胴丸と腹巻。この二つの鎧は、室町時代を通じて、細かい変化を続けていく。のちの戦国時代につながる変化を見ていこう。

室町時代の甲冑

図は室町時代末の武将大内義興の肖像を模写したものである。永正八年（一五一一）の船岡山の戦いに臨む姿を描いており、兜を備える高価な腹巻（右に引合があるもの）を身につけている。注目すべきは弓矢を持っていないにもかかわらず、騎射戦用の大袖を装備する点だ。威儀を整えるため不便を承知で付けていたか、もしくは様式的な絵画表現であろう。大きな笠印と、指揮用と思しき団扇が集団戦の激化を物語っている。

南北朝の争乱を契機として大きく変わった甲冑ではあるが、主用された三物完備の胴丸・腹巻は、室町時代を通じて細部の変化が続く。そうした変化は時代をはるかに経て、戦国末期に登場する「当世具足」を生み出す基となった。今回は、こうした甲冑のディテールの変化に注目してみたい。

まずは兜の変化だ。

打物戦が頻発するようになったことから、兜には浮張という衝撃吸収用のライナーが付いたことはすでに述べたが（第二章13項）、このため兜は、前時代よりも大型化した。この形を大円山形という。こうした大型化を嫌ったのであろうか、室町時代後半から流行するのが、その形状が阿古陀瓜（冬瓜の一種）に似ていることから名付けられた阿古陀形兜だ。

阿古陀形兜は、前頭部と後頭部を膨らませて、内部の空間を確保して衝撃を頭部に直接伝えないようにするとともに、鉄板が薄くなったことと相まって小型軽量化に成功している。また発生時点では後頭部から膨らませており、前面よりも避けにくい後頭部への打撃を考慮していたと考えられる。

次は、袖の変化である。

阿古陀形筋兜

室町時代の中頃から筋兜の鉢の形状には改良が加えられていき、阿古陀形と呼ばれる形式が誕生した。阿古陀形筋兜では鉢の前後が膨らんでいて、頭頂部が窪んだ形となっている。この窪んだ部分が阿古陀瓜（冬瓜の一種）に似ているため、この名がついた。この変化の要因は、戦技の変化によって鉢を刀剣で打たれる機会が増えたため、緩衝のための空間を設けたものと思われる。また鉢の地板も細分化されていった。𩊱は笠𩊱とするのが普通だが、南北朝時代の笠𩊱とは違い、最下段が折れて垂直に垂れ下がる形がほとんどだ。

鉢の変遷
空間
後頭部には大きな空間がある
後期
鉢の分割が細かくなる一方、むしろ板の数を減らした簡易な兜も出現した
初期
初期の阿古陀形の鉢ではそれほど膨らみは大きくなく、頭頂部も窪んでいない

鉢の地板の分割は細かく、48枚以上に及ぶものもある

吹返しはかなりきつく折れている

この窪みが阿古陀瓜(冬瓜の一種）に似ているためこの名がついた

阿古陀形の鉢には通常笠𩊱が組み合わされた

𩊱の変遷

室町

𩊱の上段部分はより扁平に広がるが、最下段のみ垂直に垂れ下がる。吹返しは直角に立ち上がって後方へ曲がる形である

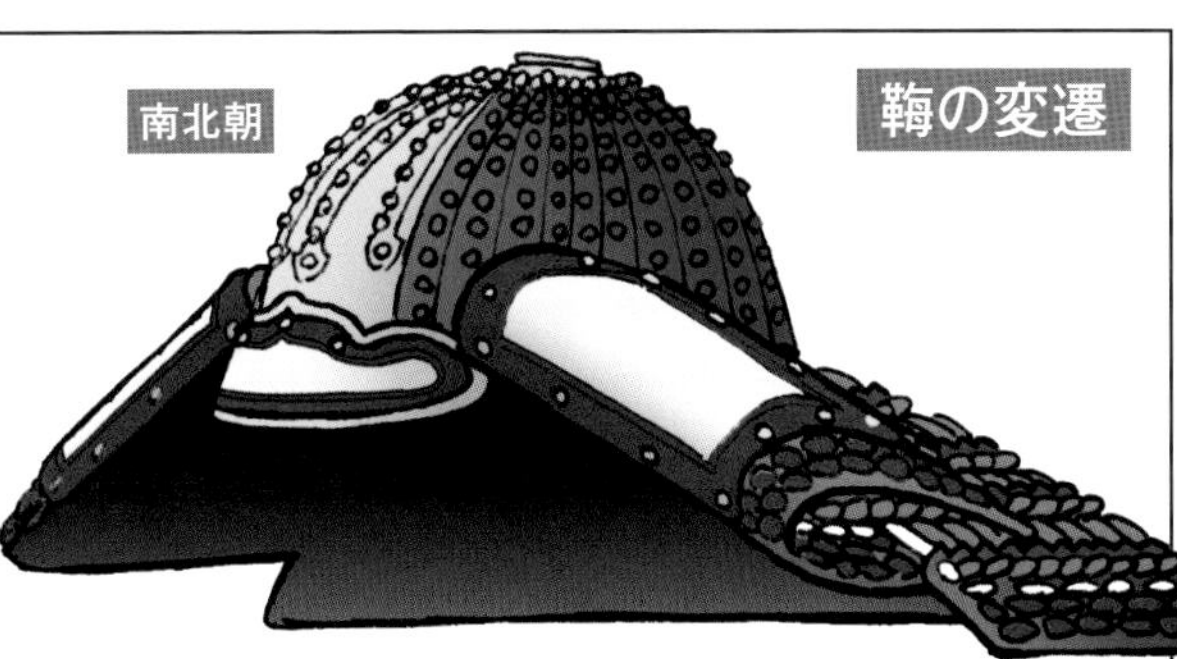

𩊱全体がほぼ直線的に横に広がる。吹返しはヘアピン状に折れ曲がる。全体的に大ぶりである

応仁・文明の乱の頃に登場した新しい形の袖が――すでに第二章13項でも触れた「壺袖」である。矢に対する防御と打物戦での腕の動きの良さを両立させようとして上部を狭く下部を広くした「広袖」とは逆に、下部を窄めた形状である。広袖は、結果として中途半端な存在となったが、壺袖は、その後長く使われ、おそらくは、当世具足に付く当世袖の原型となった。

壺袖は、その形状から理解できるように、より腕の動きを重視した形状である。その反面、矢に対する楯の機能はほぼ失われており、打物戦に特化しているという意味で、甲冑の防御思想の変化を見ることもできよう。

さて、最後は構造の変化に踏み込んでみたい。

周知のように、日本の甲冑は、札と呼ばれる、牛革あるいは鍛鉄の小片を韋紐と平織の絹紐（あるいは鹿革）で繋いで構成されているが、平安末期に比べ室町時代になると札が薄くなり、小型化されてゆく。

遺物調査によれば、平安末期には革札で厚さ三ミリ程度だったものが一～二ミリに、鉄札で一・五ミリ程度だったものが一ミリとなる。札は

矢摺韋・籠手摺韋

矢摺韋がないと、矢が袖の隙間に引っかかってしまう

矢摺韋

籠手摺韋・力韋

騎射戦の衰退に伴い、袖裏の矢摺韋が消失した。これは箙から矢を抜く時に矢が袖の札板の隙間に引っかかるのを防ぐためのものだが、次第に縮小して室町時代には形骸化する。替わって登場したのが籠手摺韋（力韋）で、打物戦の際に腕と袖裏が馴染むようにする目的がある。なお、威毛が伸びるのを防止するためのものとも言われるが、これは江戸時代に生まれた誤解である。

大袖に替わり、南北朝時代にはより動きやすい広袖が登場した。そして室町後期に発生したのが壺袖である。裾窄まりの形状で、軽快に腕を動かせる。広袖、壺袖にも籠手摺韋（力韋）がつく。

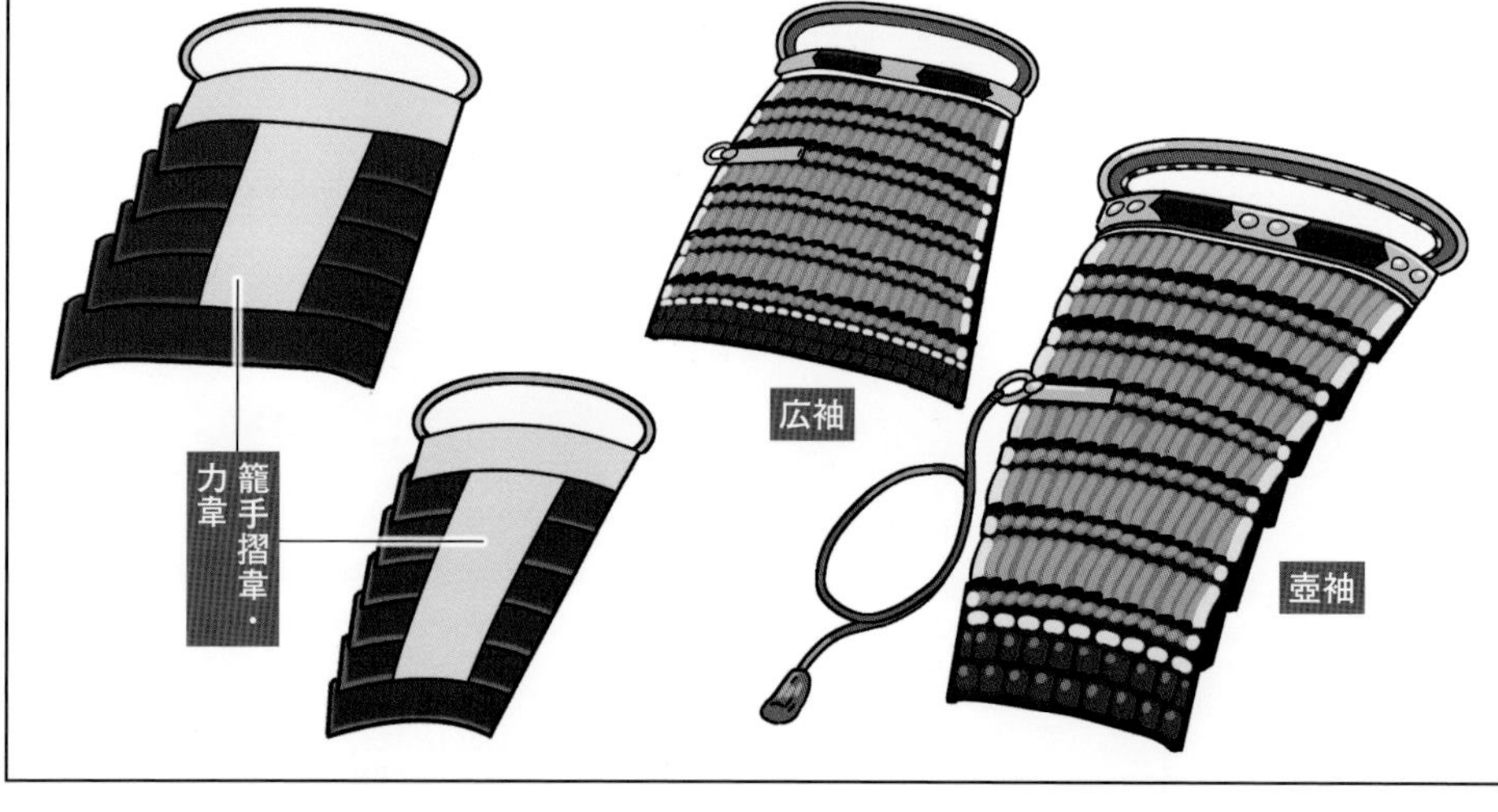

それぞれ重なるから、実際の厚さはその倍となる（「三目札」という幅の広く縅穴が横に三つ並んだものなら三倍）。室町時代にはずいぶんと薄くなったことが理解できる。ただし、これまで敵に正対する弓手（左）側を中心に配されていた鉄札は、胴正面にまんべんなく交ぜられるようになった。

一方、札の大きさは、札足（長辺）七〜六センチ、幅三センチ程だったものが、室町時代になると札足五センチ程、幅は二センチを切るようになる。＊1

こうした薄く小さな札が登場したのは、戦闘の視点でみれば、騎射戦のような至近距離で矢を射込むことがなくなるとともに、汎用化に伴い、軽い鎧が求められたことが挙げられる。

一方、生産という視点で見れば、牛革の厚い部分しか使用できない厚い札では、需要を賄いきれないという理由が存在したと考えられる。

長期化・大規模化する戦争のなかで、当然ながら甲冑の消耗は激しかったであろうし、三物完備の胴丸・腹巻という新形式の鎧の需要に、甲冑師側は応える必要があったからだ。もっとも革材料の不足に対し、

＊1＝戦国初期にはおおむね1cm前後。

札の小型化

甲冑を構成する牛革片（札(さね)）も室町時代に大幅に小型化、かつ薄くなった。これは増大する甲冑需要をまかなうため、それまでは使用されなかった牛革の薄い部分も利用するようになったためである。札の小型化に伴い、甲冑もより小型軽量になった。

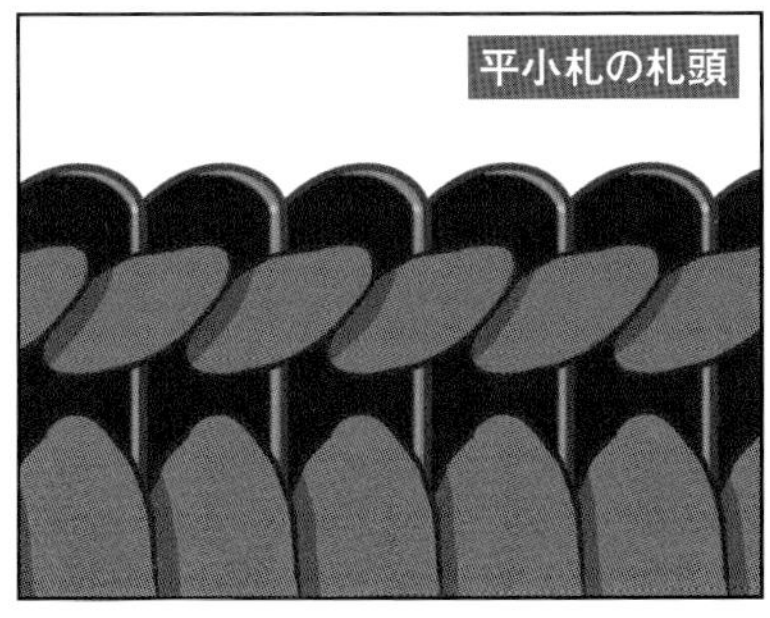

札頭のカーブは緩やかで、左右の間隔も広い

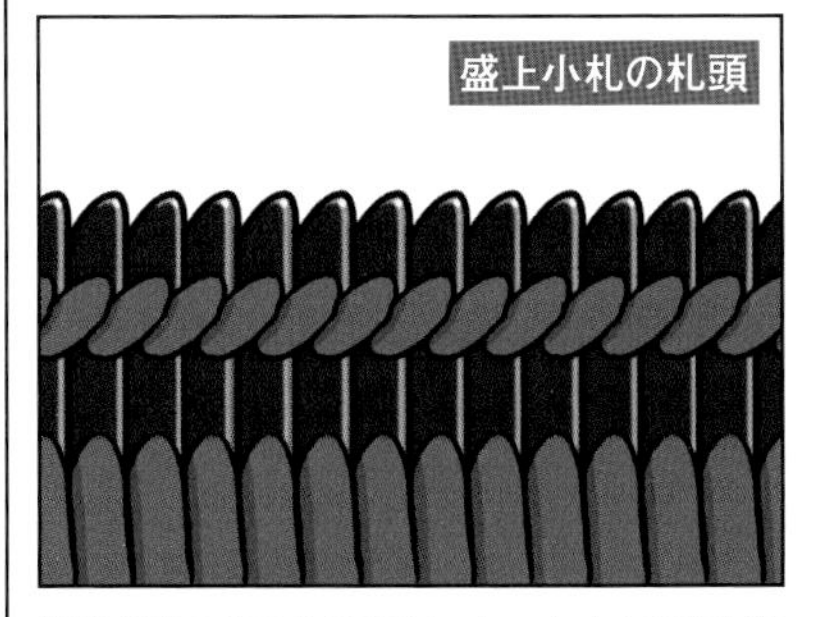

札頭が鋸の歯のように鋭く、かつ左右の間隔も狭い。こうした細かな札は鯆歯小札(えそのはこざね)、奈良小札とも呼ばれた

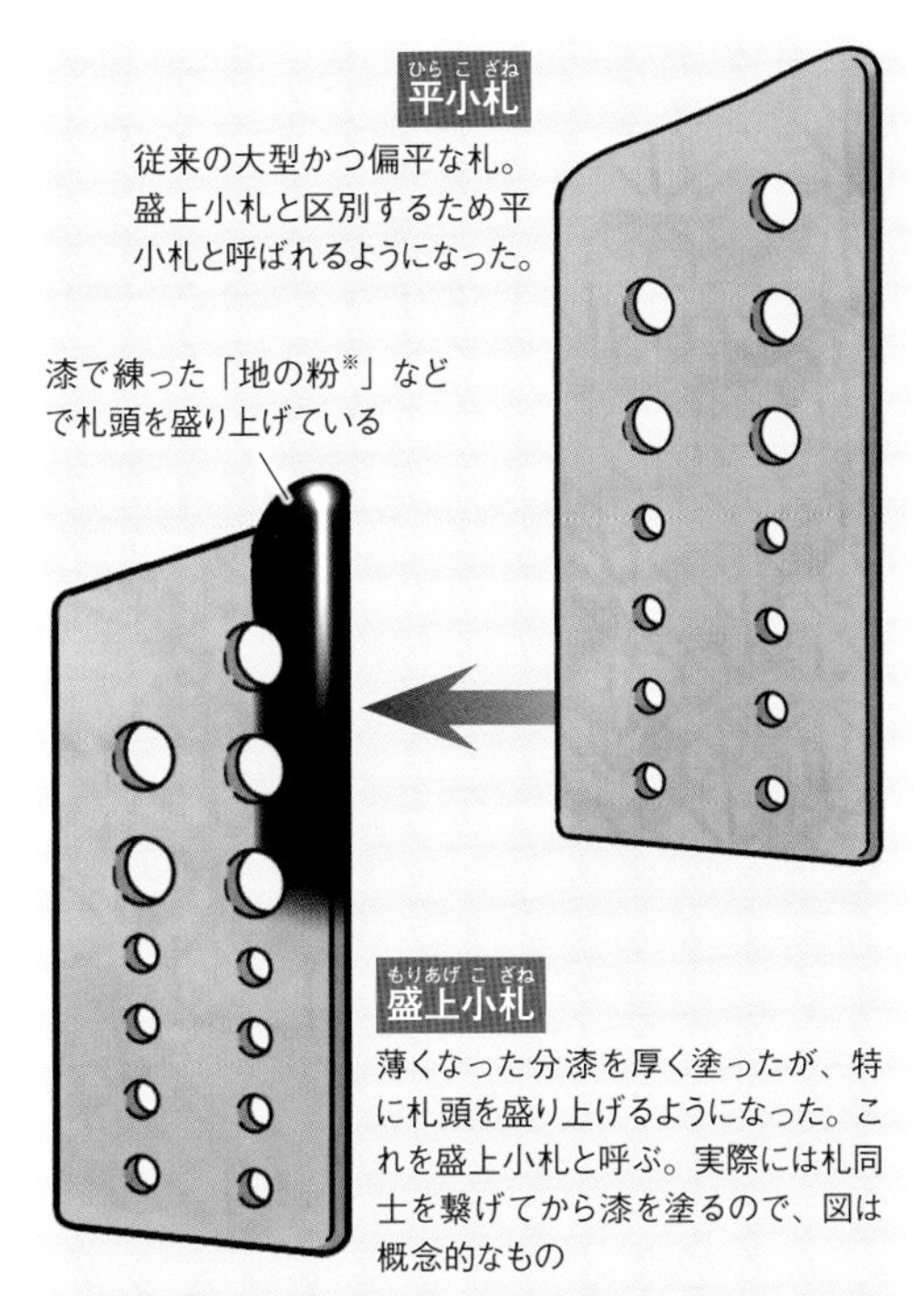

平小札(ひらこざね)
従来の大型かつ偏平な札。盛上小札と区別するため平小札と呼ばれるようになった。
漆で練った「地の粉※」などで札頭を盛り上げている
盛上小札(もりあげこざね)
薄くなった分漆を厚く塗ったが、特に札頭を盛り上げるようになった。これを盛上小札と呼ぶ。実際には札同士を繋げてから漆を塗るので、図は概念的なもの

※＝漆器の下地用の粉で、粘土を焼いた後で粉末にしたもの。

揺絲(ゆるぎのいと)

胴の長側と草摺を結ぶ縅毛(おどしげ)を揺絲と呼ぶ。本来胴の毛立(けだて)（一段分の縅毛の長さ）と同じだったが、室町末から次第に長くなっていった。この上から上帯を締めると、腰に重量を負担させられ、軽快に着られる。

室町時代の腹巻

腰から上に向かって広がる逆三角形型のシルエットが特徴である

長側

揺絲

草摺

従来の揺絲はこの部分と同じ長さだった

揺絲が伸びたため、その裏側は札板の無い無防備な部分となる

金交ぜ(かなまぜ)

牛革製の札が小型になる一方で、鉄製の札の利用は盛んになった。牛革製の札と鉄製の札を交互に組み合わることを金交ぜといい、古くは甲冑の要所のみに施されたが、室町時代の腹巻では胴部分のほぼ全体が金交ぜとなっている。

牛革　鉄

牛革製・鉄製の札を交互に重ねるのが金交ぜ

室町末の腹巻の金交ぜの模式図

（黒い部分が鉄製の札）

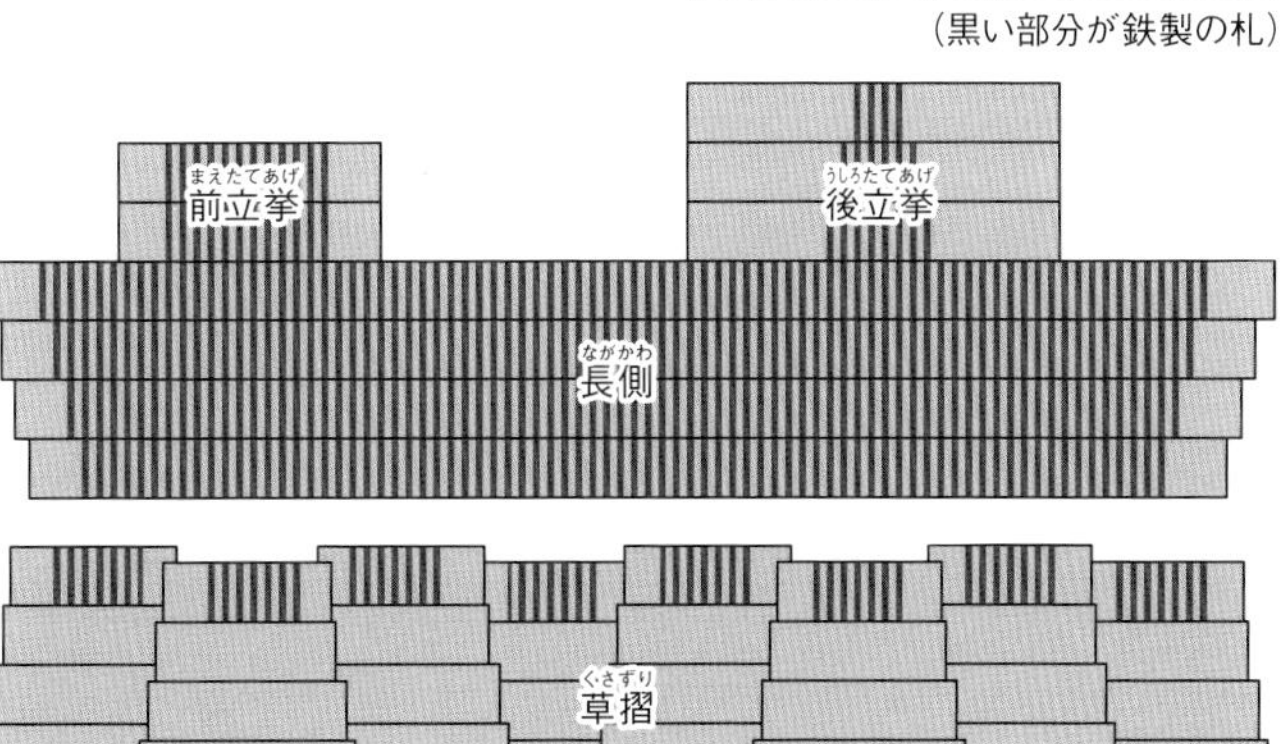

長側の両端は金交ぜとなっていないが、装着時に互いに重なり合うからであろう

戦国の甲冑

図は上杉神社蔵の、上杉謙信所用と伝わる胴丸（背中に引合があるもの）から推定した。戦国時代後半に入っても、甲冑の基本的な構造は室町時代から大きな変化はなかったようだ。一方で図の胴丸は高級品ながら兜の𩊱が二重になっている点や、広袖を備える点など、実戦的な作りとなっている。ただし、儀礼的に高級な甲冑に大袖を取り付ける行為は戦国～江戸時代を通じて行われている。現存例を比較すると、室町～戦国期の胴丸は腹巻よりも簡素な作りで、安価かつ実用本位の作りとなっている印象を受ける。

上杉謙信

兜の立物は伝統的な鍬形から離れた自由な造形が増える

笠𩊱と下散𩊱を二重に取り付けている

喉輪は現存しないが、戦場では着用したかもしれない

広袖

佩楯、脛当は現存せず、これは想像で補った

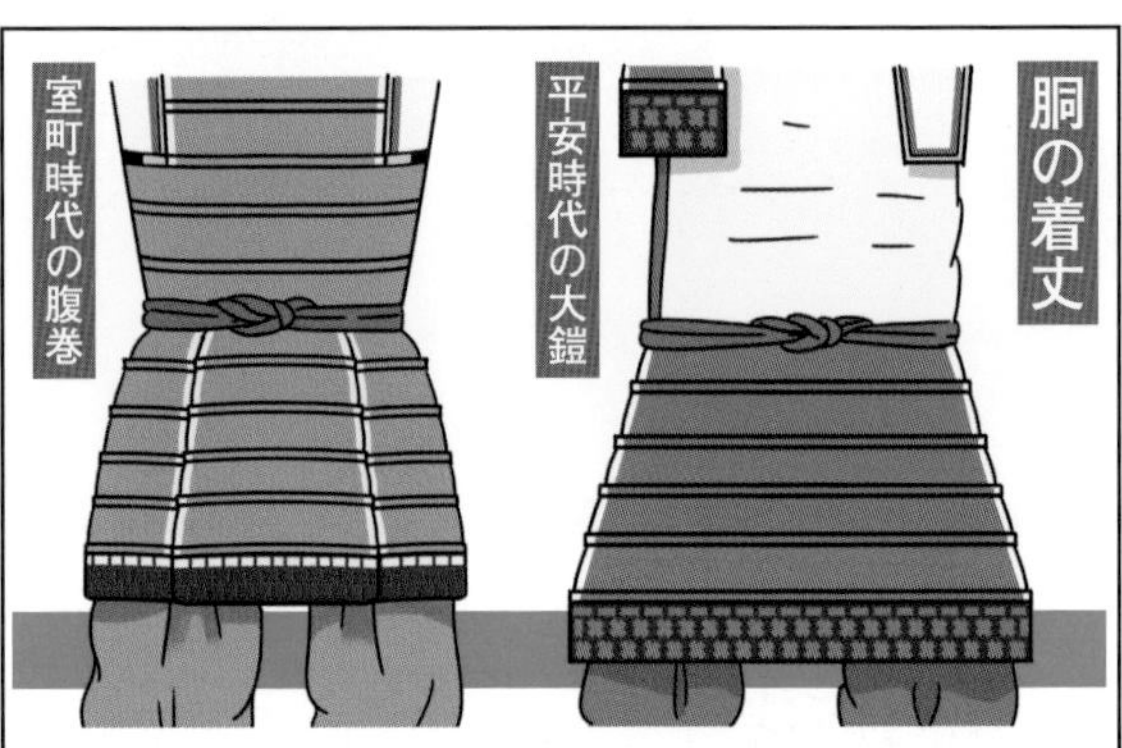

札の小型化によって胴の丈も短くなった。平安時代の大鎧の丈は80～90㎝あったのに対し、室町時代の胴丸・腹巻は60～70㎝しかない。その結果、足の露出は増え、動きやすくなっている

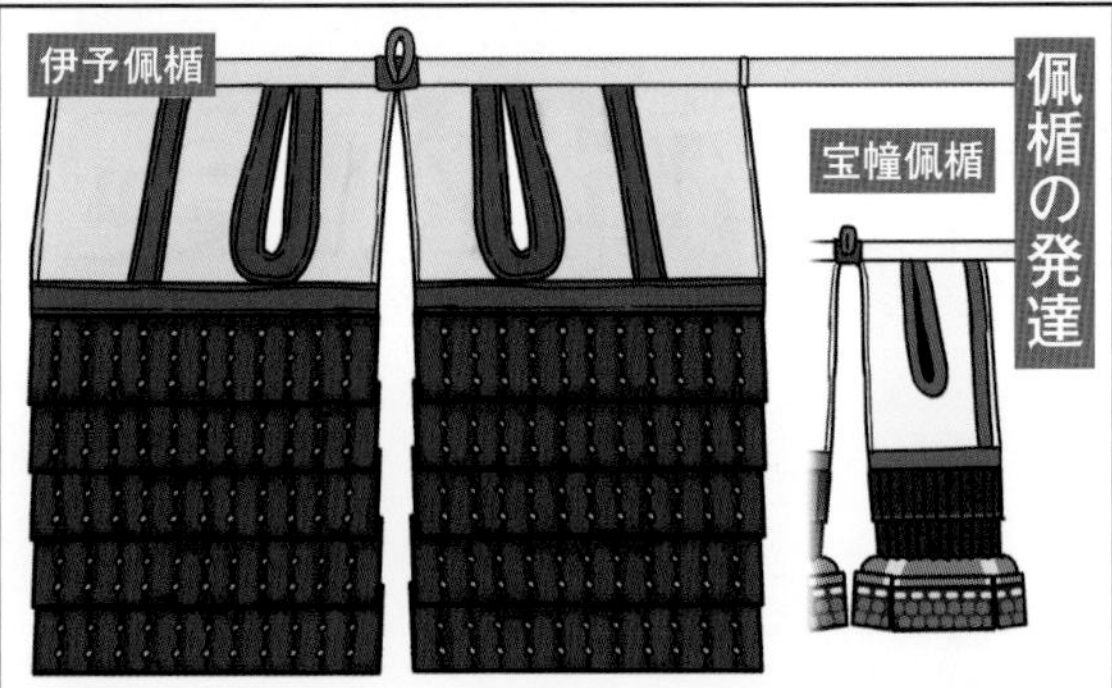

足の露出が増えて防御に不安を覚えたのか、室町後期には佩楯が大いに発達した。家地（下地の布）に伊予札※を縫い付けた伊予佩楯が登場するが、宝幢佩楯に比べ防御範囲が上に広がっている

※＝両端をわずかに重ねて札板を構成する札。次章16項参照。

鉄片が大量に使用できるようになったのは、甲冑制作にとっては福音であったろう。

ところで、従来のような大きな札を使用できなくなったことから、一領の鎧に使用する札数は平安後期の大鎧の約一五〇〇枚から、三〇〇〇～三五〇〇枚に増えている。これを見ると、甲冑の生産効率は、前時代に比べて低そうだ。しかし、近年の研究によると、南北朝時代から室町時代にかけて甲冑の規格化が進むという。

ちなみに、寛正六年（一四六五）に奈良の甲冑師が製作し、大乗院と一条院が将軍足利義政に献上した最高級の鎧（浅葱糸肩白縅胴丸）でも製作期間は三か月という短期間であり、製作費には札製作の代金が入っていない[*2]。作成に時間が掛かる札は、大量のストックが存在していたと考えられるのである。

つまり、中世を通じた鉄の生産量の増大や牛革の薄い部分までの使用などといった原材料の供給の安定のうえに、規格化による製作時間の短縮がこの時期の甲冑師集団のなかで進んでいたと思われる。室町時代に、後の戦国時代において、爆発的に増えた甲冑需要に応じる生産基盤が確立しつつあったといえないだろうか。

＊2＝『大乗院寺社雑記事』寛正六年六月二十八日条。

第四章

戦国時代

足軽が登場し、鑓と鉄炮が普及。これを受けて戦術・戦技も大きく変わり、甲冑もさらなる変化を遂げた戦国時代の「武士の装備」はいかなるものであったか。

16 足軽登場

戦国時代を象徴する新しい兵種、足軽。彼らはどこからやって来たのか。戦国時代第一回目の本項では、足軽の誕生を解説する。

戦国時代第一回目の本項では、南北朝時代の第一回（7項）と同様に、戦国初期の軍隊の特徴について触れてみたい。

戦国初期の――ひいては戦国期を通しても――、その軍隊を象徴するものは、なんといっても足軽であろう。

足白、疾足とも呼ばれる足軽は、治承・寿永の内乱からその名が見られるが、しかしその登場時は、文字通り足軽々と働く、戦場における補助的な戦闘員でしかなかった。

彼らは、次の南北朝動乱期には――すでに述べたとおり――非武士階級の共同体から合戦に参加する下級戦闘員として活躍するようになった。また、とくにゲリラ戦的な使われ方をされる場合は野伏と称されていた。応仁・文明の乱（応仁元年〈一四六七〉～文明九年〈一四七七〉）前後においても、足軽とともに野伏の言葉は使われている。応仁の乱における足軽を〝部隊〟の種類で観た場合、南北朝時代の野伏（部隊）の系譜を継ぐ存在といえよう。

しかしながら、南北朝時代の野伏（広義には非武士階級の戦闘員）と、応仁の乱の足軽はその出自が異なる。応仁の乱に登場した足軽の多く

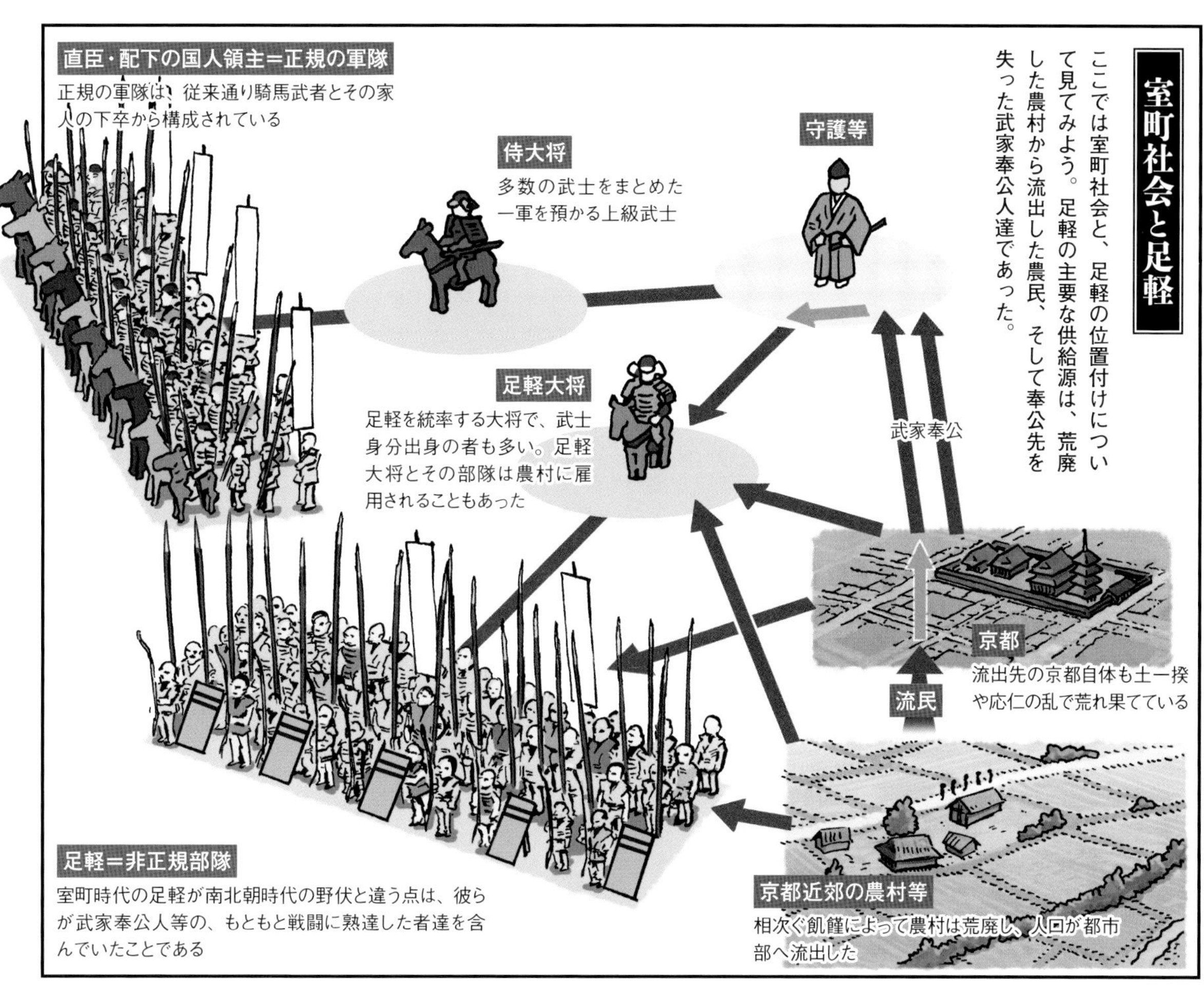

直臣・配下の国人領主＝正規の軍隊
正規の軍隊は、従来通り騎馬武者とその家人の下卒から構成されている
侍大将
多数の武士をまとめた一軍を預かる上級武士
守護等
足軽大将
足軽を統率する大将で、武士身分出身の者も多い。足軽大将とその部隊は農村に雇用されることもあった
武家奉公
京都
流出先の京都自体も土一揆や応仁の乱で荒れ果てている
流民
足軽＝非正規部隊
室町時代の足軽が南北朝時代の野伏と違う点は、彼らが武家奉公人等の、もともと戦闘に熟達した者達を含んでいたことである
京都近郊の農村等
相次ぐ飢饉によって農村は荒廃し、人口が都市部へ流出した

室町社会と足軽

ここでは室町社会と、足軽の位置付けについて見てみよう。足軽の主要な供給源は、荒廃した農村から流出した農民、そして奉公先を失った武家奉公人達であった。

足軽の戦術

南北朝時代から、城郭戦は非正規部隊の主戦術であった。ただし室町時代となると単なる持久戦ではなく、敵の補給路遮断などの、より高度な目的をもつようになった。

『碧山日録』の記録にもあるように、当時の足軽は非常に軽装でありながら、積極的に打物戦を行うこともあった。

は、室町幕府の守護在京制にともない必要とされた下級武家奉公人であり、京都やその近郊の住人を出身母体としていた。さらにこの乱で前時代と異なる性格の足軽が誕生したより大きな背景としては、続発する飢饉によって京都に入る流民人口の増大もあった。加えて専制的な権力を振るい「万人恐怖」といわしめた六代将軍・足利義教の治下で失脚した大名の被官のなかの下級武士たちも、足軽の供給源となった。

応仁の乱の足軽は単なる「土民（一般民衆）」ではなく、プロ（武士）に率いられたセミプロ（武家奉公人）だったのである。それは応仁の乱で活躍した有名な足軽大将たちの出自に看て取れる。骨皮道賢は侍所所司代・多賀高忠の配下、馬切衛門は東寺門前の住人でありながら武家に奉公し、また御厨子某は山城国御厨子郷の地侍とされる。

そして彼らは、それぞれのコネクションをもとに部隊を編成し、大名たち、さらに前時代よりも自立性を増した村々に雇われて戦場で働くのである。

とはいえ、応仁の乱における野伏戦（ゲリラ戦的な戦い）は、南北朝時代の山岳地帯での持久を目的とし

伊予札の出現

日本甲冑の最も基本的な要素である札も南北朝時代以降省力化が図られた。その結果登場したのが伊予札であり、札板を製作する手間を大幅に削減できた。

伊予札（碁石頭）

矢筈頭

伊予札には札頭の形状に幾つかの種類があった。上図は一例

本小札

室町時代までの標準的な札

伊予札の札板

本小札の多くは革製だが、伊予札は鉄製の場合が多い。また本小札の小孔が縦2列13個であるのに対し、伊予札は2列14個である

本小札の場合は札を半分ずつ重ね合わせるのに対し、伊予札では両端をわずかに重ね合わせるだけである。本小札の甲冑より薄くなる反面、札の使用量と制作にかかる労力は少なくすむ

素懸縅

天文年間（一五三二～一五五五）に発生した縅の新技法に素懸縅がある。従来の毛引縅が横方向に隙間なく縅すのに対し、素懸縅では縦方向に、縅毛同士の間隔を開けて縅していく。また札頭の部分で縅毛を交差させ、菱縫になる。

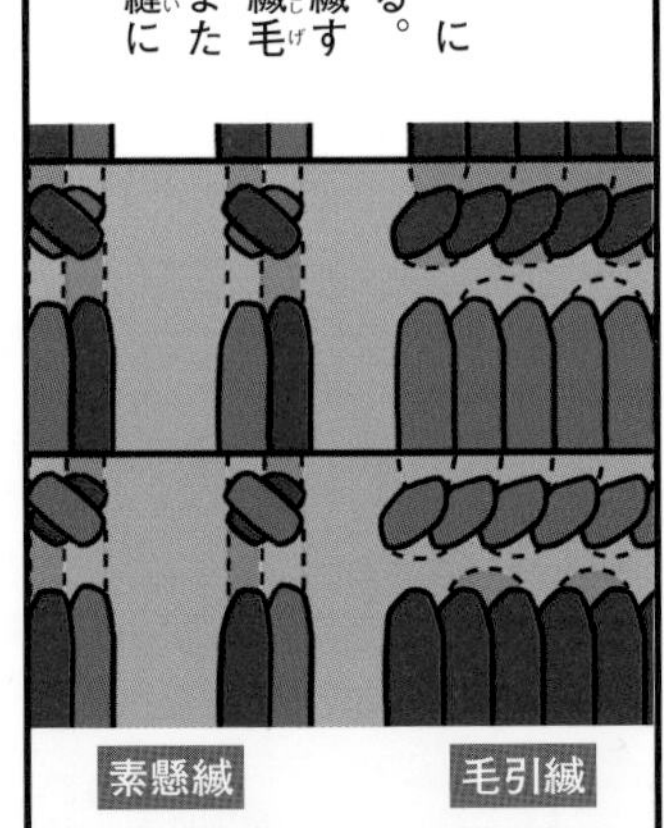

室町の甲冑

室町時代には、伊予札や素懸縅などの新技法が盛んに用いられるようになるが、従来の本小札や毛引縅といった技法が廃れたというわけではない。むしろこれらの技法は並存しており、一つの甲冑の中に異なる技法が用いられるようになる。下図の胴丸は前立挙・後立挙が本小札の毛引縅、長側が伊予札の素懸縅、草摺が本小札の素懸縅である。こうして室町以後の甲冑は、形式が同じでも非常に多種多様なものになってゆくのである。

たものとは違い、よりアクティブであった。京都での軍事的な短期決着に失敗した東西両軍は、「通路切り」と呼ばれる補給路遮断やそのための城郭造り、さらに物資集積地の襲撃に足軽部隊を投入したのである。それは敵の弱点への攻撃にほかならなかった。

こうした足軽の戦いぶりを物語っているのが、東福寺の僧侶雲泉太極の日記『碧山日録』にある「甲を環せず、矛をとらず、ただ一剣を持って敵陣に突入す」という有名な一文であろう。

以上は、応仁の乱における京都およびその近国での足軽と、その戦争の様相である。では他の地域では足軽は存在したのであろうか。

おそらく全国的な規模では、自立しつつある村（この時代に今日的な意味での村が誕生する）の、「名字の衆」「侍衆」とよばれる上層階級が――村の――必要に応じて、大名の要請のもと足軽的な戦いをしたのであろう。

また、上杉禅秀の乱（応永二十三年〈一四一六〉）、永享の乱（永享十年〈一四三八〉）、結城合戦（永享十二年）、そして享徳の乱（享徳三年〈一四五四〉～文明十四年〈一四八二〉）と立て続けに大きな戦乱が起きた東国では、おそらく主家を失うなどして没落した武士が、その被官とともに足軽的な存在

戦国初期の下級武士・足軽

室町末～戦国時代初期は甲冑の簡素化が一層進んだ時代である。伊予札、素懸縅がより広範に用いられるようになり、増大する需要に対応していった。一方で甲冑のシルエット自体は腰窄まりの、室町時代の伝統を受け継ぐものである。あくまで簡素化された室町様式の甲冑であり、後に登場する「当世具足」とは異なる点も多い。

下級武士

右図の武士が身につけているのは素掛縅の腹巻で、立挙、長側は伊予札で、草摺は本小札になっている。被っている筋兜も鉢の分割が少ない簡素なもの。背中には背旗を差している。

足軽

小札ではなく、一枚板でできた札板（板札）で構成された簡素な素懸縅の胴丸を身につけている。初期の背旗の着用方法には不明な点が多いが、専用の取り付け金具が考案される前は、直接上帯に差したと考えられる。

簡易な筋兜

室町時代には兜もまた簡素なものとなった。鉢の分割が少なくなり、𩊱も簡略化されている。

として活躍していたと考えられる。

時代がやや下るが、長尾景春の乱（文明八年〈一四七六〉～同十二年〈一四八〇〉）における景春軍にしても、明応二年（一四九一）に伊豆に打ち入った伊勢早瑞（北条早雲）にしても、所領規模に見合わない軍勢を率いていたようで、であるならば、彼らは没落していた武士を銭で雇っていたはずだ。

こうして足軽たちやそれに類似する兵士からなる部隊は、所領を媒介として組織される封建制の戦士団ではなく、傭兵として大名の戦力に組み込まれてゆくことになり、「非正規戦を担う軽装歩兵」から、武士の部隊と協同して戦う「戦列歩兵」へと変化してゆくのである。

17

足軽の発展

「軽歩兵」として登場した「足軽」たちは、時代を下るにしたがい、戦国の軍隊に欠かすことのできない兵種へと成長した。その背景には何があったのか。

後北条氏の弓足軽

後北条氏は各家臣宛てに軍役（負担する軍事上の役務）人数と装備を定めた「着到定書」と呼ばれた文書を派出していた。イラストは元亀三年（一五七二）に武蔵の武士である宮城泰業宛てに出した着到状に記載された弓足軽（文書では「歩弓侍」）の装備を推定も交えて描いたもので、前立を付けた兜を被り、旗指物は黒地に日の丸を染め抜いている。同文書では鉄炮足軽（同じく文書では「歩鐵炮侍」）も同じ旗指物を差す。このことから弓と鉄炮の足軽は、兵種別の編成に編合された場合、同じ部隊に所属したと考えられる。実際に天正五年（一五七七）に出された朱印状に記された、宮城泰業が所属する岩付衆の戦時の編成では、弓と鉄炮は同じ部隊に編合されている。※

撓旗
柔軟性のある竿につけられた文字通り、しなる旗

筋兜
「着到定書」の「甲」は簡素な筋兜と推測した。揃いで取り付けた前立には部隊章の役割があったと思われる

実際には食料や日用品などを大量に身につけていたであろう

打刀
成人男性の帯刀は当然だったためか「着到定書」には刀が書かれていない

空穂
簡素な矢の容器

素懸縅胴丸
革製の板札を素懸縅にした簡素な胴丸。板札は革製の蝶番で横につながっている

「着到定書」の原文
「（弓）一張　歩弓侍、甲立物・具足・指物しない地くろニあかき日之丸一ッ」

※『戦國遺文後北條氏編』第一五七〇文書より（以下、『戦國遺文後北條氏編』は本文・脚注とも戦北〇〇〇〇）と略記

本項でも前項に続き、具体的な武器と甲冑の変化や、さらにその基となった戦術の変化ではなく、もう少し大きな視点で足軽について述べていきたい。

戦国の軍隊の大きな特徴として、足軽が戦力の重要（というより不可欠）な構成要素となったわけだが、その背景には何があったのだろうか。また、当初はゲリラ戦的な戦いをする「軽歩兵」として登場した彼らが、会戦時に重要な戦力となる「戦列歩兵」となるには何が必要だったのだろうか。

なお「軽歩兵（Light Infantry）」「戦列歩兵（Line Infantry）」は、本来ヨーロッパにおいて近世以降に使用される用語であり、とくに戦列歩兵は小銃の大量装備によって成立した「兵科」といえる。このため本書では、「軽歩兵」「戦列歩兵」は、あくまで便宜的・比喩的に使用しているに過ぎないことを念頭に置いていただきたい。

また、足軽という言葉には、戦いの形態（足軽戦＝ゲリラ戦的な戦い）、部隊の種類（足軽組・足軽衆）、身分（足軽・雑兵）の三つの意味がある。

加えて、足軽は、領民から徴集さ

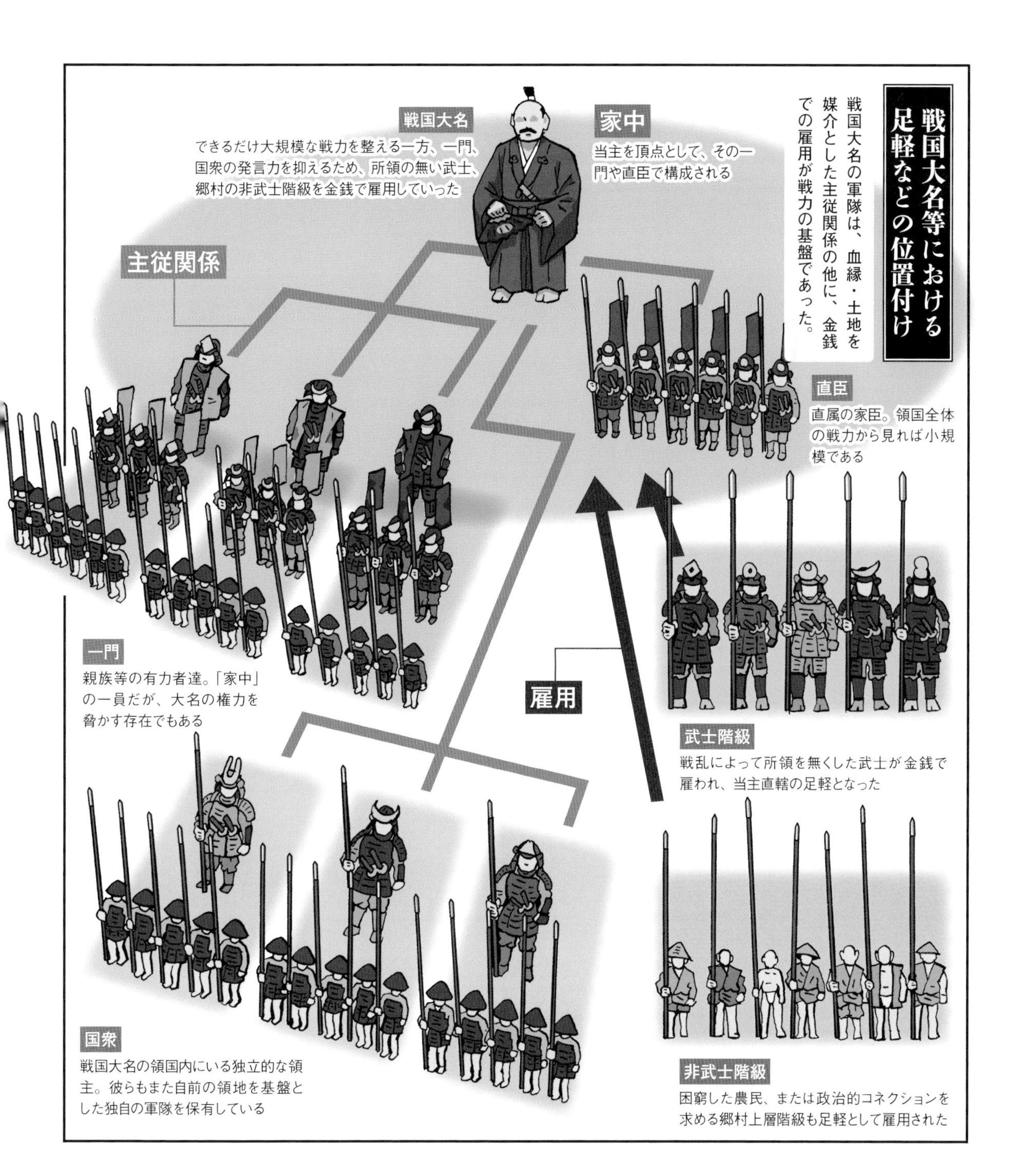

戦国大名等における足軽などの位置付け
戦国大名の軍隊は、血縁・土地を媒介とした主従関係の他に、金銭での雇用が戦力の基盤であった。
戦国大名
できるだけ大規模な戦力を整える一方、一門、国衆の発言力を抑えるため、所領の無い武士、郷村の非武士階級を金銭で雇用していった
家中
当主を頂点として、その一門や直臣で構成される
主従関係
直臣
直属の家臣。領国全体の戦力から見れば小規模である
一門
親族等の有力者達。「家中」の一員だが、大名の権力を脅かす存在でもある
雇用
武士階級
戦乱によって所領を無くした武士が金銭で雇われ、当主直轄の足軽となった
国衆
戦国大名の領国内にいる独立的な領主。彼らもまた自前の領地を基盤とした独自の軍隊を保有している
非武士階級
困窮した農民、または政治的コネクションを求める郷村上層階級も足軽として雇用された

れるイメージがあるが、戦国大名も国衆も、領民を、足軽をはじめとした兵士として徴集することは困難で、よほどの非常事態に限定的な形で徴集するしかなかった（ただし、「陣夫役」等の、補給や支援業務には賦役として徴集した）。では足軽とは何者なのか。話が遠回りするが、もう少しお付き合いいただきたい。

戦国期に足軽が大量に必要とされたのは、いうまでもなく戦争が続くなか、大名や国衆に自分の兵力を増強したいという当然の欲求があったからだ。しかしながら本来の武士階級で兵力を増強するには、政治的な問題が存在した。一門や国衆の戦力が増えるということは、彼らの政治力もまた強化されるということであり、武士を増やすということは、彼らの所領が必要となることを意味する。

結果、大名当主は、兵力を増やしたいが、自らの所領は減らしたくないし、家臣の力も掣肘したいというジレンマを抱えることとなった。

しかしこうしたジレンマの解決策こそが、兵力増強を必要とした相次ぐ戦乱にあった。戦乱によって発生した所領を失った武士や、大名権力にしばしば反抗的な郷村の上層階

後北条氏・岡本政秀の軍役

後北条氏当主の親衛隊ともいえる御馬廻衆に所属する岡本八郎左衛門政秀に出された「着到定書」をもとに彼の軍役を描いてみた。この文書は、珍しいことに個々の兵士の名前や行軍時の順番もわかる。イラストに描かれたうち、名字を持つ者は岡本政秀の寄子（部下）で、侍身分だが所領はなく、小田原からの蔵米で賄われていた（文書では「御藏可請取衆」）。その意味でいえば本文中にある足軽＝傭兵的な存在であろう。また二間半の長柄を持ち笠を被る六人は、名字の無い非武士階級の足軽で、文書には「六本　鑓」と書かれるのみだ。先頭の旗持（「大小旗持」）は、戦闘時は小旗衆に組み込まれる。また指物持が背負う旗（文書では「四方（正方形）」）は、岡本自身が戦場で背に差すと考えられる。なお先頭の旗の紋様は不明のため軍記物から、岡本自身の旗は架空のものとした。なお、岡本政秀の軍役には弓も鉄炮もないが、長柄は兵種別編成にした場合、岡本から離されて長柄組に編入されるためであろう。岡本自身は馬上衆の一戦闘員となるか、別の役職につくはずである。※

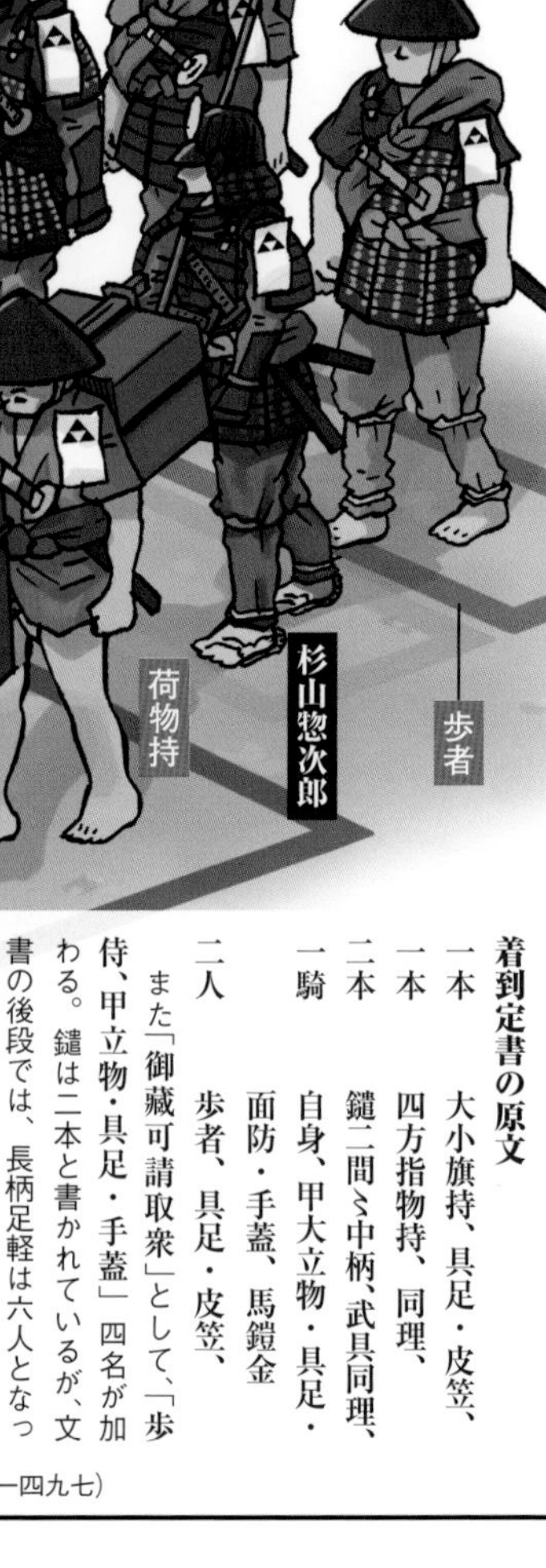

着到定書の原文

一本　大小旗持、具足・皮笠、
一本　四方指物持、同理、
二本　鑓二間々中柄、武具同理、
一騎　自身、甲大立物・具足・面防・手蓋、馬鎧金
二人　歩者、具足・皮笠、

また「御藏可請取衆」として、「歩侍、甲立物・具足・手蓋」四名が加わる。鑓は二本と書かれているが、文書の後段では、長柄足軽は六人となっており、実際には六本用意しただろう。

※「元亀二年七月廿八日　岡本八郎左衛門尉宛北条家着到定書写」（戦北一四九七）

級（侍衆・名字の衆と呼ばれた）を積極的に銭で雇い入れ、かつ戦乱や飢饉で難民化した非武士階級を戦闘員として用いるのが容易になったのだ。彼らこそが足軽だったのである。

　この足軽としての雇用は、難民化した武士や農民にとってはサバイバルシステムとして機能し、郷村の上層階級にとっては、支配者側と結びつくことで、郷村内での政治的な地位を向上させる好機となった。

　以上のような利害の一致が、足軽部隊の編成の背景に存在した。

　こうした当主直属の足軽部隊の編成で水際立った手腕を見せたのが、なんら地盤を持たない関東への侵攻を行い「他国の凶徒」と呼ばれた北条氏綱と、相次ぐ内訌で、「家中」と「一門」を基盤とした従来型の基幹兵力を持つことさえ困難だった武田信虎である。

　後北条氏の「諸足軽衆」と、武田氏の「上意の足衆」＊1は、当主直属のエリート部隊として活躍するが、諸足軽衆筆頭の大藤氏の出自は不明（紀州出身とも）。『甲陽軍鑑』に記載された信虎が登用した足軽大将は、長坂虎房（長閑斎）＊2を除きすべて他国の牢人である。

　むろん、足軽部隊は、大名や国衆

＊1＝「妙法寺記」　＊2＝西股総生「山本菅助の虚実」『東国武将たちの戦国史』

軍記物にある後北条氏旗本備（馬廻）の五色段々の幟旗。この規模の軍役に旗が一旒あったことを考えれば、戦場には実に膨大な数の旗が翻ったはずである
着到定書には二間間中（二間半＝約4.5m）の長柄鑓と記されている。この長柄鑓こそ、足軽の戦力化に欠かせない「新兵器」であった
岡本政秀の旗指物（意匠は想像）。行軍中は岡本隊の位置を示すため指物持が持つが、戦闘時には岡本自身が背負った
武庄左衛門尉
藤次郎
三五
大小旗持
四郎左衛門尉
指物持
源十郎
平四郎
源四郎
與五郎
衛門四郎
長柄足軽
軍役で定められた長柄足軽。皮笠と具足を身につけているが、陣中の博打で自分の武具を元手にしたという記録や当時の経済状況を考えれば、装備の充足率は非常に低かったかもしれない
徒歩武者
岡本の寄子となる徒歩武者（右頁の大庭や杉山も同。名字があることから没落した武士や郷村の有力者の一族が含まれている場合もある）

のみでなく、それぞれの武士たちがそれぞれの経済力に応じて編成したであろうし、また個々の武士も足軽を雇用していた。

とはいえ、身分として足軽をみた場合、非武士階級出身の戦闘員は、戦闘力に著しく欠けるという致命的な欠点が存在した。それはそうであろう、彼らは戦闘訓練も受けていないし、なにより生きるために軍隊に入ったのだから。そうした彼らに戦闘力をもたらしたのが、槍であった。とくに戦国後半期には兵器装備の過半を占める「長柄」と呼ばれる長槍である。次項は、この長柄と武士の表道具となった「鑓」についてみていこう。

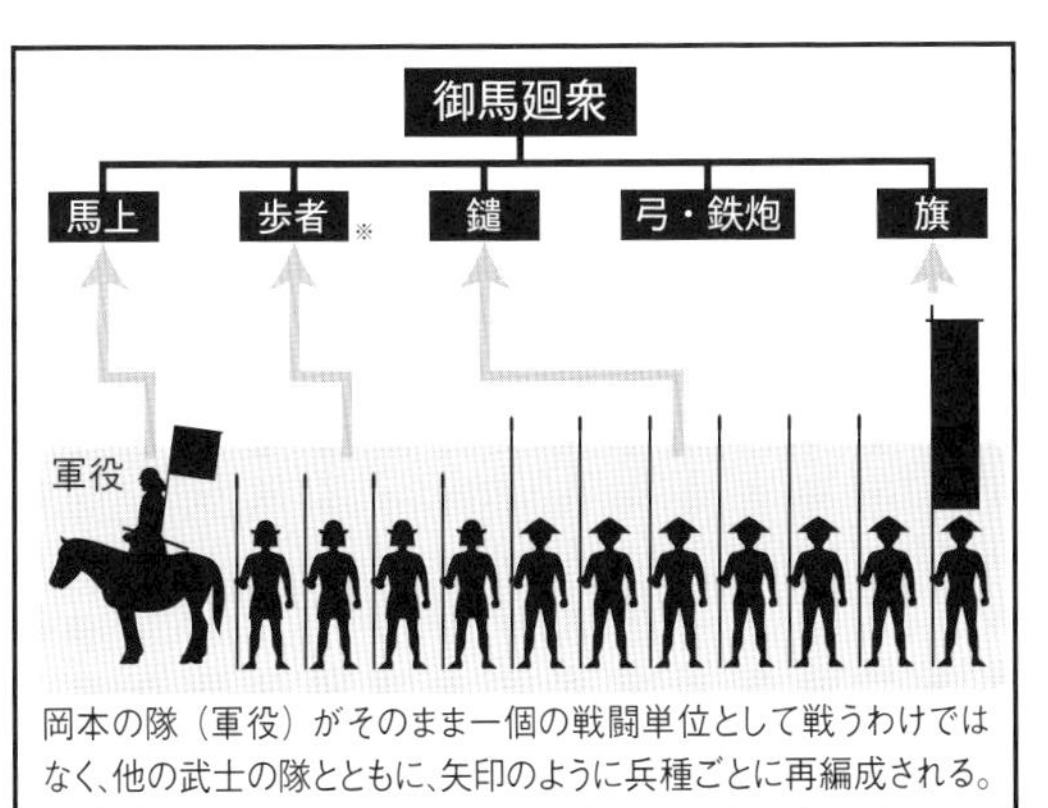

岡本の隊（軍役）がそのまま一個の戦闘単位として戦うわけではなく、他の武士の隊とともに、矢印のように兵種ごとに再編成される。

※「着到定書」にある「歩者」ではなく「徒歩武者」のこと。

18

持鑓と長柄鑓

戦国時代の主要武器である「鑓」。それは侍が使用するものと、足軽が使用するものの二つの種類が存在した。そして両者は全く違う武器だったのである。

持鑓と長柄鑓
鎌倉時代末に発生し、南北朝時代から使用頻度が増え始めた鑓は、戦国時代に戦場の主役へと躍り出た。鑓は武士の使う持鑓と、足軽が大量に用いた数鑓（その中で特に、長大なものが長柄鑓［長柄］）の二つに大別できた。
長柄
およそ二間半～三間（約4.5～5.5m）程度が一般的
持鑓
自弁の武器なので個体差があるが、九尺（約2.7m）以下がほとんど

長さ比較

長柄は大名家ごとに長さが規定されていた。多くが二間半～三間の間だったが、同じ大名家でも時期により増減した例もある。例えば後北条氏の長柄は二間半だったものが、天正十年（一五八二）に三間に伸びている。一方で天正十八年の対豊臣戦では二間と短くなった。前者は戦争の激化に、後者は大量に動員した練度不足の兵に対応したためであろう。

三間　二間半　二間

三間／二間／一間（約一・八メートル）

装備率

各大名家の兵種の比率を示した。どの大名家でも長柄が最も多く、上杉氏にいたっては6割を超えている。

武田氏

兵種	比率
長柄	58%
馬上	12%
大小旗	6%
手明	7%
鉄炮	7%
弓	10%

上杉氏

兵種	比率
長柄	65%
馬上	10%
大小旗	7%
手明	12%
鉄炮	6%

後北条氏

兵種	比率
長柄	38.5%
馬上	32%
大小旗	7.7%
手明	16%
鉄炮	3.2%
弓	2.6%

第二章12項で述べたように、鑓は、鎌倉時代の末期に登場し、南北朝時代を経て、応仁の乱の頃にはすでにポピュラーな武器となっていた。

それでも、応仁の乱以降に描かれた『結城合戦絵詞』では、鑓も薙刀もほぼ同数が描かれているなど、けっして戦場の主役とまではなっていなかった。しかし、戦国時代も十六世紀半ば以降になると、鑓は数の上では武器の主役になる。

例えば、軍役人数と装備規定を記した文書が良く残っている武田氏の場合、長刀（薙刀）は、「一手役人」と呼ばれる限られた指揮官クラスにしか使用が許されず、[*1]個々の武士は持鑓を、足軽の過半は長柄（あるいは長柄鑓）と称された長槍を装備としていた。これに関しては、軍役の規定から装備の比率がわかる同時期の後北条氏や上杉氏もほぼ同じだ。[*2]

また当時の軍事用語にも「鑓を合わせる（近接戦闘、あるいは本格的な戦闘を行う）」、「横鑓（側撃）」、「鑓下（不利な状況）」といった鑓を使った言葉が登場する。

鑓は、武士が持つ「持鑓」と足軽・雑兵が持つ、「数鑓」と総称されるものに大きく分類される。

持鑓は、柄が樫などの硬い木で作られ、刀身部（穂・実）の長さが三〇センチ前後。さらにそれより刀身の長い大身鑓と呼ばれるものもあった。基本的には刺突武器であ

＊1＝平山優「武田氏の知行役と軍制」『戦国大名武田氏の権力と支配』、西股総生『戦国の軍隊』。　＊2＝上の円グラフも参照。武田氏は永禄４年（1561）～天正６年（1578）までの着到状の集計、後北条氏は天正５年（1577）の岩付衆の軍役、上杉氏は天正３年（1575）の軍役帳をもとにしている。

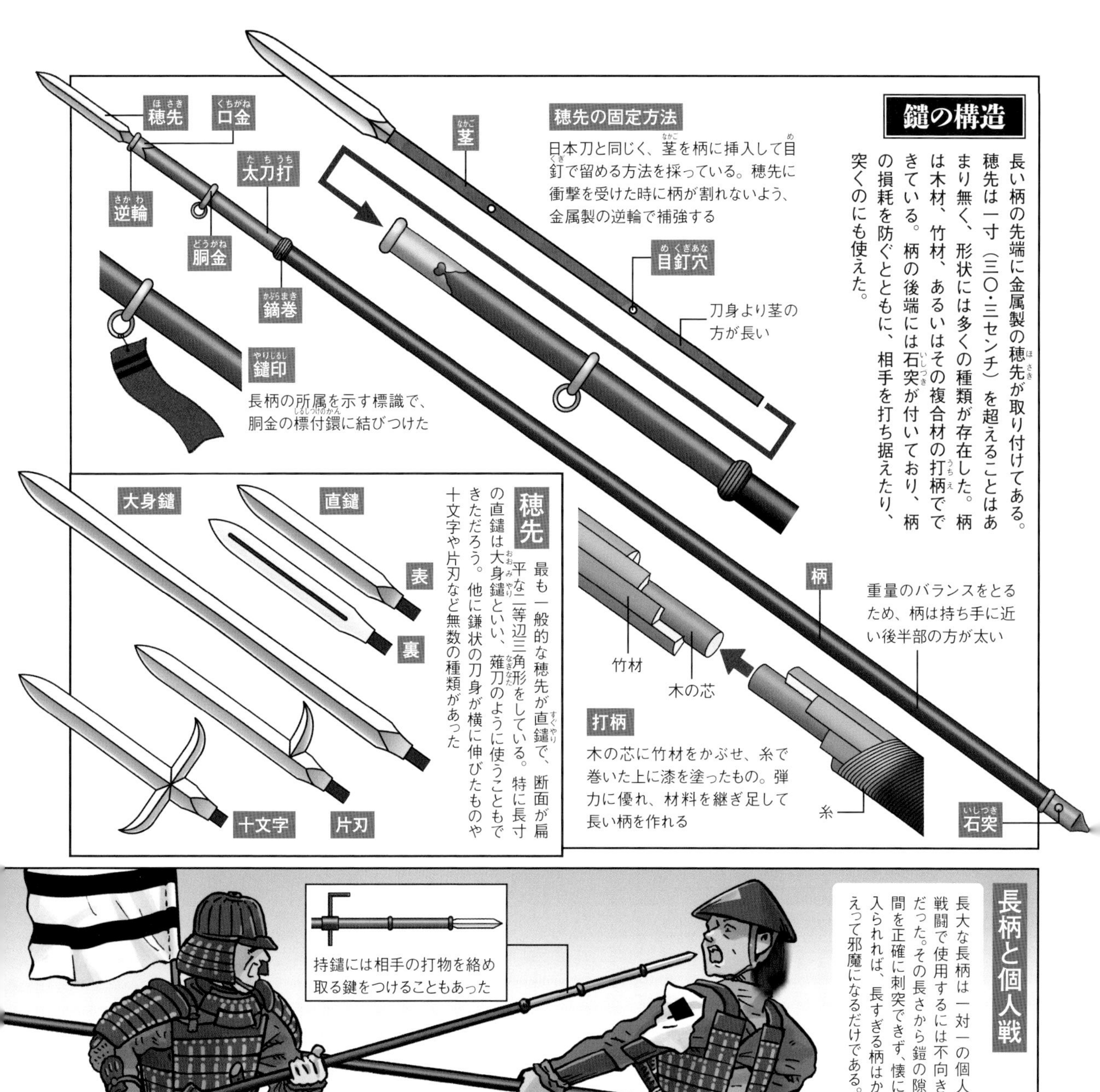

鑓の構造
長い柄の先端に金属製の穂先が取り付けてある。穂先は一寸（三〇・三センチ）を超えることはあまり無く、形状には多くの種類が存在した。柄は木材、竹材、あるいはその複合材の打柄でできている。柄の後端には石突が付いており、柄の損耗を防ぐとともに、相手を打ち据えたり、突くのにも使えた。
穂先
口金
逆輪
太刀打
胴金
鏑巻
鑓印
長柄の所属を示す標識で、胴金の標付鐶に結びつけた
穂先の固定方法
日本刀と同じく、茎を柄に挿入して目釘で留める方法を採っている。穂先に衝撃を受けた時に柄が割れないよう、金属製の逆輪で補強する
茎
目釘穴
刀身より茎の方が長い
柄
重量のバランスをとるため、柄は持ち手に近い後半部の方が太い
竹材
木の芯
打柄
木の芯に竹材をかぶせ、糸で巻いた上に漆を塗ったもの。弾力に優れ、材料を継ぎ足して長い柄を作れる
糸
石突
穂先
最も一般的な穂先が直鑓で、断面が扁平な二等辺三角形をしている。特に長寸の直鑓は大身鑓といい、薙刀のように使うこともできただろう。他に鎌状の刀身が横に伸びたものや十文字や片刃など無数の種類があった
大身鑓
直鑓
表
裏
十文字
片刃
長柄と個人戦
長大な長柄は一対一の個人戦闘で使用するには不向きだった。その長さから鎧の隙間を正確に刺突できず、懐に入られれば、長すぎる柄はかえって邪魔になるだけである。
持鑓には相手の打物を絡め取る鍵をつけることもあった

るが、固い柄や、柄の後端部を保護する石突を使用して、打撃や打突にも使用できるうえ、大身鑓や鎌鑓、十文字鑓ならば斬撃効果も発揮できた。職業戦士である武士が使用するにふさわしい、多彩な技を繰り出せる武器なのである。

一方、数鑓は、定まった形式は無く、下級武士、足軽、雑兵等が使用するものだ。そのうち柄の極端に長い物が「長柄（鑓）」と称される。ただし、長柄もとくに決まった長さはなく、二間半（約四・五メートル）から三間（約五・五メートル）が多いようである。*3

長柄は、穂が一五センチ前後で、木柄や竹柄*4もあったが、木の芯材を割り竹で覆い、麻糸と漆で固定した「打柄」が多い。単一素材で長大な柄を作ることは材料入手の点から難しいからだ。

打柄の長柄は、その長さと構造が相まって良く撓り、穂も短いので、精密な刺突は難しい。その反面、長大な柄と、良く撓るという性質を活かして、穂先を打ちつけるといった打撃には適している。長柄は刺突も可能な打撃武器なのである。

さて、前時代に比べて飛躍的に普及した鑓だが、その理由はどこにあったのだろうか。

まず、生産技術という視点で考えてみたい。

単純なことだが、鑓は長刀よりも製造が難しくない。というのも、長刀にしても日本刀にしても、焼き入れ時に刃側と棟側の

＊3＝上杉氏、武田氏、徳川氏、織田氏とも三間。『信長公記』には三間半の長柄鑓が登場するが、これは藤本正行氏が指摘しているように特別な装備だった可能性が高い。
＊4＝竹柄は割れやすく滑りやすいので、禁止されることが多かったようだが、材料が入手しやすいので大量動員の際は装備規定を緩めて使用させることもあった。

鑓衾

長柄の最も効果的な使用方法が、穂先を揃えた横隊―槍衾―を組ませることである。武士階級のような練達の個人技能は必要なく、号令に合わせて進退し、鑓を突き出すだけで十分だった。長柄によって足軽のような非戦士階級でも短時間で戦力化することが可能となったのだ。

武田の長柄足軽

穴山信君が被官の佐野文左衛門に宛てた軍役状から、武田の長柄足軽の姿を推定した。この軍役では、足軽にまで兜と喉輪、手蓋(籠手)の着用を求めており、長柄足軽がここまで重装備だった例は珍しい。また、指物と兜の立物を統一するとの文言がある。足軽に密集隊形を組ませ、それを指揮統制するには遠目にも目立つ揃いの「制服」が必要だったのだ。また集団で同じ格好をすることは、戦意を維持する上でも有効であったはずだ。

鍬形
兜
喉輪
籠手
指物
腹巻/胴丸

足軽の兜

武田家は足軽にまで兜の着用を求めたが、遺物が少なく具体的な形は不明である。ここでは鉢も含めて全体が練革製の極めて簡素な兜とした

膠水に浸して打ち固めた皮を2、3枚重ね、型で押し出している

温度を変えて、截断に適した「反り」を形成するという、極めて高度な技術が必要とされるからだ。刀身部が真っ直ぐな鑓(とくに穂の短い一般的なもの)は、そうした工夫は必要ない。*5 長刀よりも――比較の問題だが――大量生産に向いているといえよう。加えて、打柄ならば、部材を組み合わせて使用できるので、材料供給といった点で大量生産向きだ。

　では、戦技や戦術にかかわる部分ではどうであろうか。

　武士が鑓を主用するようになった理由は実はよくわかっていない。供給されやすいという生産性が理由であろうか。ただし、小札を綴り合わせた日本の甲冑は、刺突兵器に対して脆弱だし、室町末期からは使用される革が薄くなっていることや、伊予札の使用により、刺突に対する防御力がさらに低下していることは注意すべき点であろう。

　南北朝時代から戦場の主役となった打物騎兵と、大量生産*6による甲冑の防御力の低下の両者が、武士にとって鑓(持鑓)を主要な武器としたのかもしれない。

　一方の長柄は、個人で使うには意味がない存在であった。敵の行動を障害物で制約するという一定の条件がなければ刺突は困難だし、また打撃武器としては長すぎて、熟練した敵には簡単に死角である懐に入り込まれてしまう等々の欠点が

＊5＝ただし、鑓でも芯になる部分と刃になる部分の硬度と靭性を変えるために温度を変える必要はある。　＊6＝第三章15項参照。

長柄で叩く

長柄は長さと撓りを利用し、集団で息を合わせて叩くようにして使った。江戸時代初期成立の『雑兵物語』には、「穂先のそろいもうすように拍子を合せて、上鑓になるようたたきめされい」「敵の指物をたたき落すようしてよかるべい」とある。

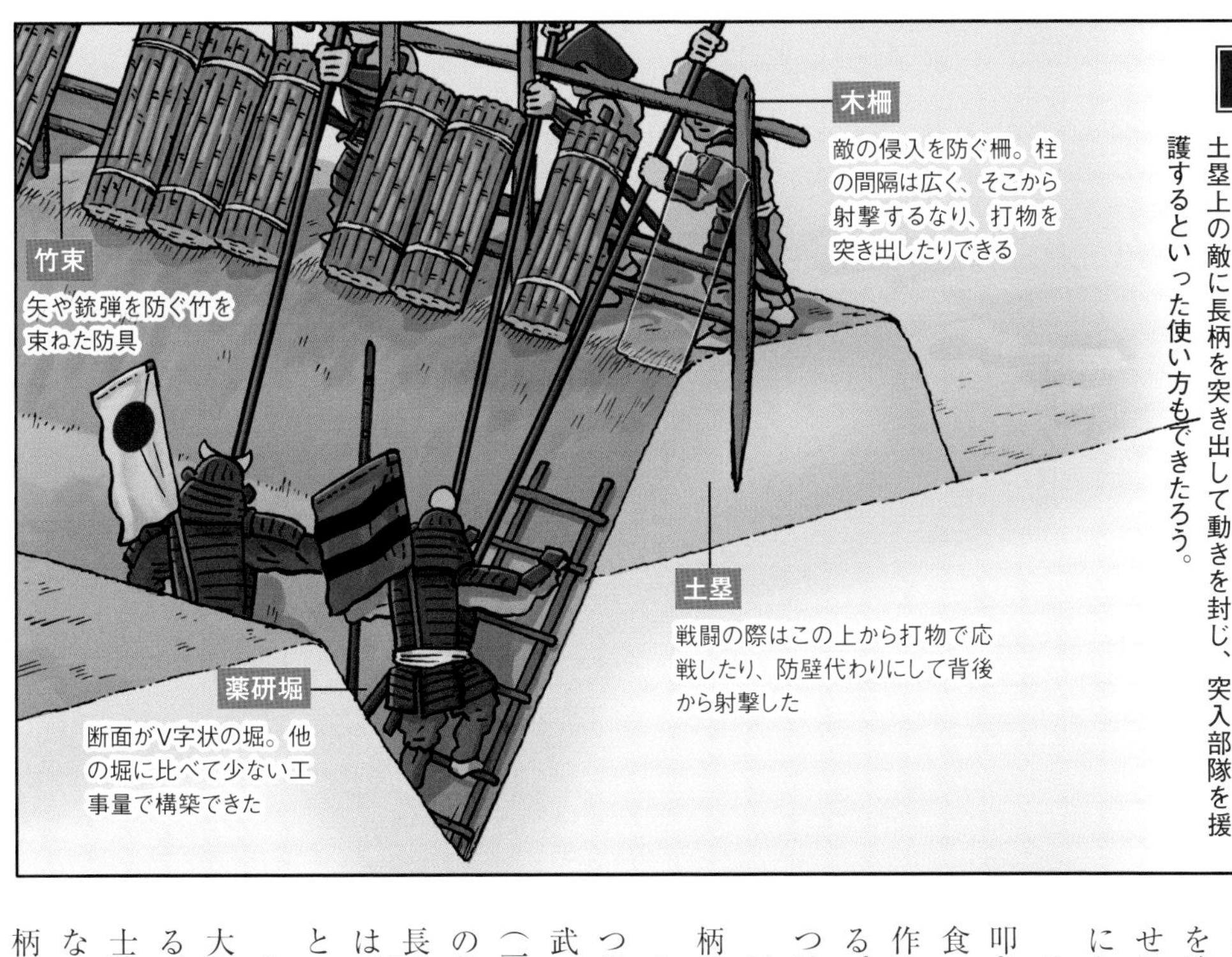

木柵
敵の侵入を防ぐ柵。柱の間隔は広く、そこから射撃するなり、打物を突き出したりできる
竹束
矢や銃弾を防ぐ竹を束ねた防具
土塁
戦闘の際はこの上から打物で応戦したり、防壁代わりにして背後から射撃した
薬研堀
断面がV字状の堀。他の堀に比べて少ない工事量で構築できた

城と長柄

野戦以外にも長柄が活躍する局面が城をめぐる戦いだった。前述の通り、長柄は正確な刺突が困難な武器である。しかし堀の底で身動きのとれない相手を上から突き下ろすのならば比較的容易だったろう。特に断面がV字状になる薬研堀は、底部で動き回ることが困難だ。逆に攻城側にとっては、土塁上の敵に長柄を突き出して動きを封じ、突入部隊を援護するといった使い方もできたろう。

存在した。

長柄は、野戦あるいは守城戦で集団使用して初めて意味をもつものなのである。一般的に戦意の低い非熟練兵（それは封建社会では非戦士階級を意味する）を戦力化するには、密集した隊形を組ませるのが心理面でも指揮統制の点でも理にかなっている。

そして長柄は、密集した隊形で相手を叩き、槍衾を形成して騎馬武者の突撃を食い止める。個々の兵士に求められる動作は「叩く」か「鑓を構える」だけである。非熟練兵を戦力にするには、うってつけの武器だったのである。

同じ鑓でも武士の持鑓と足軽の持つ長柄は全く違う武器だったのである。

もっとも、長柄のような長槍が、いつ出現したのかはわからない。史料では、武田氏の三間長柄鑓の登場が永禄十年（一五六七）、後北条氏の二間半の長柄鑓の登場が元亀二年（一五七一）、そして『信長公記』に三間半の長柄鑓が描かれるのは天文二十二年（一五五三）の斎藤道三との会見においてだ。

そう、戦国後半期、大規模化した戦国大名の戦争が熾烈化していた時期である。彼ら戦国大名は、必死の思いで非武士階級の戦力化に取り組まなければならなかったのである。その意味において長柄とは革命的な武器だったのだ。

19 備の誕生

集まった軍勢を、所持する武器ごとに再編成した兵種別の隊から成る「備」。その成立の背景を戦国大名の領国統治構造から、そして、その運用を武器から考える。

分国の構造

「備」を解説する前に、戦国大名の分国について説明しよう。分国は一枚岩の体制ではなく、大名を頂点としてその一門、直臣、分国内の独立領主である国衆が存在していた。そしてそれぞれが規模の違う部隊を保有しており、大名の軍勢とはこうした不揃いの小部隊の集合体だった。

行軍

各所領から出発した部隊は段階的に集合し、「備」を編成する。イラストは行軍する備で、前方から旗、鉄炮、弓、長柄、武士と並んでいる。旗を除き、戦闘時にはこの順に前から展開する

江戸時代の大名行列を基に戦国〜安土桃山期の行軍隊形を想像を交えて描いたものだが、実際はもっと雑然とした隊列だったかもしれない

戦国大名の軍隊、とくに戦国大名領国が巨大化した戦国後半期の軍隊は、「備」あるいは「一手」と呼ばれる部隊が戦闘の基本単位となる。本項では、「集団で使用してこそ威力がある」と前項で述べた長柄（鑓）の解説を受けて、その集団――正しくは組織――である備について述べていこう。

備は簡単に述べると、侍の隊（組・衆）を中心として、長柄、弓、鉄炮、幡旗さらには補給隊である荷駄という各兵種別に編成された隊から成る。現在言うところの「諸兵種協同部隊」である。また備は、大名領国の拡大にともない、指揮下に複数の備を持つようにもなった。

さて、戦国大名軍隊の編成の基本単位となる備だが、それが成り立つ前提には「寄子寄親制」という戦国大名特有の家臣団編制が存在した。

戦国大名の〝国家〟、すなわち分国は、一門（親族）、直臣からなる家中と、独立排他的な支配地（領）を持つ国衆から成り立っている。そしてその国家を構成する武士（領主）たちは、家中であろうと国衆であろうと、それぞれ出自や所領の大きさ、大名当主との関係が異なる。戦国大名領国の構造が、「モザイク状」と言われる所以である。

こうした複雑な家臣団を纏め、首尾一貫した指揮命令系統を確立させる仕組みが、重臣や、国衆を含めた大身家臣の下に小身

寄子寄親制（よりこよりおや）

大名の下に大小様々な部隊が並列する事態を解決するため「寄子寄親制」が取られた。大身の武士の下に小身の武士を配属し、指揮系統を合理化するのである。

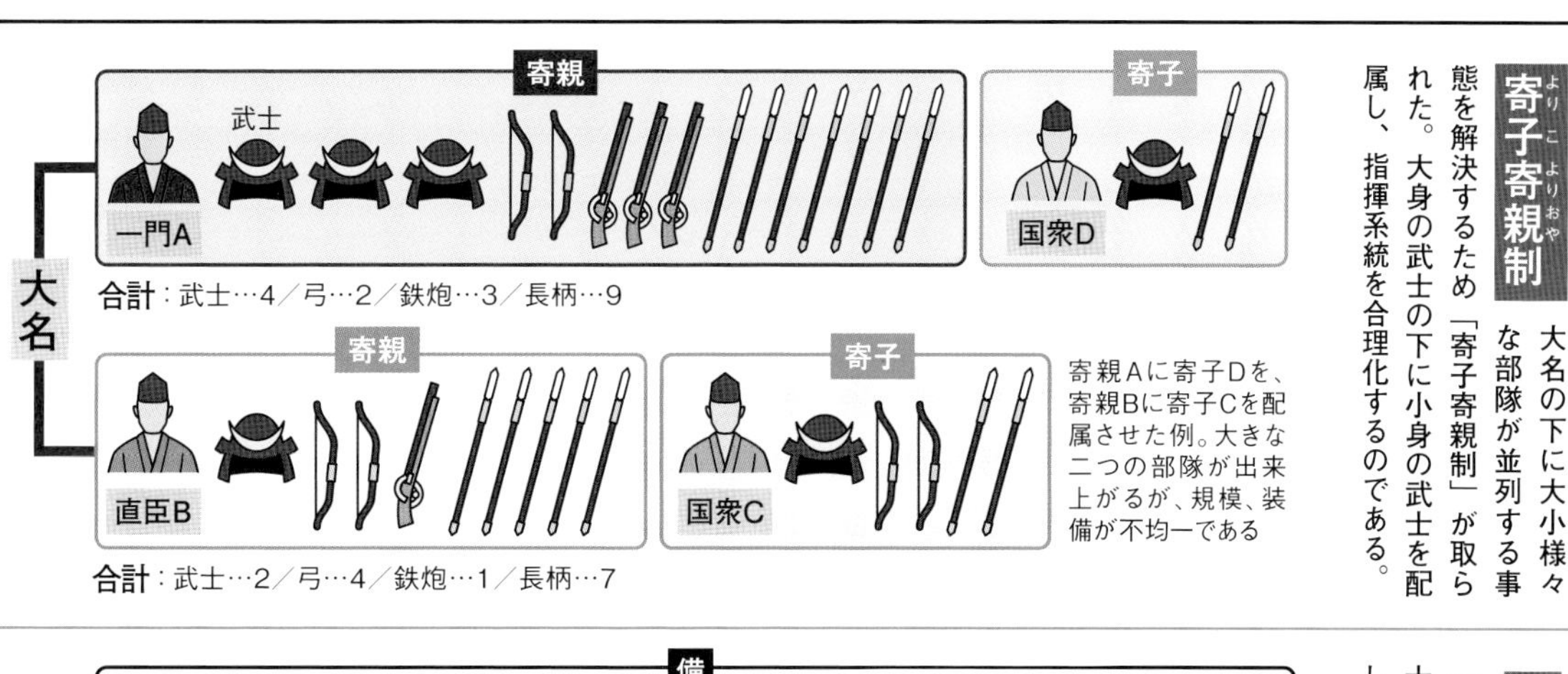

寄親Aに寄子Dを、寄親Bに寄子Cを配属させた例。大きな二つの部隊が出来上がるが、規模、装備が不均一である

兵種別編成

「寄子寄親制」であっても、部隊の不均一さの解消はできない。そこで各有力武士が引き連れてきた部隊を兵種別に分解し再編成する方法が取られた。

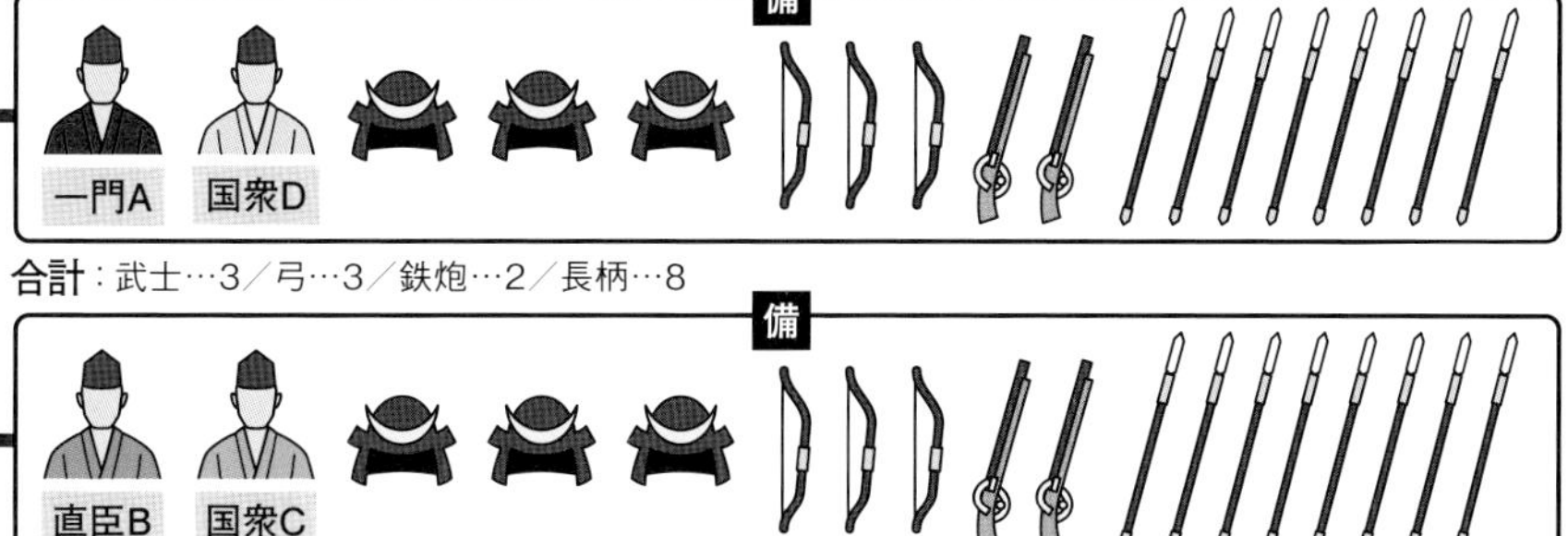

兵種ごとに二つの備に再編成した例。規模、装備共に均一な二つの部隊になっている ※実際は多少の不均一さはある

の家臣を配属させる「寄子寄親制」だ。

寄子と寄親という言葉は、室町時代頃から登場し、当時は、主従関係に無い武士同士が、その身代（しんだい）（勢力）の大きさによって庇護—従属という関係を結ぶことであった。同時代的には、武士のイエが、従来の惣領を中心とした血縁関係から拡大して地縁関係をも包摂するものになってゆくのだが（これが戦国時代の「家中」になる）、戦国大名の寄子寄親制は、こうした時代の流れのなかで生まれたのであろう。

この結果、複雑な統治構造であっても、大名当主は——すくなくとも理論の上では——ピラミッド型の指揮系統を創ることができた。

しかしながら、分国が巨大化し、それに比して軍隊も大きくなると、寄子寄親制の軍隊では有効に指揮運用ができなくなってきた。何故なら、被官も国衆も、それぞれ所領規模に違いがあり、引き連れてくる人数もまちまちだからだ。少人数ならともかく、軍隊の規模が大きくなるにしたがい動かし難くなる。

ここで、被官・国衆たちが率いてきた者を、その所持する武器別に再編成し、均質な——とはいえ近代軍には比べるべくもないが——部隊を作る必要が生まれる。これが、大名当主や寄親を指揮官とした兵種別編成による部隊、すなわち「備」である。戦闘に際して部隊を兵種別に再編すること

備の配置　備は分国に一つではなく、いくつも存在していた。後北条氏は六〇個ほどの備を保有していたと言われる。合戦では、備を左右に並べて大きな横長の陣形を作り、さらにそれが前後に並び全体の陣形を構成する。後述する射撃部隊の散開、部隊の前後移動を考えると、左右の備はある程度の間隔を開けていた考えられる。

備

イラストは戦闘隊形をとる備を模式的に描いたもの。備はまず前方の先手（さきて）と、後方の旗本から成っている。それぞれ前方から弓・鉄炮隊、長柄の横隊、馬上の武士の集団の順に並んでおり、これはそのまま戦闘に参加する順番である。備の後方には旗と荷駄（にだ）が控えている。長柄の位置は時代により変化したとみられており、鉄炮が普及すると数が減少し、防御的な役割を担って武士の集団の後方に下げられた。ただし備という編成は臨時のものであり、当時の状況によってかなりフレキシブルに変化したと思われる（そもそも社会制度上、近代軍隊のような厳密な編成はとれない）。

は、すでに南北朝時代[*1]から行われている。

とはいえ、本来、個々の武士が引き連れてきた人員は、その武士の私有財産ではないのか。そうした私有財産を大名権力が容易に引き離すことが可能なのかどうか、という問題がある。

重要なのは、戦国時代の軍隊の下級将兵は、武士にせよ足軽にせよ、かなりの数が傭兵的な存在であったことである[*2]。南北朝時代の軍勢にも多数の傭兵的な存在がいたことを想起していただきたい。

加えて軍役（ぐんやく）は所領の規模によって賦課されるが、分国が拡大すると所領は散在し、大名の代官が管理するようになる。個々の武士にとっては多くの場合、散在所領はなんの所縁（ゆかり）もない土地だった。

つまり、それぞれの武士には、引き連れて来る将兵（武士も足軽も含まれる）に対し、ごく限られた譜代の家人や一族以外は、私有財産とはいえ、鎌倉時代の武士と郎等の関係のような骨肉の情愛などなかったであろう[*3]。

さらに兵種別の編成は「備を立てる」という言葉があるように、戦いにおいてその都度組み合わせる臨機のものであった[*4]。例えば、兵種別編成の例として有名な、後北条氏の岩付（いわつき）衆の編成を記した「天正五年（一五七七）七月十三日付北条家朱印状」には、「但し今度の陣一廻（いっかい）の定め」とある。また、これは近世初頭の例ではある

＊1＝第二章7項を参照。　＊2＝第四章16項、第四章17項を参照。　＊3＝むろん原則論である。戦争の度に雇用されたとしても、同一人物が同じ武士に雇われることもあっただろう。　＊4＝したがって――やや衒学的なもの言いだが――大名のみがその関係を解消する権限を持つ、恒常的な存在である寄子寄親の関係は編「制」、合戦毎に組み合わされる臨機な存在である備は編「成」という言葉を使用したほうが適切だろう。

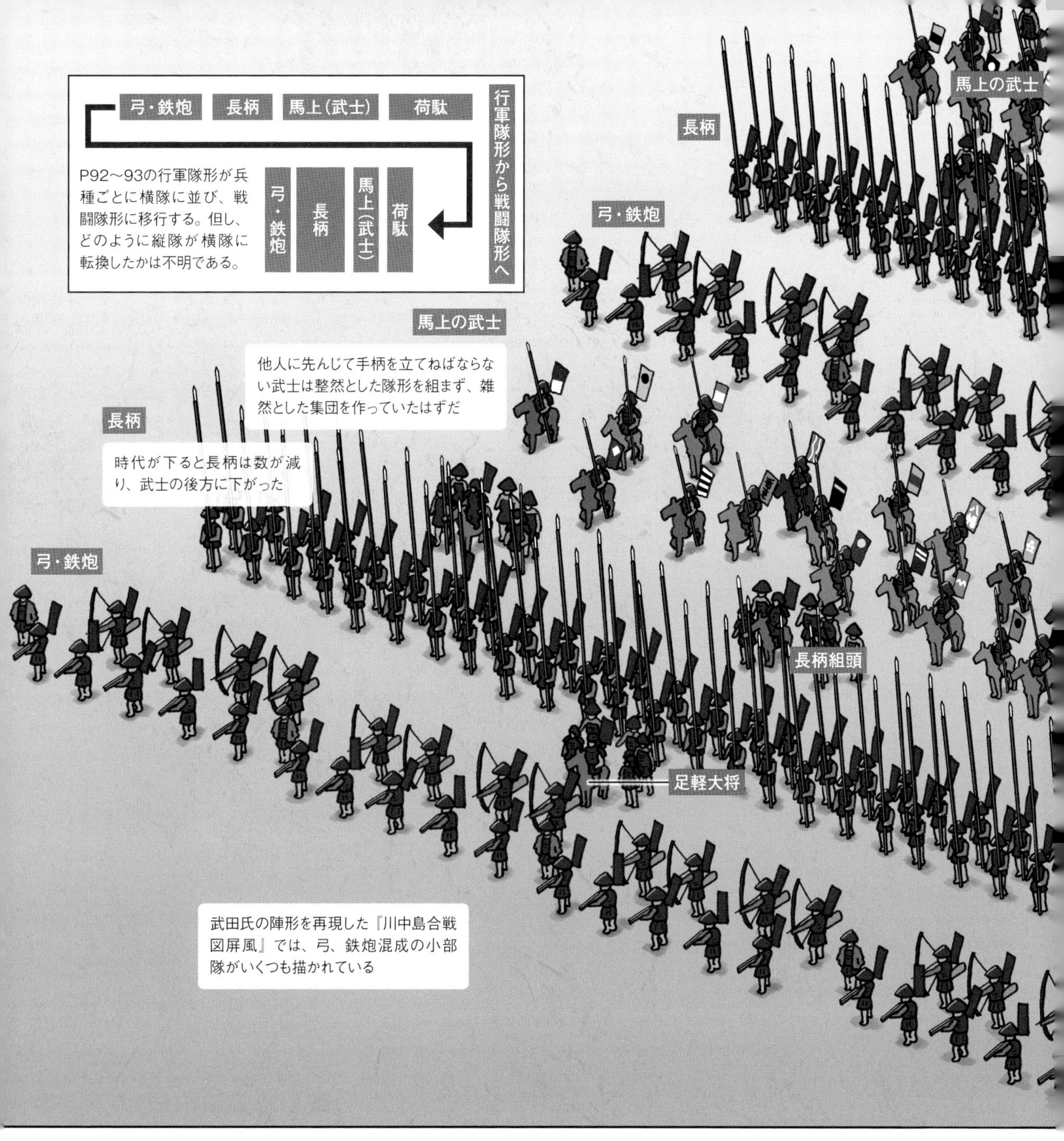

行軍隊形から戦闘隊形へ
弓・鉄炮
長柄
馬上（武士）
荷駄
弓・鉄炮
長柄
馬上（武士）
荷駄
P92〜93の行軍隊形が兵種ごとに横隊に並び、戦闘隊形に移行する。但し、どのように縦隊が横隊に転換したかは不明である。
馬上の武士
長柄
弓・鉄炮
馬上の武士
他人に先んじて手柄を立てねばならない武士は整然とした隊形を組まず、雑然とした集団を作っていたはずだ
長柄
時代が下ると長柄は数が減り、武士の後方に下がった
弓・鉄炮
長柄組頭
足軽大将
武田氏の陣形を再現した『川中島合戦図屏風』では、弓、鉄炮混成の小部隊がいくつも描かれている

が、大坂の陣での藤堂勢は、冬の陣と夏の陣に鉄炮隊の編成を組み替えている。

とはいえ、備を構成する各隊は、均質であってもお互いに見ず知らずの将兵が多数含まれており、精神的結合という点から見れば、戦う組織として憂慮する状態ではある。こうしたものを、なぜ戦国大名は組織したのであろうか。これは、当時の戦い方や軍隊の構成、使用する兵器の視点から説明できる。

足軽は基本的に、非戦士階級である以上、各個の戦闘能力は期待されておらず、密集隊形で運用される。密集させて指揮官の号令に従わせれば、組織の枠組みとして物理的に「結合」させることができる。そして彼らが使うのは、長柄、弓、鉄炮と、集団で使用すると威力を発揮する武器である。

一方の武士は、逆に個人の戦闘能力を期待されるし、彼らの士気の源泉は、首を取るなどして恩賞をもらうことだから、最低限のチームワークさえあれば良いし、それはミクロでは個々のイエ、マクロでは——薄いものだが——家中という意識で支えられている。[*5] 近代軍のような全軍にわたる「エスプリ・ド・コール（団結心）」以前の軍隊だったと考えたほうが自然だ。[*6]

むしろ、兵種別編成とすることで、それぞれの武器の利点を集中させたほうがよ

＊5＝このため、直臣が連れてきた陪臣（又被官）としての武士は、従者ともども直臣から切り離されなかったと考えられる。＊6＝戦国末期から近世初頭へかけての武装の統一化には、団結心の涵養という面が存在したのであろう。また、織田信長の馬廻衆や徳川家康の旗本先手衆等、城下に集住した部隊には現代的な意味での団結心が存在したと想像できる。

小頭

足軽の用いる弓、鉄炮、長柄は集団で用いてこそ威力のある武器であり、使用の際には取りまとめ役が必要であった。それが小頭、組頭と呼ばれる者たちで、現在の軍隊の下士官にあたる。彼らは行軍、戦闘時において足軽たちの監督、統率を行った。想像ではあるが、足軽たちの中から特に経験が長く、かつ部下の統率に長けた者が選ばれたのであろう。

陣形の維持

足軽たちが自発的に隊列を組めるとは思えず、彼らを整列させ、維持するのは小頭の仕事だったろう。また行軍隊形から戦闘隊形への転換は、彼らのような監督役なくしては不可能だったはずだ。

指揮

長柄を振り下ろすタイミング、鉄炮の射撃・装填作業の監督なども小頭の仕事であったろう。特に鉄炮は火薬、火縄の管理など繊細な作業を要するので、ベテランの監督役は不可欠だったろう。

武田の一手役人

武田家には部隊指揮官として「一手役人」と呼ばれる役職が存在した。面白いことに「一手役人弧之他長刀禁制之事」との文書があり、武器を長刀に限定していた事がわかる。これは身分標識としての機能の他に、「敵前逃亡者を処罰するため」という理由が西股総生氏により指摘されている。彼らは隊列の後ろで目を光らせ、逃亡者が出た場合は切り捨てるのだ。その際見た目にも恐ろしい薙刀は威圧効果があったろう。織田家にも「軍勢甲乙人、妄りに高声し、或いは行軍の序次を失う者は、これを斬るべし」との文書があり、軍規違反者の処刑はありふれたものであったと思われる。

装備を赤で統一した「赤備」で有名な武田氏小幡党の一手役人を想定した

り有利に戦えるという、南北朝時代以来の経験則と思考がそこには存在していたはずだ。では、備の運用の基本はどうであったのだろうか。ここからは武器を視点に考えてみよう。

足軽が使用する武器は、先に述べたように長柄、弓、鉄炮だが、これらの武器を装備する隊(組)には機動して敵を打撃する能力はない。むしろ期待されるのは移動する障壁として敵の機動を掣肘し拘束する役目である、一方、鑓などを持って馬上か徒歩かを問わず近接戦闘を交える武士の隊は、機動打撃部隊である。

つまり、戦術の基本原則の一つである「拘束と打撃」が可能な単位が備であるといえよう。そしてそれを可能とする社会背景と武器が揃ったからこそ、戦国後半期に備は戦国大名軍隊の基本となるのである。

しかし、それはあくまで武士を軍の主兵とし、彼らの突撃を奏功させるために、他の兵種を協同させるものであった。つまり、どの兵種の能力が低くても全体の戦力に影響が出てしまう部隊の組み立てではなく、あくまでも武士の隊の強いか弱いかが全体の戦力を決定するのである。したがって平等な諸兵種の連合ではなく、諸兵種協同といえるのだ。

一見、近代的に見える備は、あくまで、武士の武士による武士のための部隊だったのである。

拘束と機動

射撃戦が終わった後、鉄炮、弓部隊は左右に分かれ、長柄が前進して突き合いとなる。この一連の流れは戦術の原則である「拘束と機動」の「拘束」にあたる部分だ。前述の通り鉄炮の装備率が増加すると長柄は減少し、備における位置も武士の後方に下げられた。射撃部隊の散開と長柄の前進という流れは省略され、射撃から直接武士による戦闘に移った。

突撃

「拘束と打撃」の「打撃」を司るのが武士たちである。射撃と突き出される長柄によって敵の動きを拘束する間、武士による突撃が行われる。この突撃で敵の陣形を突き崩し、また指揮官を務める有力武士を殺傷し戦闘の勝敗を決する。戦闘において真っ先に敵陣に突入することは「一番槍」と呼ばれ、武士にとって最大の名誉とされていた。無論非常に危険で、戦意旺盛な武士にだけ可能な行為であった。

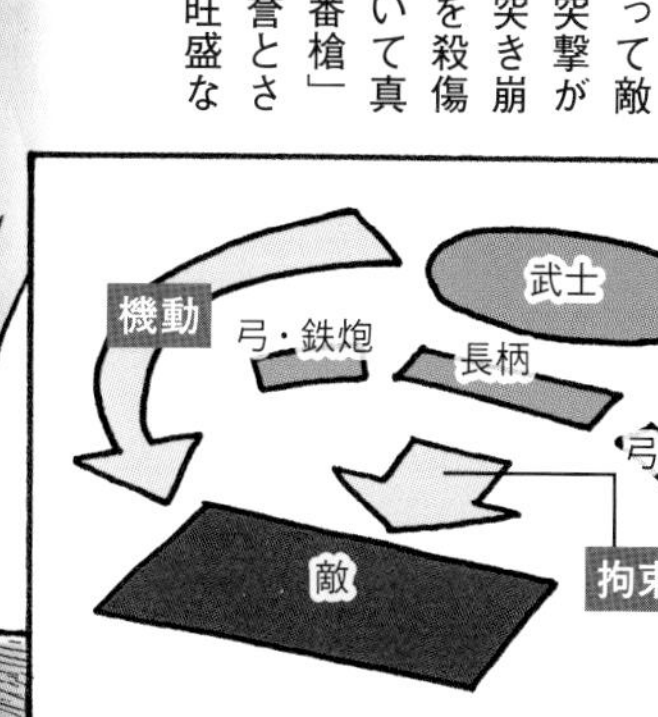

さらにまた、敵を拘束するためにもっとも威力のある武器はなにか。そう考えたときに、重視されるのが鉄炮であった。鉄炮は、これまでと比較にならない距離で敵の行動を拘束でき、さらにはその殺傷効果で、敵の各級指揮官を殺害するなどして、部隊行動を麻痺させることもできた。こうして戦国末期から近世初頭にかけて長柄はその数を減らし、それに替わり、鉄炮が数を増やしてゆくのである。

馬の口取り

戦国期以降の武士は下馬して戦う傾向にあり、敵の追撃、または首を取った報告の際は、後方にいた口取りに自分の馬を持ってこさせた。

20 鉄炮登場

遠くヨーロッパから伝来した鉄炮。戦国の日本に瞬く間に普及したこの新兵器は、どのように使われたのか。

武士による鉄炮の利用

普及当初の鉄炮は火薬も含めて高価な武器であった。したがって鉄炮は、ある程度富裕な武士の個人所有に限られ、主な使用法は敵部隊指揮官に対する狙撃であったろう。その際、鉄炮の持つ高い殺傷力は大きな利点であった。

鉄炮の構造

日本に伝来した火縄銃はマラッカ式と呼ばれる形式で、西洋の銃と違い、肩に当てる後床（ストック）が無い。銃身にはライフリングが無く、後端に点火薬を盛る火皿がつく。清掃の際に便利なよう、銃身底部の尾栓（びせん）がネジになっていた。

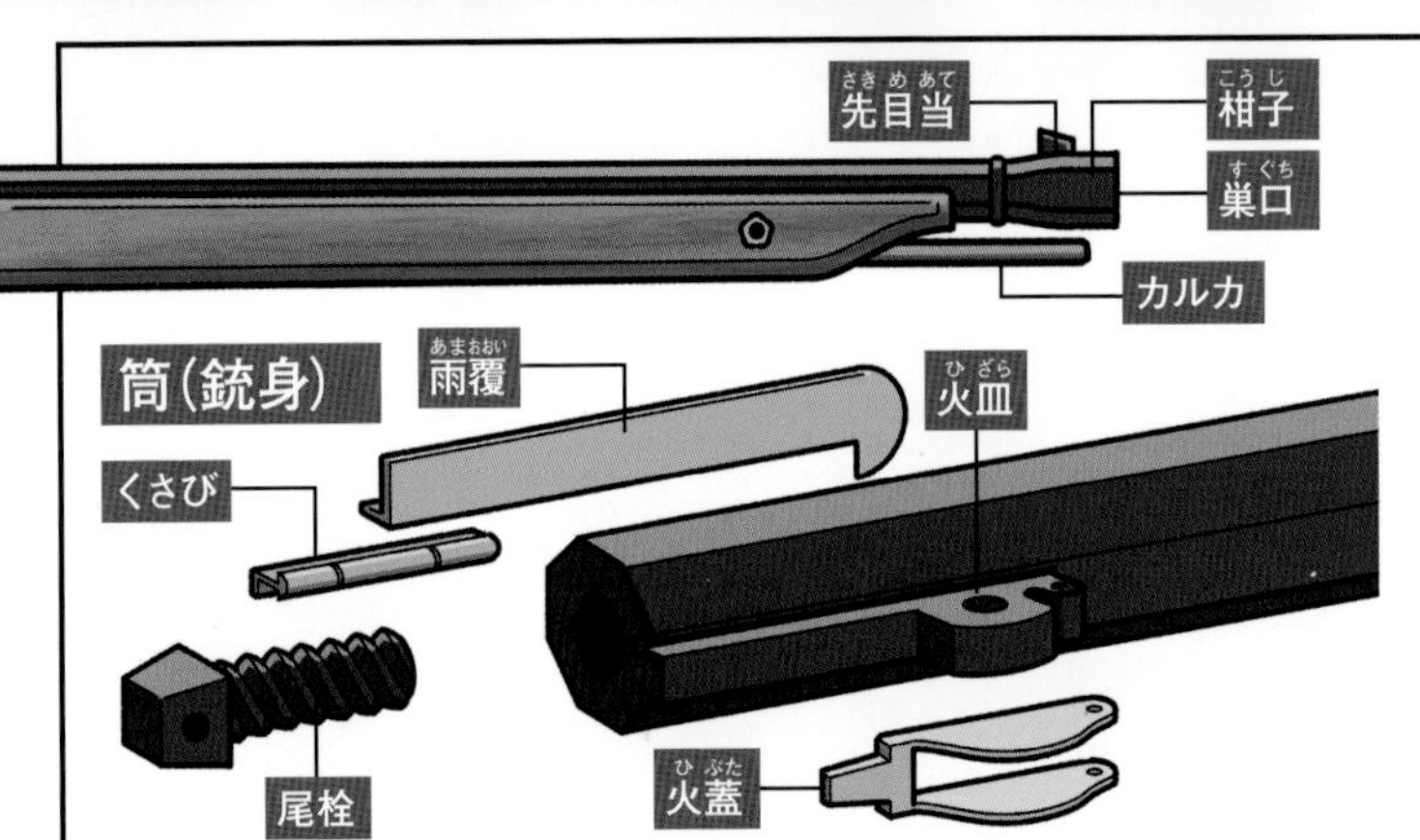

カラクリの仕組み

火縄を火皿に落とす機構をカラクリと呼ぶ。火挟みをバネ（弾き金）が動かすのがマラッカ式の特徴で、西洋銃は引き金を引く指の力が直接火挟みを動かす。

盗人金（ぬすっとかね）
押え金
火挟み
引き金
火蓋
弾き金
火皿
カニの目

❶引き金を引くと盗人金が動き、火挟みを押さえていたカニの目が引っ込む

❷火挟みを弾き金が押し、火縄が火皿に落ちる

天文（てんぶん）十二年（一五四三）前後に、種子島をはじめ、複数の経路で日本に伝来したとされるマッチロック式マスケット（火縄着火式滑腔銃（かっこうじゅう）*1）、すなわち「鉄炮」「種子島」は瞬く間に普及した。戦国大名は、この新兵器をこぞって導入し、足軽の武器として「鉄炮隊」を編成して使用するようになる。

技術的な視点でみれば、すでに戦国の日本には、この新来の武器を、装薬や伝火薬（でんかやく）の調合を含めて、大量に製造できる下地が整っていたのである。もっとも火薬に必要な硝石（しょうせき）は、土硝法（どしょうほう）*2の技術が未発達で、多くは輸入に頼っていた。このため南蛮交易ルートを持たない東国や東北の大名たちは、西国や日本海側の大名に対して火薬の調達に不利ではあった*3。

ともあれ、鉄炮が求められた大きな理由は、当然のことながら武器としての殺傷力の高さと射程の長さにあった。

日本で使用された火縄銃は、ヨーロッパでは狩猟用、または船載用だという。このため地上で使用する軍用銃よりも軽量で、狩猟用というところから命中率にも優れていた。

いうまでもなく、日本国内での生産が増えるまで鉄炮は高価であった。したがって、鉄炮は裕福な武士、あるいは何らかの理由で鉄炮の使用にこだわる武士でなければ、購入しなかったはずだ。

＊1＝銃身の内側に施条（ライフリング）が切られていない銃のこと。＊2＝人工的に硝酸カリウムを作る方法で、地面に穴を掘り、動物の糞尿と草、土を混ぜて、糞尿の硝酸アンモニウムと土中の炭酸カリウムを反応させて結晶化する方法。＊3＝例えば、武田氏は軍役において鉄炮を重視しているが、弾薬の補充に苦慮しているのが文書から窺える。

当事の火縄銃は黒色火薬を使用するので、射撃すると銃口と火皿から大量の煙が吹き出す。銃は使用時以外は従者に持たせておく

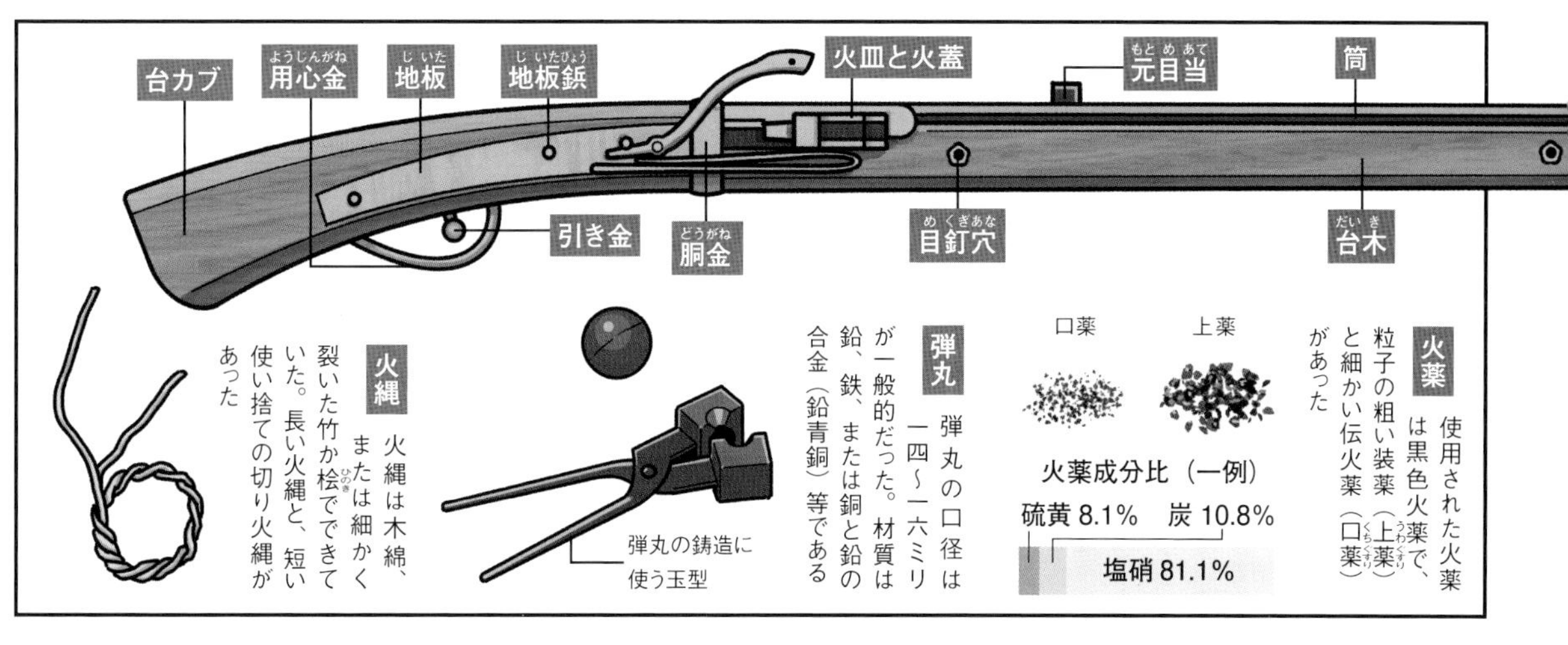

装填方法

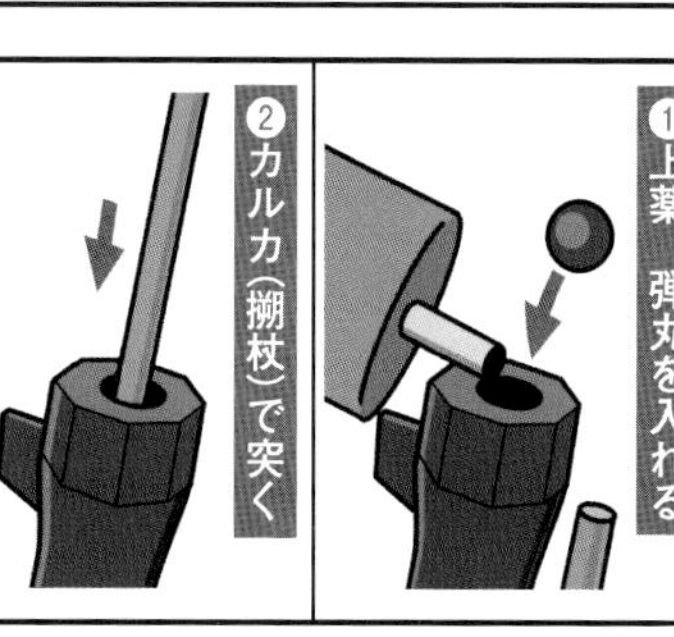

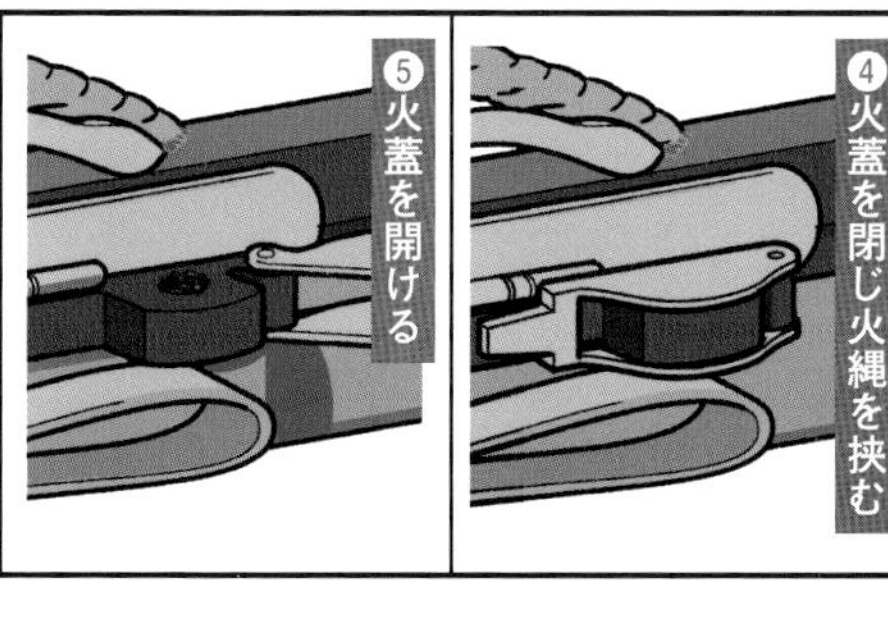

おそらく、弓矢に代わる武器として鉄炮を求め、さらに遍歴する武芸者、すなわち特殊技術を持った傭兵的武士が、その使用技術を伝えたと考えられる。当初鉄炮は、足軽が集団で運用する武器ではなく、敵を討ち取ることを功名とする武士が、敵を殺傷するために使用したものであった。

例えば、永禄十二年（一五六九）の毛利氏の例では、弓矢による戦闘と同じように射手（下級武士）がお互いに声をかけあって戦功の認定を行っている。*4 また、後の稲富流に代表される武士の射撃術が、様々な条件下で小さな的（一人の人間）に当てることを演練するのも、その証左であろう。

その一方で、鉄炮は数が増えるにしたがい、足軽たちの主要な武器になってゆく。鉄炮足軽と鉄炮衆（組）の編成である。鉄炮が足軽の武器として使用されるようになるのは、その扱いに弓よりは修練が必要ないという理由からであった。

強力な矢を正確に飛ばすためには、長期間の修練と、それ相応の体力が必要とされる弓に比べ、鉄炮は使用するための手順さえ覚えれば誰でも同じ威力を発揮できる。非武士階級を戦力化したい大名にとって、鉄炮は長柄鑓と同様な武器だったのだ。

こうして大量に足軽の武器として使用されるようになった鉄炮は、武士の持つそれとは自ずと違った運用がされた。殺傷効果よりも集団射撃によって、敵の戦闘行動を

*4＝木村忠夫「戦国期毛利氏の飛び道具」『戦場論下　近世成立期の大規模戦争』。

鉄炮の大量使用

日本では鉄炮伝来以前に弓矢の大量使用が行われており、鉄炮の普及率が上がれば自然と集団による一斉射撃を行うようになっただろう。しかし合戦ごとに兵士を武器別に再編成する当事の方法では統一的な訓練ができず、連続した一斉発射は難しかったはずだ。射撃部隊はそう大規模ではなく、最初の斉射の後はすぐ個々の継続した射撃をすることになったと思われる。

普通とは逆に打刀の刃を下に向ける「天神差」と呼ばれる差し方。しゃがんだ時に刀が地面につかえない

鉄炮の普及率

左図は、天正五年（一五七七）の後北条氏岩付衆と、元和（げんな）二年（一六一六）の福島氏の兵種割合のグラフである。比較すると岩付衆では三・二%にすぎなかった鉄炮の割合が、大坂の陣翌年の福島氏では一二%に増加している。武田氏が発行した軍役状でも三八～四五人前後につき一挺だった鉄炮が、長篠の戦い直後には八人につき一挺に増加した例があり、各大名が鉄炮の普及に注力した様子がうかがえる。

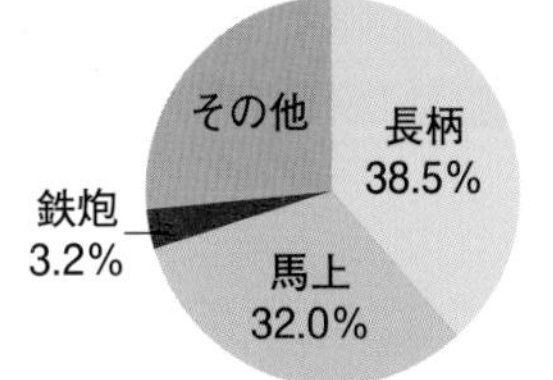

天正５年（1577）
後北条氏岩付衆の兵種割合

その他
長柄
45%
鉄炮
12%
武士
25%

元和２年（1616）
福島氏の兵種割合

鉄炮の命中率

当時の黒色火薬と現代の黒色火薬では品質が異なり、再現実験の数値はあてにならない。もっとも、密集陣形に対して射撃する場合、陣形のどこかに命中すればよいのである。

滑腔銃では弾道は安定せず、一発ごとに大きなばらつきが出る

横隊への射撃では現代のような正確な照準は必要なく、この横長の範囲に弾丸が当たれば良い

困難ならしめる――現代の軍事用語を使用すれば――「制圧効果」を狙っていたはずだ。

　というのも、ヨーロッパの軍用銃よりも命中率が高いとはいえ、しょせんは滑腔銃なのである。また、誰でもが使える武器とはいえ、鉄炮の命中率の向上には、火薬の調合から始まり、それなりの修練は必要である。もとより足軽にそうした長期の訓練は施せない。たしかに大名は、鉄炮足軽の練度向上に意を注いでいるが、*5おそらく鉄炮足軽の訓練は、操作手順を間違わずに行えることを主眼にしていたはずだ。

　また、ヨーロッパのように、鉄炮の発射速度と命中率の低さを補うための、一斉射撃を交互に行うという戦技も用いられなかったと考えられる。こちらは「操典」による画一的動作と、不断の集団訓練が必要だからだ。

　それでも、射手を交代させて発射速度を速くする方法は自然発生的に生まれたであろうし、ヨーロッパのような訓練を施されていないが故に、射撃のタイミングがバラバラな鉄炮衆は、却って間断なく射撃を継続することができた。こうして足軽の鉄炮は、敵を制圧し、武士の突撃の機会を創り出すために用いられたのである。相手を拘束するという意味では、長柄や足軽の弓と同じ役割を持つのだ。

　もっとも、集団射撃には指揮統制の困難

＊5＝比較的に史料が残っている武田氏の場合、ひと月に一度訓練するように命じた文書がある（平山優「武田氏の知行役と軍制」『戦国大名武田氏の権力と支配』）。

鉄炮足軽と小頭

足軽たちの取りまとめ役を小頭と呼んだ。特に鉄炮は装塡に複雑な手順を要し、事故が起きやすい性質上、小頭の役割は重要だった。左図は江戸時代成立の『雑兵物語』から模写した鉄炮足軽と小頭の姿である。小頭は他の足軽と区別するためか草摺と籠手の座盤が派手な色になっている。ただし戦国・安土桃山期の足軽の装備はもっと雑多だったはずだ。

小頭
小頭は鉄炮を所持せず、指揮棒と予備の火縄を持っている。竹製の指揮棒の内側にもう一本棒があり、これが鉄製カルカだろうか

足軽
革袋から鉄炮を取り出す足軽。江戸時代の大名行列では漆塗りの木製筒に銃を入れた。背中から伸びた棒は予備のカルカである

小頭の役割

弾丸・火薬の支給
弾丸・火薬は各自持つものだが、敵との距離が遠いうちは小頭から支給されたものを使う

火縄の管理
火縄の火が消えた場合、小頭が自分の持つ予備の切り火縄を手渡す

装塡作業の監督
弾丸が銃身内部につかえた場合、小頭が鉄製カルカで弾丸を押し込む

目標の指示
目標は一定の距離ごと（『雑兵物語』では一町（約一〇八メートル）ごと）に小頭が指示する

さがつきまとう。何しろ轟音と黒色火薬の盛大な発砲煙が辺りを覆うのだ。おそらくこうしたことから、鉄砲足軽隊の一個隊で一〇～三〇人程度だったと考えられる。*6 この程度の人数の組を複数集めて鉄炮衆を編成し、状況に合わせて分割ないしは集中して運用したのであろう。

武士の持つ鉄炮は、相手を殺傷する武器であったが、集団で使用される足軽の鉄炮は、現代ならば砲兵のような制圧兵器として運用され、年を経るにしたがい、その数を増やしていったのである。

軽装の鉄炮足軽
『長谷堂合戦図屏風』や、朝鮮出兵での順天城の戦いを描いた『征倭紀功図巻』には、甲冑の類を身につけない、ごく軽装の鉄炮足軽が描かれている。銃兵は遠距離で交戦することと甲冑の費用を考えれば、こうした姿の鉄炮足軽の方がむしろ一般的であったかもしれない。

＊6＝例を挙げると、後北条氏の場合、備（そなえ）の指揮官である下総衆の井田胤徳の直属鉄炮衆が20人（天正15年〈1587〉）。吉田新左衛門の鉄炮衆が20人（天正16年）。吉田和泉守の鉄炮衆が30人（天正16年）。真田昌幸が名胡桃城へ増援命令を出したときの鉄炮衆が一組15名（天正17年）。また時代が下り、慶長期の福島正則侍分限帳の鉄炮頭の率いる人数は20人から50人である。

21

城郭、鉄炮、備

戦国時代に入ると、城郭は恒常的な存在となり、さらに強化された。その背景には、鉄炮の大量使用と備の登場があった。兵器と軍隊が城の存在を変化させたのだ。

戦国の城郭

南北朝～室町時代にかけて、日本の城には陣地としての応急的な城と、住居・村落を防御する恒久的な城という二つの性格があった。領国の国境をめぐる紛争が常に起きていた戦国時代には、領国の「境目」に多数の城が配された。これら「境目の城」は、領国の防衛、隣国への侵攻という目的のため、様々な工夫がこらされたものであった。

南北朝時代に出現した城は、交通の遮断などを目的とした応急的な陣地であり、戦国時代よりも「一回性」の状況に対応するためのものという性格が強かった

室町時代

室町時代に武士の屋敷や村落が要塞化されるようになり、さらに屋敷とは別に城も作られた。住居としての機能が加わって恒久的に維持されるようになった

戦国時代

戦国時代に入り、国境紛争が繰り返されるようになると、領国防衛のための、戦闘を目的とした「境目の城」を設ける必要が生じた。

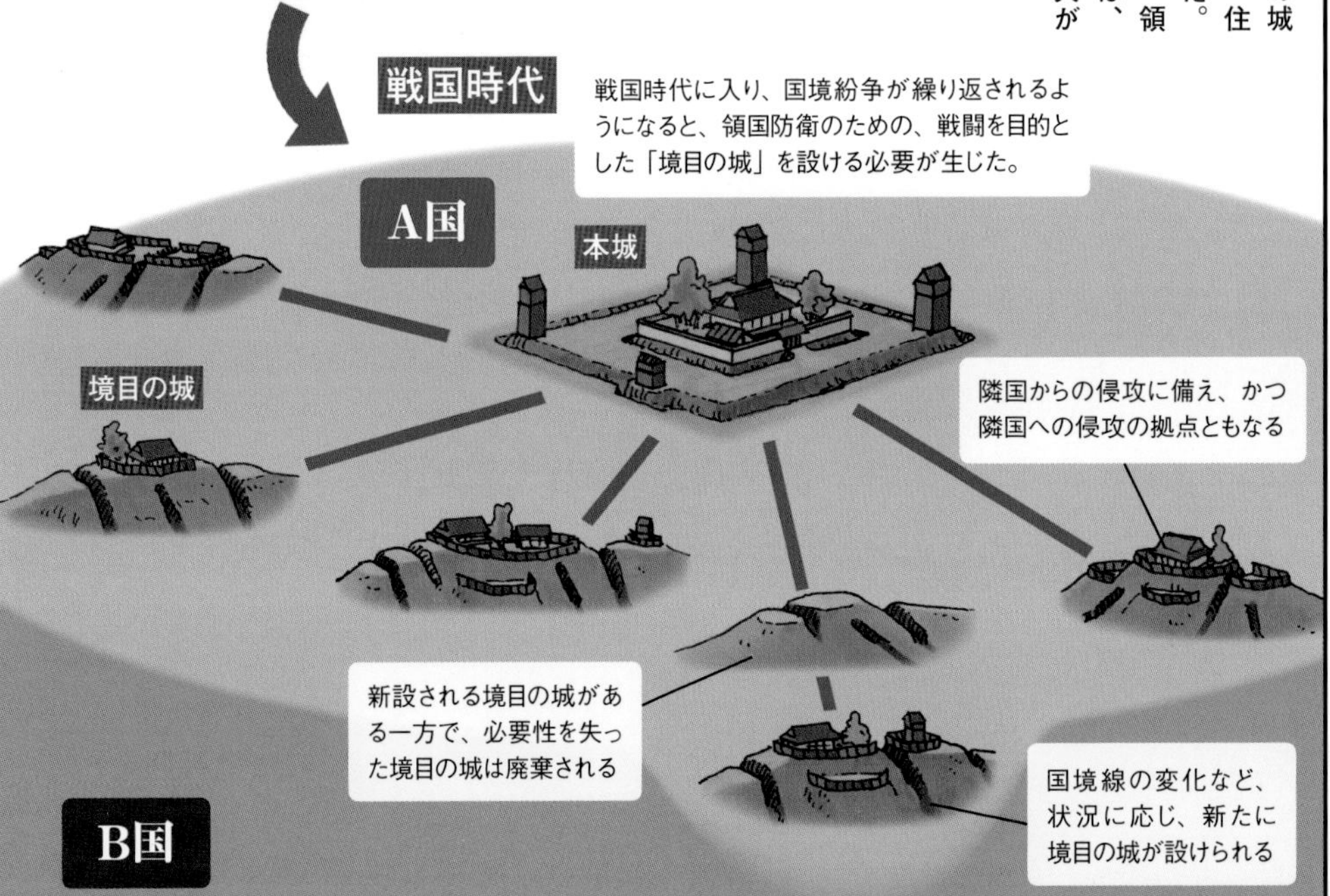

A国
本城
境目の城
隣国からの侵攻に備え、かつ隣国への侵攻の拠点ともなる
新設される境目の城がある一方で、必要性を失った境目の城は廃棄される
国境線の変化など、状況に応じ、新たに境目の城が設けられる
B国

本項は、第三章14項「城郭の誕生」を受けた話である。

室町時代半ばから、城郭や、武士以外が住む防御された集落や町[*1]が恒常的に維持されるようになったが、戦国時代に入ると、そうした居城や集落・町のみではなく、戦闘に特化して使用する城も出現するようになる。

これらの城は、「一回性の状況」に使用するという戦争の本質を観れば、南北朝時代の城と本質的には同じだったが、社会的には、武士が領域を固めて支配するにしたがい、領域の境に強固な軍事構築物を欲した結果生まれたという点で、南北朝時代とは異なる。

戦国時代の戦いは、表面的にはそのほとんどが「国郡境目相論」といわれる国境紛争から始まる。つまり「境目の城」の構築と強化が必要とされるのである。さらに武士の統治原理に基づく、境目の城——それはしばしば大名配下の国衆の居城でもあった——を使った「後詰決戦」[*2]が、戦いの主な様態となった。すなわち、境目の城を使って、一連の戦い（戦役）に決を付けるのである。

軍事力を使用して政治目的を達成するために、戦域単位で戦争を考え、それに利するために城を使うのは、畿内近国では応仁の乱（応仁元年〈一四六七〉～文明九年〈一四七八〉）、東国では長尾景春の

＊1＝吉崎や山科本願寺のような寺内町や、堺などの環濠がある町や集落。　＊2＝1990年代に城郭研究家の藤井尚夫氏が提唱した概念。

技術的進歩

戦国時代に出現した新たな築城技術の一つが、城の虎口（出入り口）に設けられた馬出である。これは城の出入り口に殺到する敵部隊に対する射撃陣地や、逆襲部隊を待機させる拠点でもあった。イラストは射撃陣地としての性格が強い後北条氏等でよく見られた角馬出。

堀の突破を図る攻囲部隊。堀底の水と障害に足を取られたところを二方向からの射撃にさらされることになる

堀・堀底障壁

鉄炮の普及と共に、銃列による大量射撃が容易な幅広で直線的な堀が出現した。図の堀では畝状の障害を設け、水が引いてある。地下水位の高い場所では堀を深く掘り下げることは難しいので、堀底での敵の移動を制約する障害物が必要となったのだ。

石垣・大櫓

弓矢・鉄炮を集中配置した火点には、簡易な櫓が設けられることが多かった。織豊系城郭では、石垣の利用とともにこれが大櫓（天守）に変化した。象徴的建築に見えるが、元は火点としての櫓であり、あくまで本来の機能は射撃陣地である。

乱（文明八年〈一四七六〉～文明十二年〈一四八〇〉）を最初と考えて良いであろう。

　こうして、戦国時代には「行」という名の軍事行動――それは現代的には「作戦」と同義と考えられる――のために無数に城が築かれる。それらの城は、境目の城を筆頭にして、虎口などの出撃系の技術、堀や土塁などの障害系の技術、そして横矢掛かり（側防機関）などの火点技術が飛躍的に発展した。戦争のみを観れば、南北朝時代と本質的には同じとしたが、ミクロ、つまりパーツで観れば、まったく別の城郭が登場したのである。

　なかでも織豊系の城郭は――多くの城普請（土木）を主体、すなわち縄張の工夫で敵を防ぐのに対し――普請と一体化した作事（建築）で敵を防ぐという特徴がある。象徴的な事例が、射界を広く取るために主郭の端部に造作して、堀または高石垣と連携させた天守または大櫓の存在であろう。

　さて、このように城郭が変化したのは、戦国も後半に入ってからであり、武器論でいえば鉄炮の大量使用を契機とする。しかし軍隊の構成から観れば、備の存在が挙げられる。備という諸兵種協同部隊の編成によって、鉄炮足軽の集団による火力（制圧効果）と武士による機動力・突撃力の連携で、攻撃力が向上したのだ。とくに鉄炮の数量が増える天正年間（一五七三～一五九三）後半から慶長年間（一五九六～一六

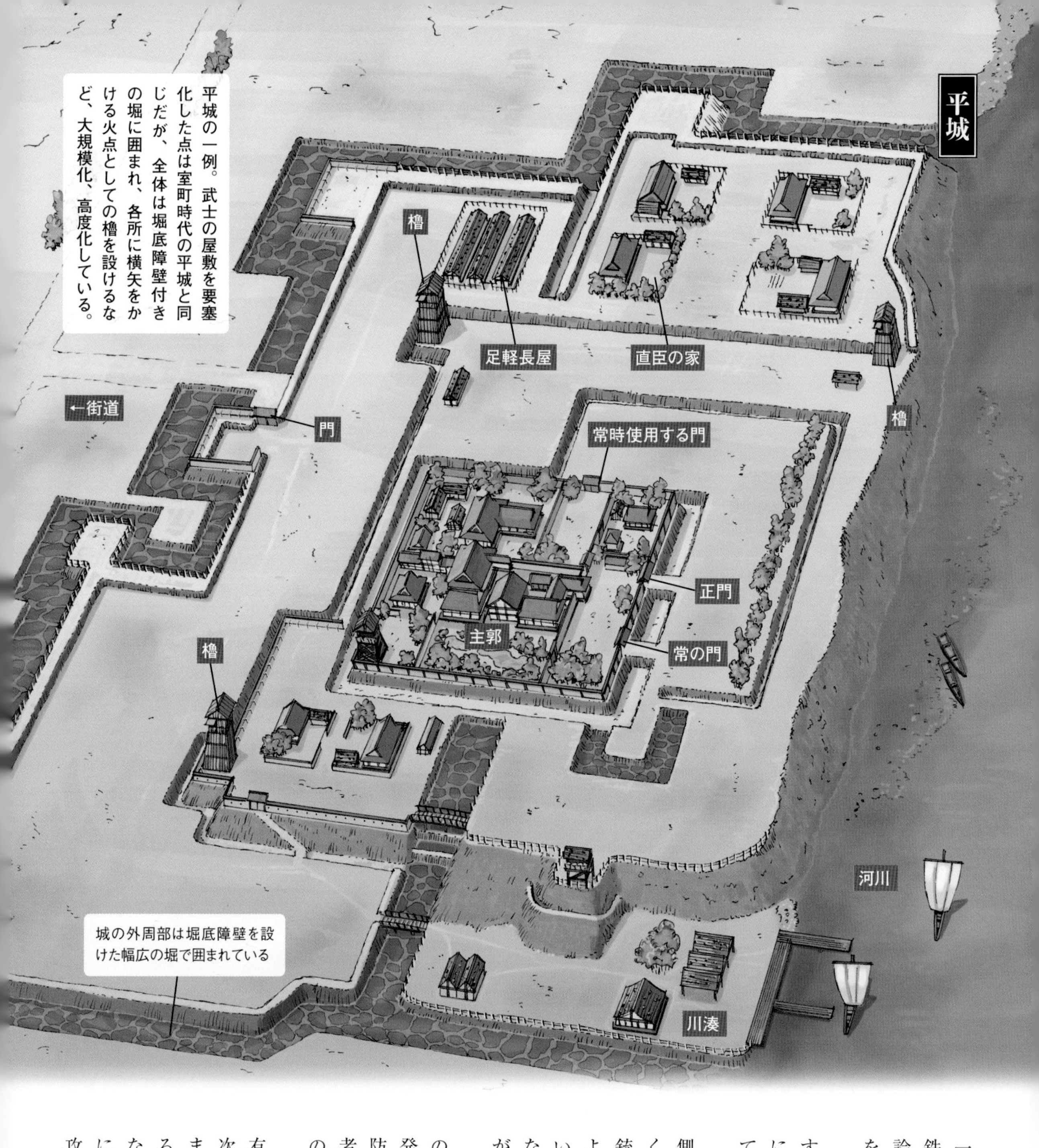

平城
平城の一例。武士の屋敷を要塞化した点は室町時代の平城と同じだが、全体は堀底障壁付きの堀に囲まれ、各所に横矢をかける火点としての櫓を設けるなど、大規模化、高度化している。
櫓
足軽長屋
直臣の家
櫓
←街道
門
常時使用する門
正門
主郭
常の門
櫓
河川
城の外周部は堀底障壁を設けた幅広の堀で囲まれている
川湊

一五）には備の中の武士の組にも各種の鉄炮が配備されるようになったから、理論的には突撃時に生じる火力発揮の間隙を無くすことができるようになった。

戦闘を攻防の二元論で見た場合、攻撃する側の力が増せば、守る側の力も応分に向上する。それこそが城郭が強化されてゆく原因であった。

鉄炮の大量使用は、理屈の上では防御側有利に働いた。少ない火力を活かすべく工夫された櫓台の位置や形状は、火縄銃部隊が増強されると、銃列を敷き易いように塁線が単純化され、土塁は障害というよりも、銃兵の胸墻（きょうしょう）として低く薄くなる。後北条氏の末期や、織豊系の城郭がそうである。

このようなことから、野戦築城や惣構（そうがまえ）のような単純な塁線でも充分な防御力が発揮できるようになった。戦術次元では防者有利の状況が現出するのである。攻者はこれを突破しようと、さらなる火力の増強に励むようになる。

とはいえ、実際の戦闘では単純に防者有利となったわけではない。攻者が戦略次元の要請から膨大な死傷者を出してかまわない状況——武士はそれを納得できるように自営業者から軍人に近い存在となっている——や、飽和的な攻撃が可能になるほど兵力を集中できれば、やはり攻者が有利になるのだ。

山城

山城の一例。これも山の尾根に簡易な工事を施した室町時代の山城から大きく進歩している。城の正面には馬出が設けられ、逆襲部隊への援護射撃を可能にしている。また城の各部に長い竪堀(たてぼり)が掘られ、攻囲側の自由な移動を防いでいる。50～70人程度の精鋭で守る城を想定している。

櫓

戦国時代の城に設けられた各種櫓の想像図。

竹束付き櫓

全体が防弾用の竹束で覆われた簡易な櫓

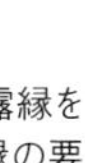

露縁(ぬれえん)付き櫓

周囲に戦闘用の露縁を巡らした櫓。露縁の要所は竹束で固めてある

密閉式櫓

櫓全体が木の板で覆われた櫓。最上階は突き上げ窓付き

例えば、天正十八年（一五九〇）の小田原戦役では、山中城や八王子城が簡単に陥落している。

これは武器論の視点で観れば発射時に膨大な白煙を発する当時の火縄銃の限界ともいえる現象で、攻者は制圧射撃をすれば良いのに対し、防者は確実に相手を殺傷しなければならないからだ。時間が経つと、攻防両者間で放たれる火縄銃の白煙が煙幕の替わりになって、防者の照準は、殺傷射撃が困難なほど邪魔されるからである。*3

ともあれ、恒常化した城が、強固に変化する過程には、火縄銃＝火力の存在があり、各大名は、その火力を有効に活用しようと備を編成し、かつ備を変化させてゆかなければならなかったのである。

＊3＝したがって堀などの「障害」となる機能はより強固にする必要があった。なぜなら攻者の障害を突破する時間と、防者の攻者に対する殺傷時間は相関関係にあるからだ。また火力に支援された突撃を防ぐために、防者にはそれなりの「行（てだて）」＝作戦次元の工夫が求められた。

22

舟戦②

中世を通じて発展した造船技術は、浮かべる城ともいえる安宅船を生み出した。そして遠くヨーロッパからもたらされた火薬と大砲の技術は、ついに日本の軍船に、敵艦を撃沈する能力を与えたのであった。

安宅舟の登場
戦国時代に登場した安宅船は、従来の日本の軍船とは全く異なる画期的な船であった。船体は板材でできた箱状の構造船で、大きさは五〇〇～二〇〇〇石積み、艪の数は五〇～一六〇挺と、中世の軍船にくらべ著しく巨大である。また乗員が無防備だった従来の船とは違い、全周を木、場合によっては金属の板で覆い、防御力に大きな注意を払っている。そして甲板上には射撃拠点となる屋形を備え、多数の火砲を搭載していた。

室町時代を通じて瀬戸内と北九州を中心に発展する海上交通は、これまでの準構造船から、より大きな船を造れる、板材を組み立てた構造船の時代を迎える。この背景には日明貿易に使用された、中国大陸の大型構造船の影響があったとされる。

さて、「舟戦①」（6項）でも述べたように、古代から中世にかけては、軍用船も一般の貨物船も同じ構造だったが、室町時代から、若干の変化を見せる。造船技術の上では「軍民共用」ではあるが、構造的には幅が広く貨物の大量積載に適した船と、幅が狭く高速発揮に適した船が登場する。後者がもっぱら軍用船として使用されたのはいうまでもない。

また軍用船のうち中・大型の船は防弾を主目的とした上部構造物に囲まれるようになる。防弾用の上部構造物を櫓、船全体を囲んだものを総櫓と呼び、こうした船を囲船とも称した。

兵器技術の視点からは、おそらく櫓が登場したのは、弓の性能が南北朝時代に向上したのが当初の理由と考えられる。9項および10項で述べたように、弓矢がより遠距離からの射撃が可能となったことにより、それ以前の時代よりも、多くの時間、弓矢の射撃に曝されるようになったのだ。だがなによりも、総櫓の登場は、火薬を使用した武器の登場が大きく影響したと考えられるのである。

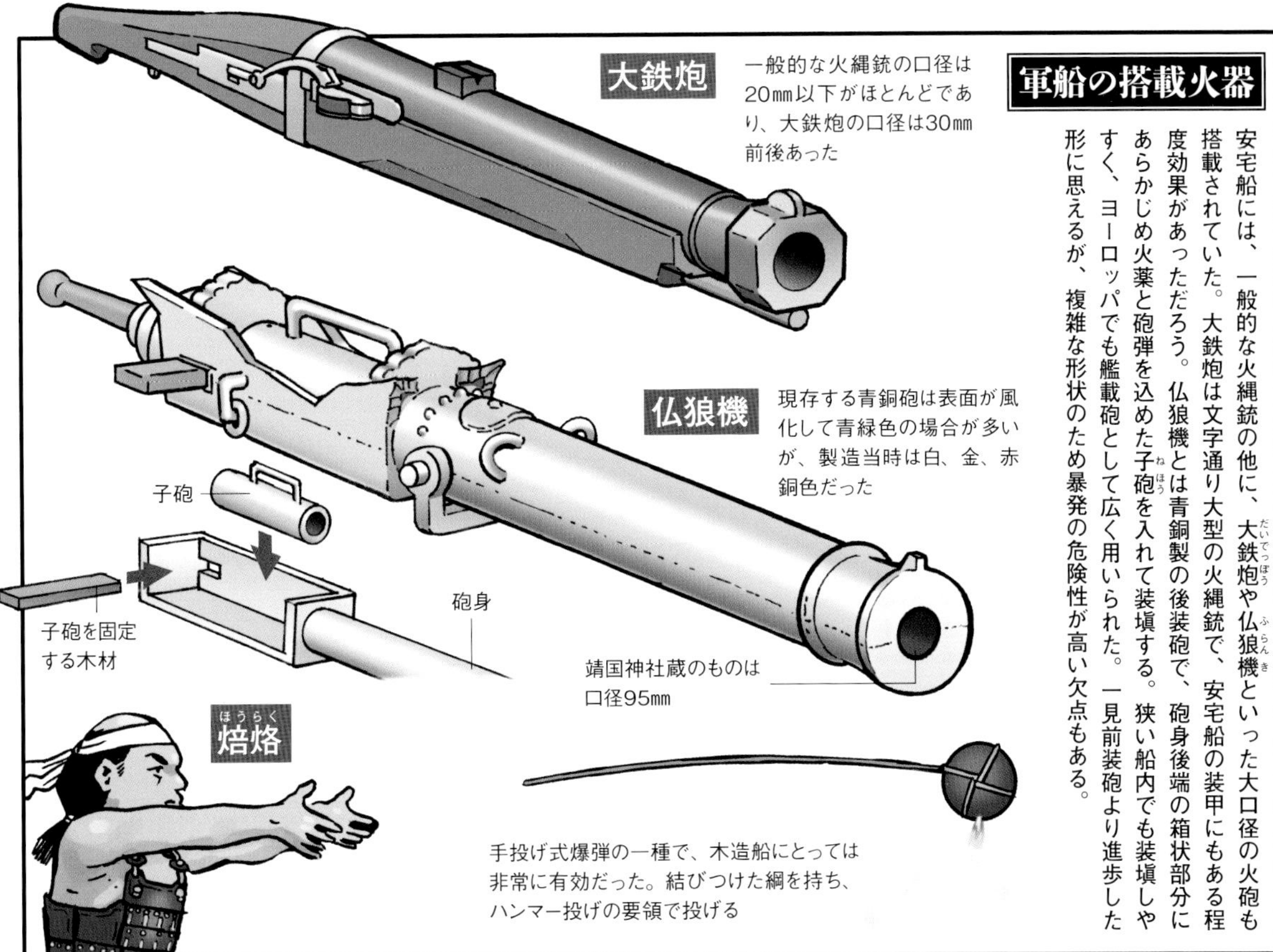

軍船の搭載火器
安宅船には、一般的な火縄銃の他に、大鉄炮や仏狼機といった大口径の火砲も搭載されていた。大鉄炮は文字通り大型の火縄銃で、安宅船の装甲にもある程度効果があっただろう。仏狼機とは青銅製の後装砲で、砲身後端の箱状部分にあらかじめ火薬と砲弾を込めた子砲を入れて装填する。狭い船内でも装填しやすく、ヨーロッパでも艦載砲として広く用いられた。一見前装砲より進歩した形に思えるが、複雑な形状のため暴発の危険性が高い欠点もある。
大鉄炮
一般的な火縄銃の口径は20㎜以下がほとんどであり、大鉄炮の口径は30㎜前後あった
仏狼機
現存する青銅砲は表面が風化して青緑色の場合が多いが、製造当時は白、金、赤銅色だった
子砲
子砲を固定する木材
砲身
靖国神社蔵のものは口径95㎜
焙烙
手投げ式爆弾の一種で、木造船にとっては非常に有効だった。結びつけた綱を持ち、ハンマー投げの要領で投げる

敵船の撃沈
舟戦は敵船に乗り込んで拿捕する、または陸地に追い込むといった方法で決着する場合がほとんどだったが、強力な火器を備える安宅船の登場によって敵船を撃沈することが可能となった。

軍記物の記述ではあるが、天文年間（一五三二～一五五五）の後半には、毛利水軍が「焙烙」と呼ばれる導火線で爆発する投擲弾の使用を始めたようである。さらに永禄年間（一五五八～一五七〇）以降は、鉄炮の数が増え、さらには馬車の技術が無かったために陸上では普及しなかった大砲や、同じように輸送に負担がかかる大鉄炮が搭載されるようになったからだ。戦国時代後期の軍船は、少なくとも鉄炮の射撃に対しては相応の防御ができなくてはならなかったのである。

こうした防御構造のために船内は狭く、接舷斬り込みを行う一部の武士以外の乗員は、陸上のように鎧を完全に着装する「皆具姿」にはならなかったと考えられる。

軍船は概ね三種類に分かれる。

まず主力となるのが中型（あくまでも比較の意味で）の「関船」である。その名称は「海関」に由来するもので、海の領主である海賊（これは陸の領主側の呼び方である）が、通行税（上乗り料・警固料と呼ばれた）を徴集するための船だ。

大きさは、軍船の場合は積載石数ではなく、艪の数（挺）で表すが、関船は標準的なもので四〇挺艪（片舷二〇挺）程度、艪同士の間隔は、関船では一人で漕ぐ小艪なので約五〇センチ。四〇挺艪の船ならば艪を漕ぐ部分約一〇メートルに、船首と船尾の部分が加わった長さになる。

安宅船の構造

室町時代において日本の造船技術は大きく発展し、削り出した丸太を用いる準構造船から、全体が板材でできた構造船への脱皮が図られた。これにより、船体の大きさは素材に使った丸太の太さという制約から抜け出し、飛躍的な大型化が可能となったのである。安宅船はこの日本式構造船に属する船で、大口径の火砲と、全周を覆う（木製ではあるものの）装甲の搭載は、大型船であるからこそ可能だった。安宅船が射撃戦に主眼を置いた船であることは明らかであるが、大型の船体が生み出す輸送能力の高さも見逃せない点であろう。現に安宅船は、江戸時代に海上輸送で活躍した弁財船の原型となっているのである。

安宅船に限らず、多くの日本船の帆柱は起倒式であった。戦闘時には帆柱を倒し、自在な操船が可能な櫂走で航行したと思われる。また西洋のガレー船に関する文献によれば、戦闘中に綱が切れて帆桁が甲板に落下した場合、船員と船に深刻な損害を与えることがありえたという

実際には、甲板の上は帆の操作用の索具などで雑然としていただろう

舷側に銃眼のついた開閉式の板を巡らしたものもあった

上下船や、接舷戦闘に備えて、舷側には出入り口があった

軍船の大きさ

安宅よりやや小型で、速度を優先した設計の船を関船、さらに小型の船を小早と呼んだ。江戸時代に安宅船の建造が禁止されると、関船は日本の主力軍船となる

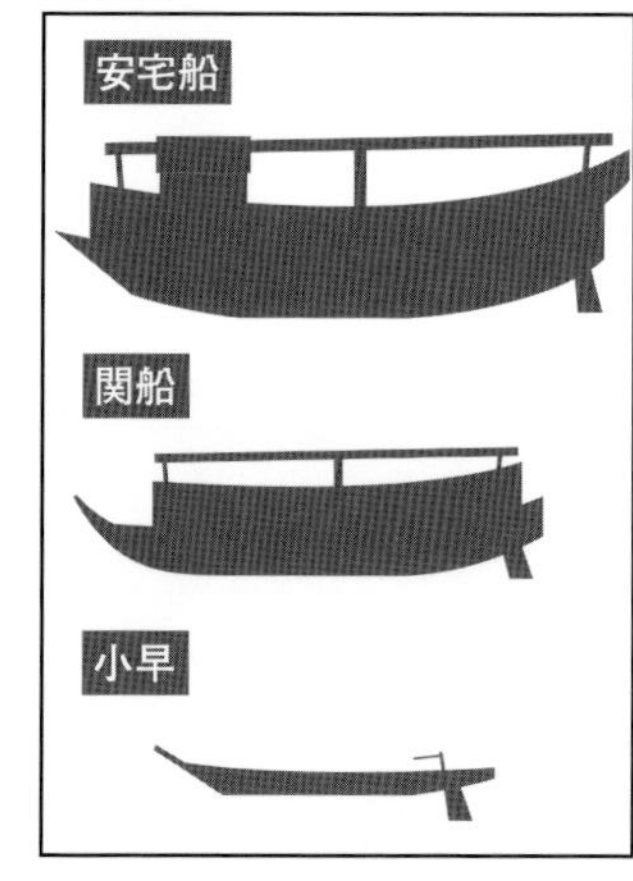

関船より小型のものが、「小早(こはや)（舟）」である。現在の我々がイメージする小型和船に近く、櫓はない。快速軽快であることから偵察や連絡に主用されたが、多数で一隻の船を取り巻き近接戦闘を交えることもした。毛利水軍では——おそらく関船の制圧射撃下に——接近して焙烙を使用することで果敢に大型船と戦闘を交えた。

こうした戦闘でもっとも有名なのが天正四年（一五七六）の第一次木津川河口海戦であろう。毛利水軍は、多数の小型船による焙烙の攻撃で織田水軍の大型船を撃沈または撃破した。

この海戦に織田水軍が主力として投入したのが、戦国時代の軍船で最も大きな「安宅船(あたけぶね)」である。安宅の名称の由来はよくわかっていないが、形状としては関船を大型化したものと言って良いであろう。

安宅舟は、小型のもので五〇挺艪、大型のもので一六〇挺艪（二人で漕ぐ大艪ならその六割程度）。貨物船の積載量換算で五〇〇石積から二〇〇〇石積になる。

さて、最初の木津川河口海戦で毛利水軍に苦杯を舐めた織田水軍は、この安宅船に鉄板を貼り、三門の砲と多数の大鉄炮を積んだ船を六隻ほど投入した、いわゆる「信長の鉄甲船」だ。大きさは、明確にはわからないのだが、全長一八間（三二・四メートル）、全幅六間（一〇・八メートル）とされる。[*1] 総櫓に貼った鉄板は、防弾ではなく

＊1＝桐野作人『火縄銃・大筒・騎馬・鉄甲船の威力』

日本式構造船の舳先（船首形状）には大く分けて二種類あり、一つが箱型の伊勢船、もう一方が流線型の二形船である。無論、二形船の方が洗練された形状であり、江戸時代には伊勢船式の船首は廃れてしまった。すなわち戦国～安土桃山時代では多くの安宅船が伊勢船式だったはずで、やはり当時の軍船はやや未成熟な設計だったと言えるだろう。

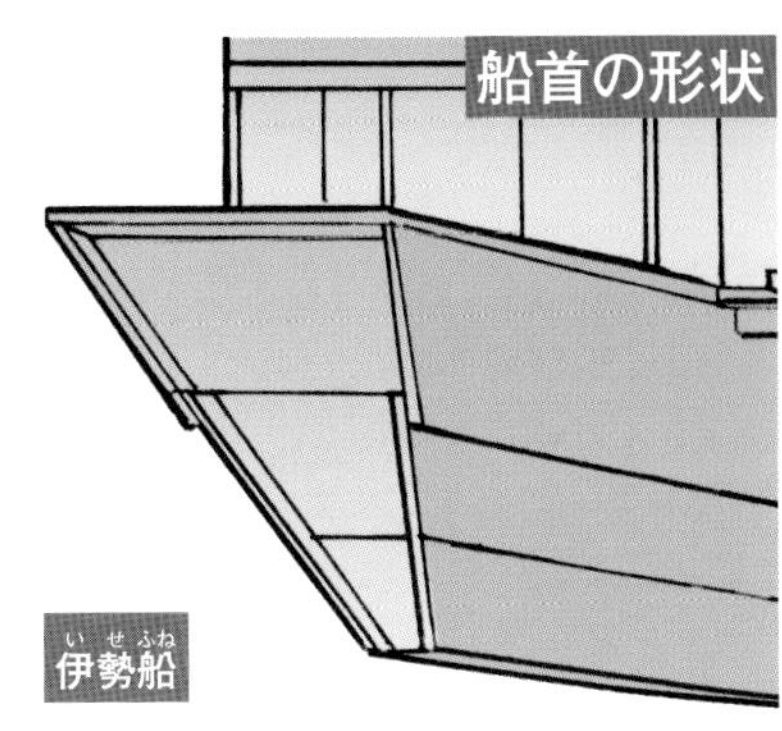

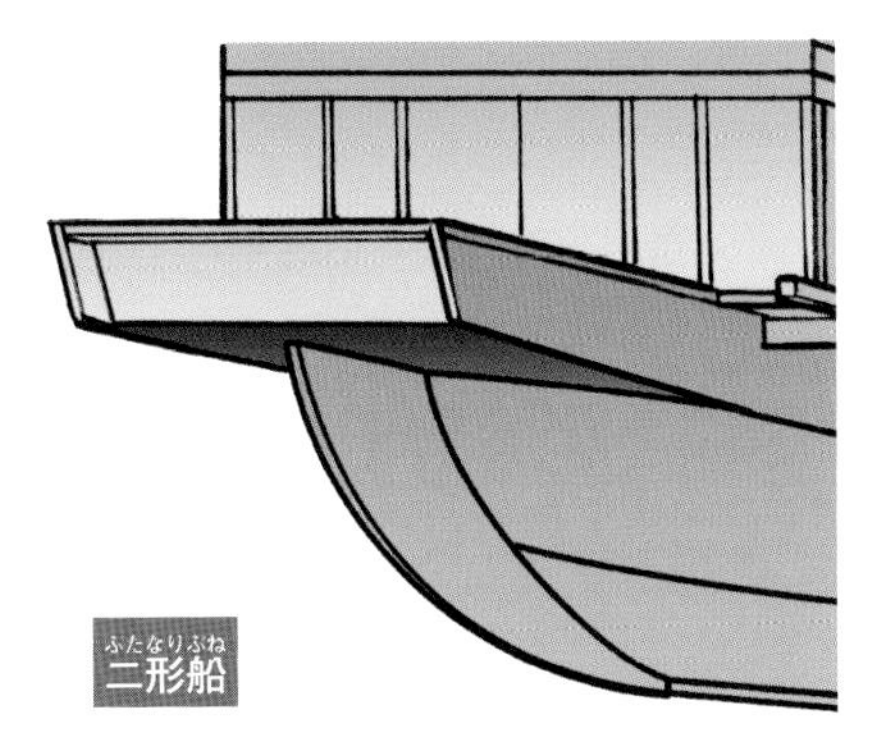

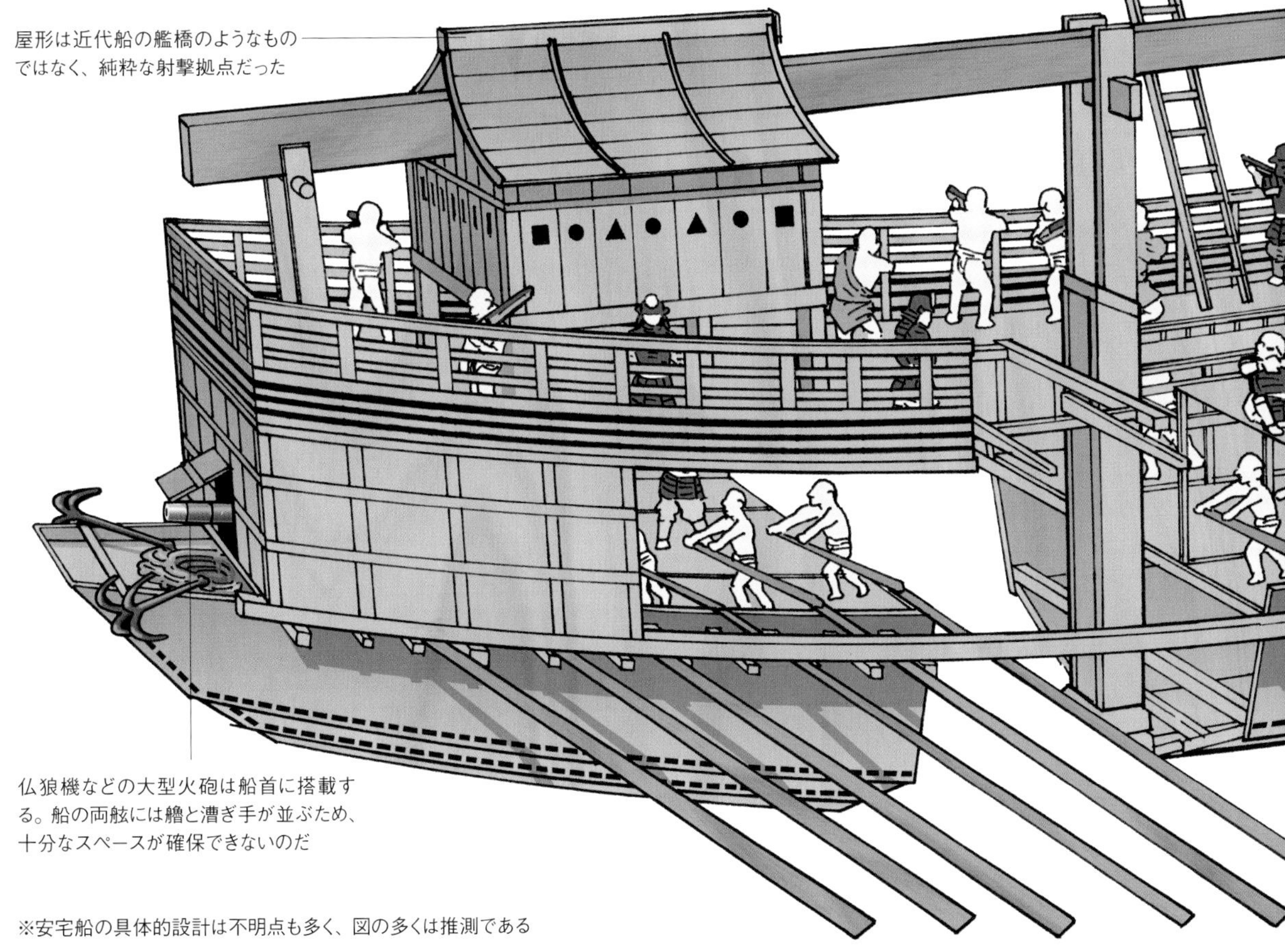

屋形は近代船の艦橋のようなものではなく、純粋な射撃拠点だった

仏狼機などの大型火砲は船首に搭載する。船の両舷には艪と漕ぎ手が並ぶため、十分なスペースが確保できないのだ

※安宅船の具体的設計は不明点も多く、図の多くは推測である

焙烙火矢に対する防炎効果を期待してのものである。

天正六年（一五七八）の第二次木津川河口海戦では、この鉄板を貼った安宅船による銃砲撃で毛利水軍を駆逐し、兵糧の搬入を阻止。大坂本願寺攻囲の一翼を担うことに成功したのである。

この後、朝鮮出兵まで安宅船は水軍の主力となる。いわば、文禄・慶長の「大艦巨砲主義」といえるものだが、大型火器を搭載する以上、大型の船はどうしても必要であったのだ。

ともかくも、戦国時代後半において、日本の軍船はついに敵船を撃沈する能力を手にしたと言って良いであろう。さらにいえば、多数の火器を搭載した大型船を駆使できるのが西国の大名に限られていたのは、火薬の入手という点において東国の大名に先んじていたからだともいえる。＊2

とはいえ、板材を縫釘と鎹（コの字状の釘）で繋いだ和船すべてにおいて言えるのは、構造的に弱く、航洋性もヨーロッパの船や中国のジャンクに比べて低かったことだ。

それでも大型船はシーパワーそのものといえ、慶長十四年（一六〇九）、江戸幕府は五〇〇石以上の大型船建造を禁じる。その後、日本は大型の関船を主力としたまま、幕末の洋式船の時代を迎えることとなる。

＊2＝例えば、江戸期の軍記物では、後北条水軍でも里見水軍でも船を陸岸に追い詰めて拿捕するのが手柄とされ、山内譲氏は、これを「東国水軍の作法」としているが、おそらく西国に比べて使用できる火薬量に限度があったのであろう。

23 当世具足への道

多くの人が戦国時代の鎧とイメージする「当世具足」だが、その登場は文禄・慶長期であった。では戦国時代の鎧はどのようなものだったのか。武士の発展を遡り、その技術的背景を探る。

甲冑の変遷・室町～戦国時代

室町時代末から戦国時代にかけて、合戦の恒常化、大規模化に伴って、日本全国で甲冑の需要が高まった。一定の防御力は確保しつつ、低コストな甲冑が求められたため、この時代に日本の甲冑に急激な簡略化が起こることになった。

肩上

杏葉

本小札

革／鉄製の小札を半分づつ重ねて連結し、こうして作った札板を縦方向に組紐で縅す。最も基本的な日本甲冑の構成方法だ

室町時代の腹巻

典型的な室町時代の高級な腹巻で、本小札の札板を毛引縅で繋げている。胸板、脇板、杏葉、肩上には模様を染めた画韋が張られ、制作には大きな手間と費用がかかった。

縅の簡略化

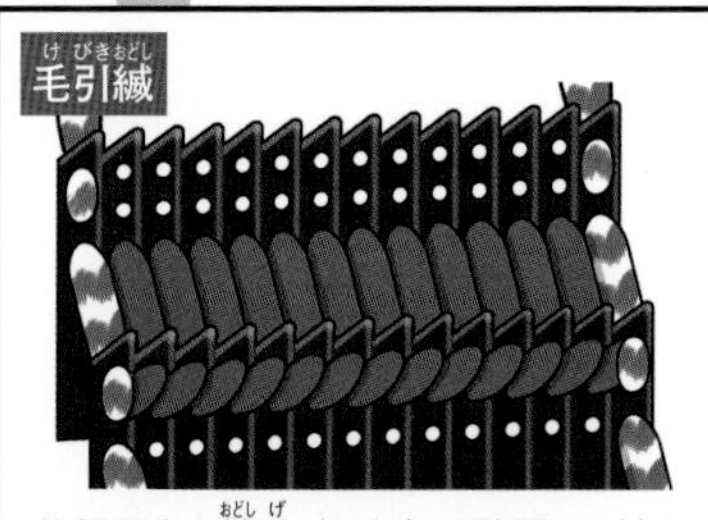

毛引縅

札板同士を縅毛（組紐）で隙間なく縅す最も基本的な手法。見た目は美しいが、高価な組紐が大量に要り、手間もかかる

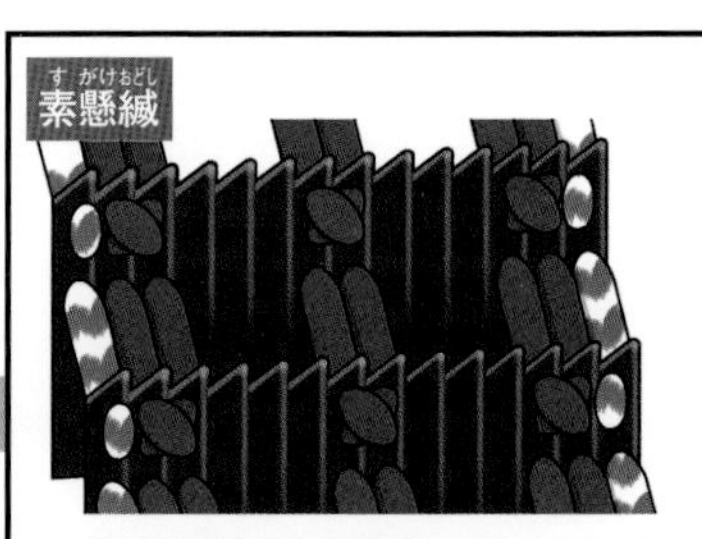

素懸縅

2本1組の縅毛を縦方向につないでいく。縅毛同士に大きく間隔を開けるので、組紐の本数と制作の手間が少ない

武士の発生には、未だ定説はないが、しかし、彼らはその誕生から都市的な存在だった。というのも、武士を武士足らしめる華麗な鎧や武具は、京都を中心に近畿地方で生産されているからだ。京都こそ中世を通じて日本最大規模の都市として存在していたのである。

中世の荘園公領制[*1]では前時代の律令制と同様に、年貢を始めとする各地の物品や輸入品は、原則としていったん京に集中し、そこから再び各地へと分配される。そうした中、「都鄙往来」の言葉があるように、どのような地方の小武士といえども、都との関わりがなければ、武士として生活してゆくことはできなかったのである。

しかし、そのような物流は室町時代から変化し始める。荘園公領制の衰退とともに、各地方が独自の経済圏や産業圏的なものを持ち始めるのである。そこには、遍歴する商人や出職する職人が存在していた。そして彼らは、戦国大名によって組織されてゆくことになる。

一方、甲冑は、第三章15項や第四章16項で述べたとおり、規格化・簡易化が進み、大規模化した戦争において大量需要を賄う下地ができていた。とくに、各地での鉄板の生産量の増大や、皮革を薄い部分まで使う技術の向上は、甲冑生産にとっては幸いであった。

＊1＝日本の中世における荘園と公領（国衙領）を基本とした重層的な土地支配制度。室町時代に衰退し、「太閤検地」によって完全に消滅した。

札の簡略化

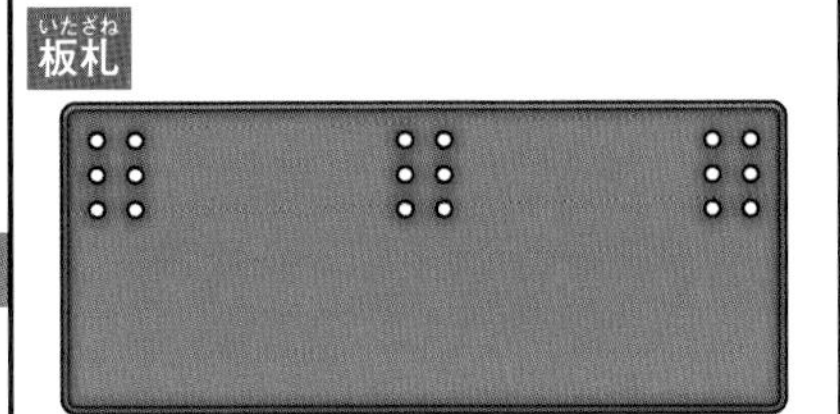

札を横につなぎ合わせるのではなく、全体が一枚板になったもの。紐で連結する手間がかからず、札のつなぎ目が無いので防御力も高かった

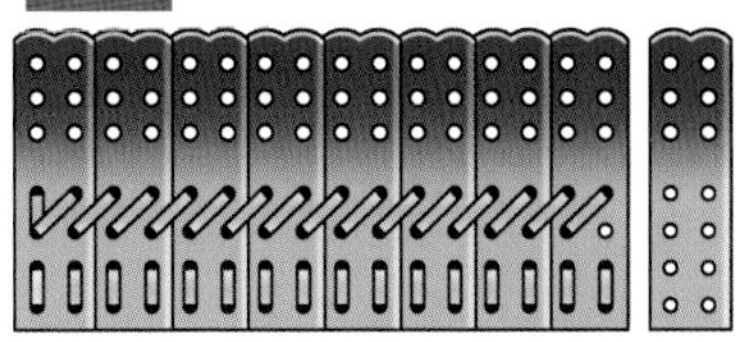

札の幅の半分までを重ね合わせるのではなく、両端をほんのすこし重ね合わせるだけの札板で、札の総数が少なくてすみ、製作を簡略化できた

蝶番の利用

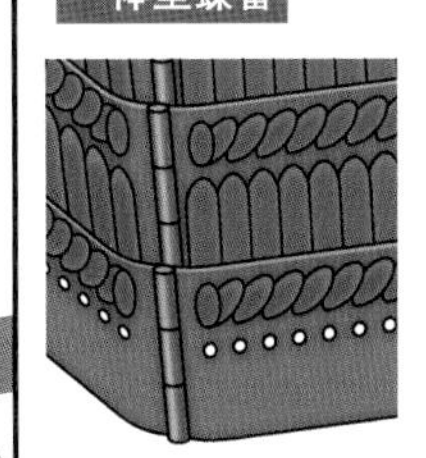

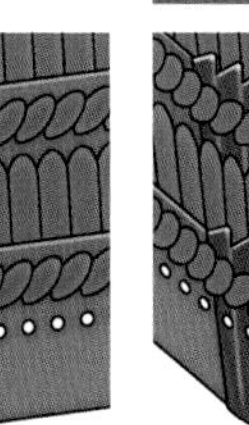

本小札から、伊予札や一枚板の板札へと甲冑の素材が変化すると、甲冑の柔軟性が失われた。それでは着脱の際に不便なので、蝶番を設けて胴を開閉できるようにした。過渡期には一部分だけ本小札にしたり、革製蝶番の使用などの手法が取られたが、板札の端を丸めて蝶番とする方法が一般化した

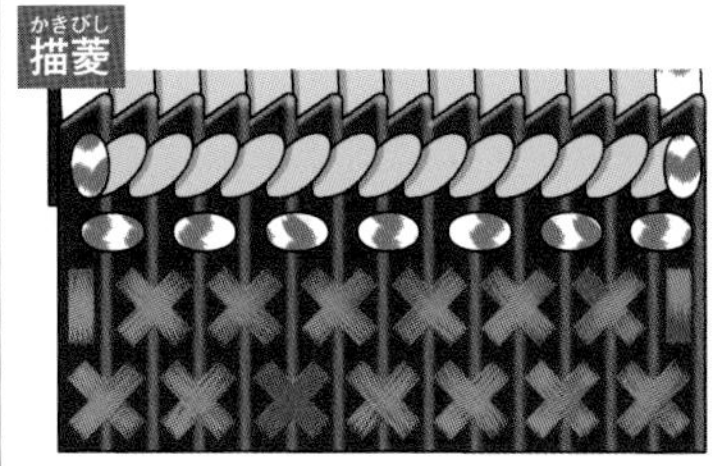

草摺や袖の最下段に施された菱縫は単なる装飾であるが、室町時代には、時に菱縫を絵の具で「描いて」簡略化する手法が採られた

戦国時代の腹巻

鉄／革製の板札を素懸縅で繋げた腹巻で、画韋や草摺の菱縫も省略されている。右ページの腹巻と比べ、簡素な作りとなっているのがわかるだろう。しかし現存例の由来を検討すると、こうした甲冑でも比較的有力な武士しか所有できなかったようだ。

とはいえ、どうしても京を中心とする近畿地方（より広くいえば西国）でしか手に入らないものも存在した。それが縅のために染色された絹糸である。

絹の生産自体は、日本でも古くから行われているが、[*2]鎧に不可欠の絹製平織の組紐は、染色された上質の絹から作られる。

例えば、15項でも例を挙げた、奈良の寺社が将軍・足利義政に献上した浅葱糸肩白縅胴丸だが、九六貫六一〇文の総額のうち、最も高価なのは縅糸で二四貫五〇〇文になる。これは現代の価格にして四二〇万円ほどだという。[*3]

また時代が下って戦国時代になると、軍装・動員規定を記した武田家の文書[*4]に、付帯事項として「毛之具足無用ニ候」とある。染色に手間のかかる縅糸を大量に用いた毛引縅の鎧の着用を禁じたのであろう。

ともかくも、鎧の大量使用に対し、戦国大名を始めとした各階層の武士たちが出した結論が、金属や革を使用した板物、札を簡略化した伊予札を使用し、それを素懸縅か鋲で固定するという簡便な鎧であった。

これらの鎧は、戦国が終わり、文禄・慶長期に入ると、多くの人が「戦国の鎧」とイメージする当世具足へと変わる。そしてそこには、当時の武士たちの戦い方の変化が存在していたのである。

＊2＝したがって庶民でも上層階級は絹製の布地を使用した。＊3＝甲冑研究者の鈴木裕介氏のご教示による。＊4＝『戦國遺文武田氏編』第三七七四号文書。

関東五枚胴

室町時代から始まった甲冑の簡略化の中で、「関東五枚胴」と呼ばれる腹巻が発生した。これは胴が正面、左側、背面、右側の前後に五分割され、それらが蝶番で繋がっている。左図は関東五枚胴の実例で、縅部分は腰を守る草摺のみだ。板物、素懸縅の多用、蝶番での開閉と、前頁で解説した「甲冑の簡略化」の要素が多く盛り込まれている。ただし、図の甲冑はそれなりの有力者のものである。

秩父孫次郎重国所用関東五枚胴具足

秩父孫次郎（生没年不明、室町末から戦国時代の人物）推定した。現在は兜、胴、籠手、佩楯、脛当の板物部分の所用と伝わる関東五枚胴より　みが残る

佐藤誠孝『ビジュアルポーズ集 図説 戦国甲冑武者のいでたち』（新紀元社二〇一六年）を参考に作図

段数の増加

胴の札板の段数は、長らく前立挙2段、後立挙3段、長側4段だった。おそらく永禄年間（1558 ～ 1570）頃に前後の立挙の増加が行われ、続いて長側も1段付け足されたものが登場する。

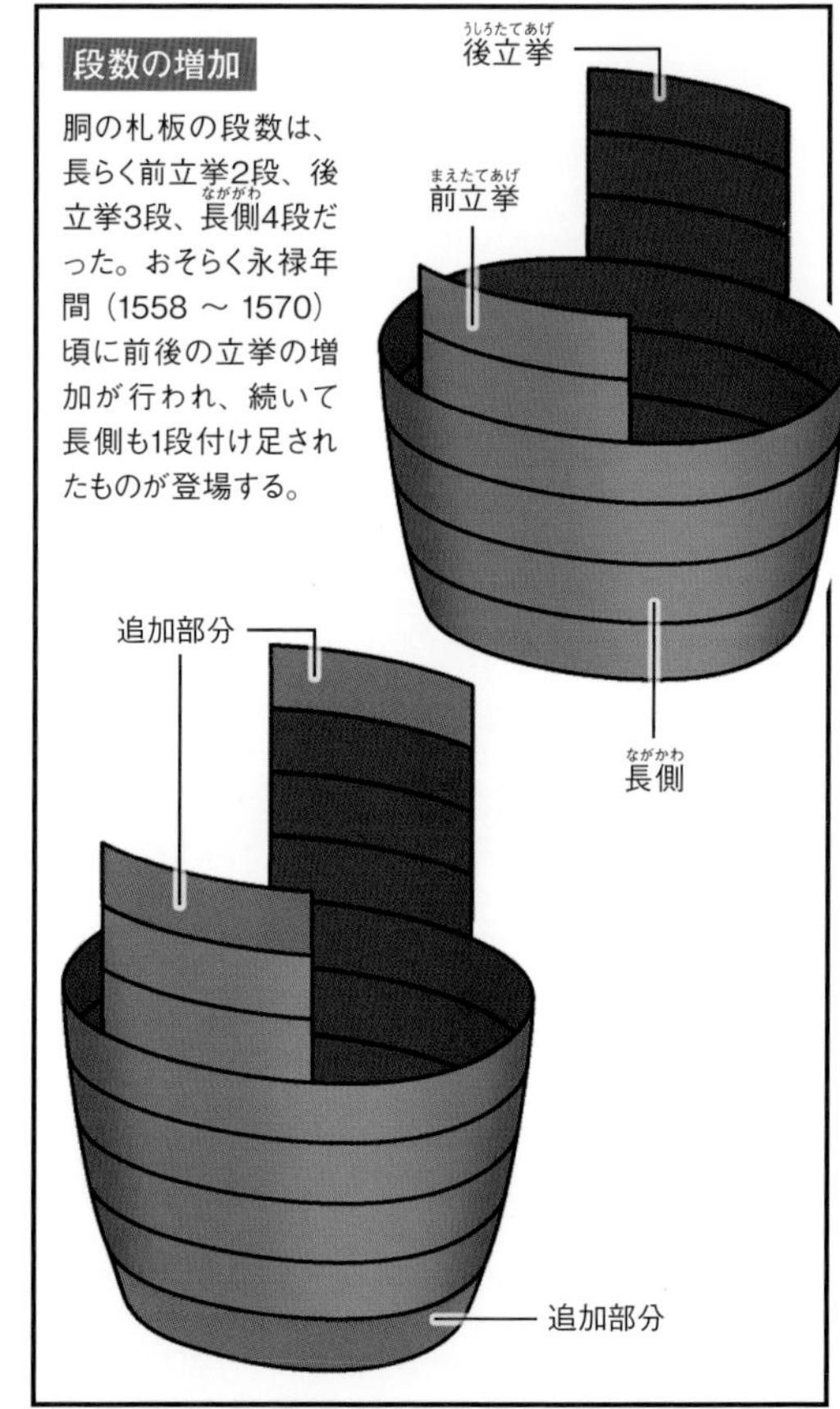

鋲留、菱綴

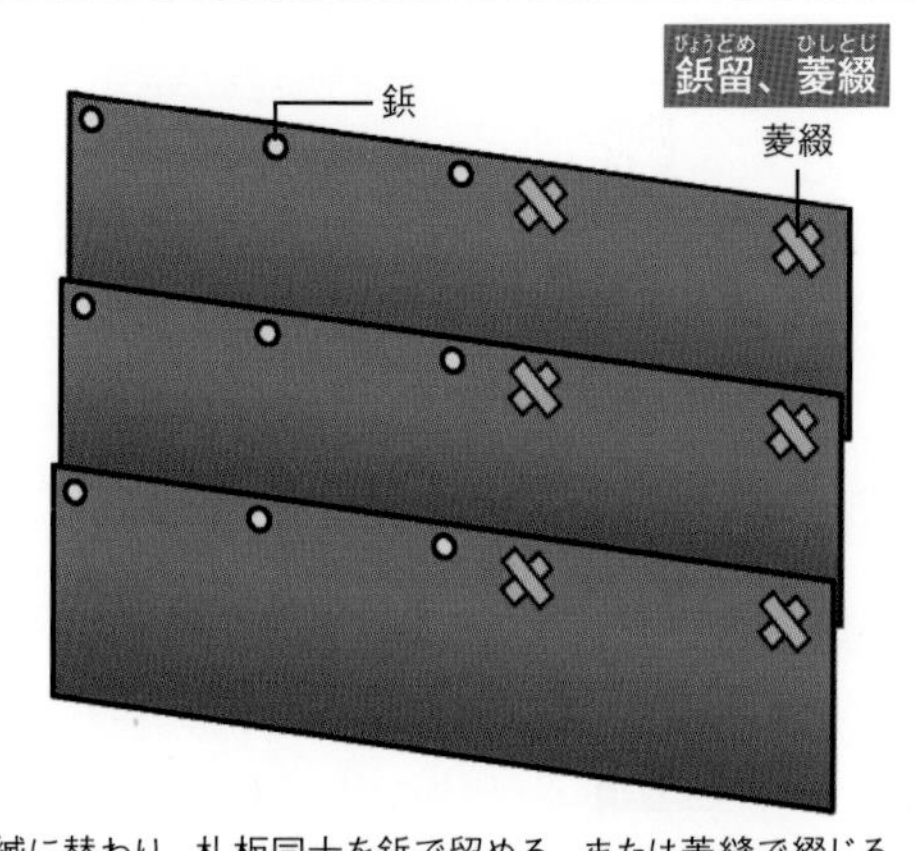

縅に替わり、札板同士を鋲で留める、または菱縫で綴じるといった手法が用いられるようになった。甲冑の柔軟性はなくなるが、胴全体が堅牢な作りとなり、高価な縅毛も節約できる

胴の重量を支えるため、仙台胴では肩に掛ける帯を通す穴が空いている場合が多い。こうした帯用の穴付きの胴を連尺胴とも呼んだ

仙台胴

右頁の関東五枚胴からさらに発展したのが仙台胴または雪下胴とも呼ばれる甲冑である。特に伊達政宗所用のものが有名で、伊達家中では多くの有力者たちがこぞってこの形式の甲冑を所有した。胴、兜共に非常に重厚で、普及した鉄炮に対応したものと思われる。また、草摺が他の甲冑と比較して長いことが特徴で、馬上戦闘を重視した設計とみられる。

腹巻／胴丸・名称の逆転

引合（胴の合わせ目）が右側にあるものを腹巻、背中にあるものを胴丸と呼んだが、戦国時代に名称が逆転した。理由について、当時の混乱した社会のためと説明されることも多いが詳しくは不明である。どちらの語を使用するかは文献によって異なるが、本書では古い名称に統一している

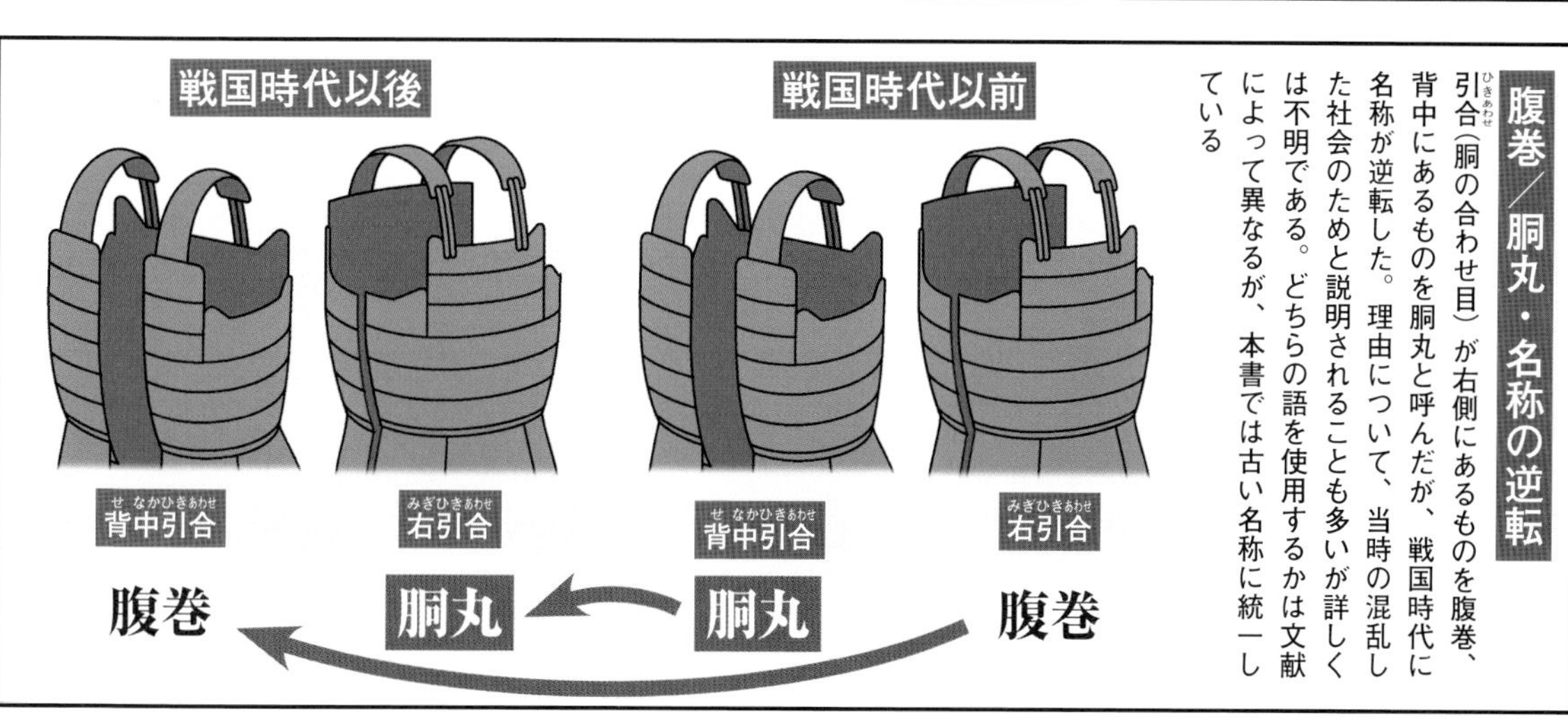

24 各種の旗

戦国の軍隊で用いられるさまざまな旗。これらは、個人標章としてだけでなく、大規模化した軍隊を効率よく動かす「道具」であった。

戦国の軍隊を象徴する存在ともいえるのが、足軽や末端の武士が背中に付ける旗指物から、林立する大小の幟旗、また古式ゆかしい流れ旗などの、各種の旗である。

これらの旗は、記録や軍記物などに散見される記述を例証として、「戦国時代ならではの派手さ、個人主義」を示すものと説明されてきた。だが、多種多様な旗指物、母衣、あるいはオブジェ（「作物」という）は、多くの場合、家中、備、氏族、あるいは役職毎に統一され、個人の目立つ旗は、主人の許しを得た、よほどの「武功の士」しか用いることができなかった。

一方、一つの軍勢には、直接的な戦闘員ではない幟旗持ちが一定の割合で存在していた。「幟旗」ともいうべき兵種が存在するのだ。おそらく数多くの幟旗は、使番や奉行によって、戦列歩兵たる足軽のラインや、近接格闘兵種である侍衆の集結場所や突撃発起位置を明示したのであろう。そして背中の旗指物は、指揮官にラインなり位置を教えるのである。また本陣に翻るいくつもの旗や馬標は、指揮所の場所を明らかにするためのものだ。

つまり、戦国の軍隊を象徴する各種の旗は、大規模化した軍隊を組織として動かす通信のための道具（コミュニケーション・ツール）と考えられる。その意味からすれば、多数の旗は、備の編成が前提となっており、また旗指物をつける仕掛けを持った鎧は、備が一般化して以後、つまり戦国も後期になってから出現したと考えられるのである。

各種の旗

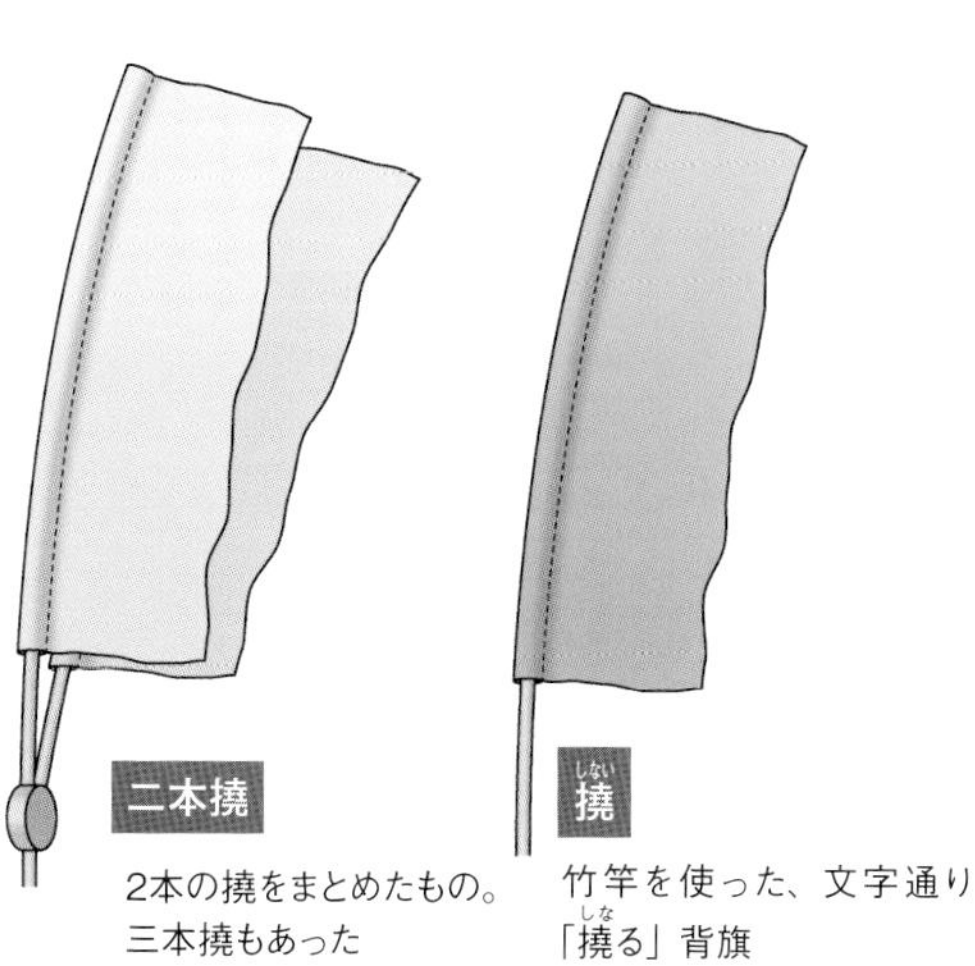

二本撓

2本の撓をまとめたもの。三本撓もあった

撓

竹竿を使った、文字通り「撓る」背旗

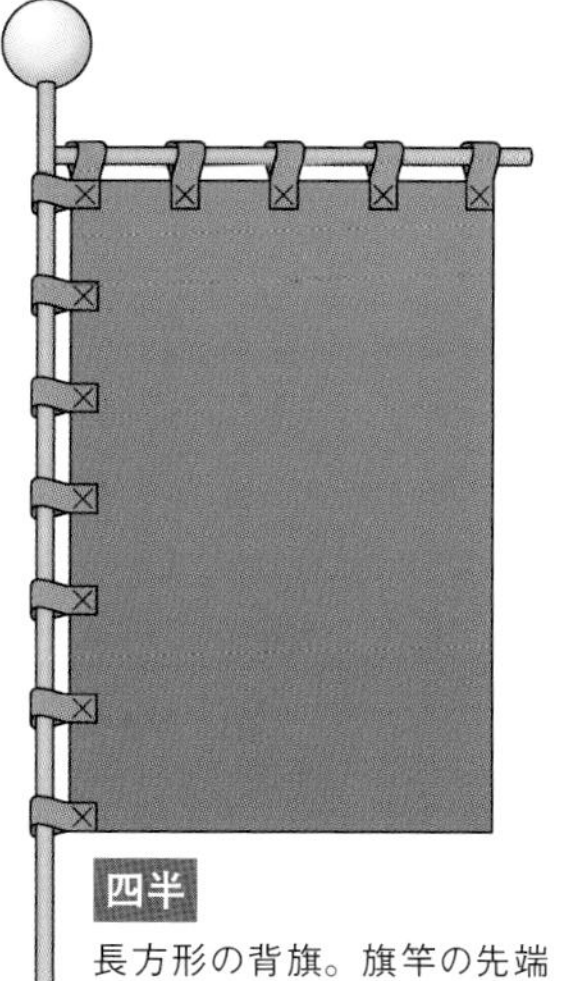

四半

長方形の背旗。旗竿の先端の飾りは、個人識別用のもの

四方

正方形の背旗

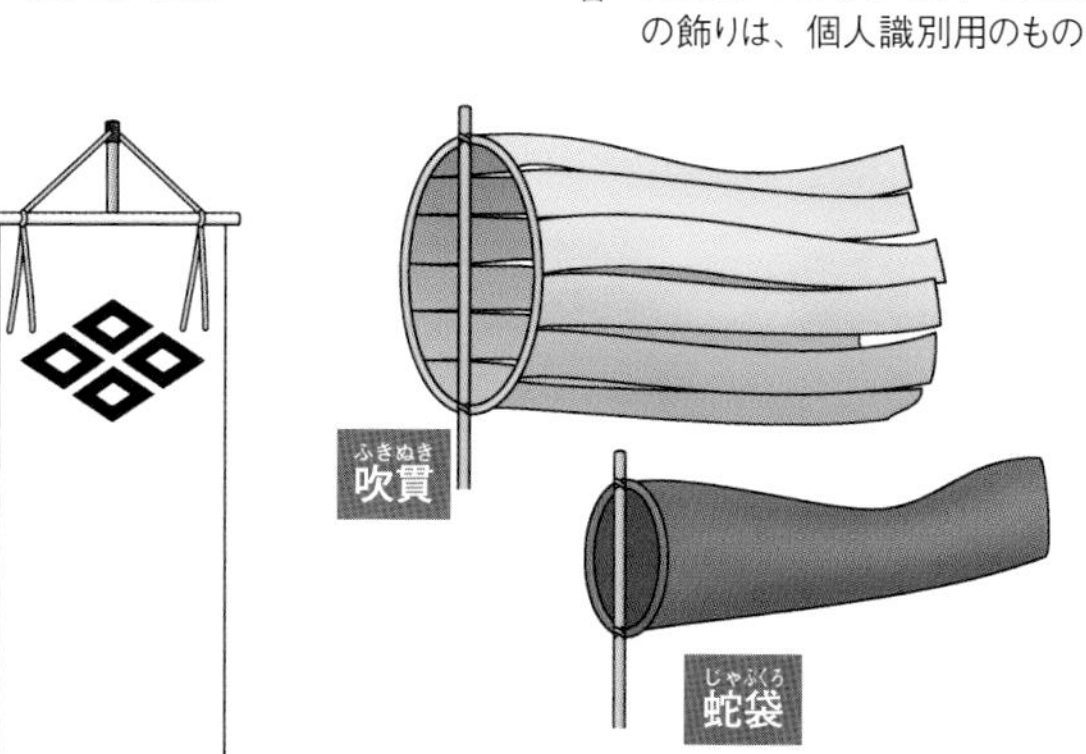

吹貫

蛇袋

袋状の旗。主に馬標や個人用の特別な旗として使われた

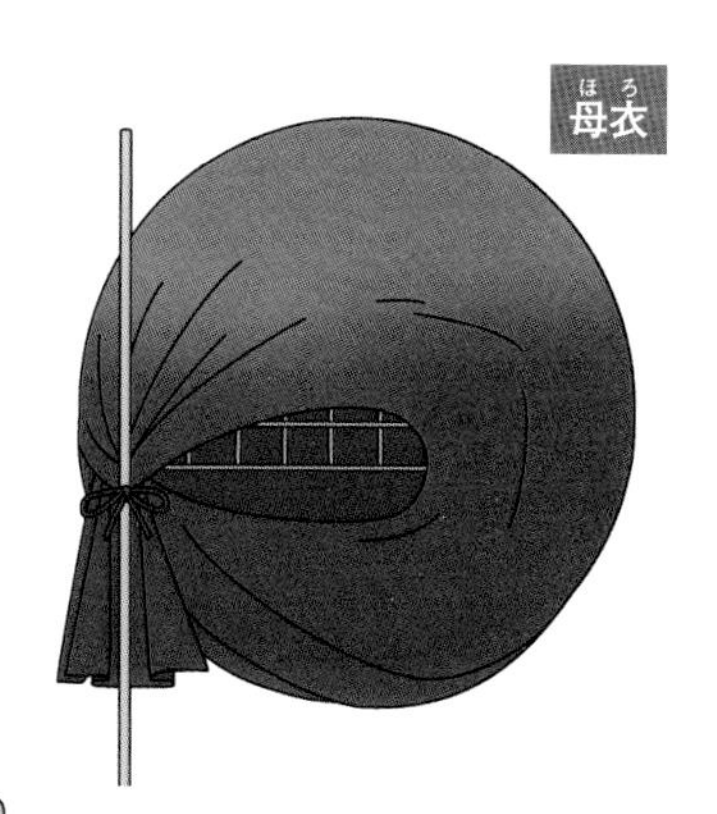

母衣

幟旗

流れ旗に変わって普及した形式

流れ旗

鎌倉時代から使用される伝統の形

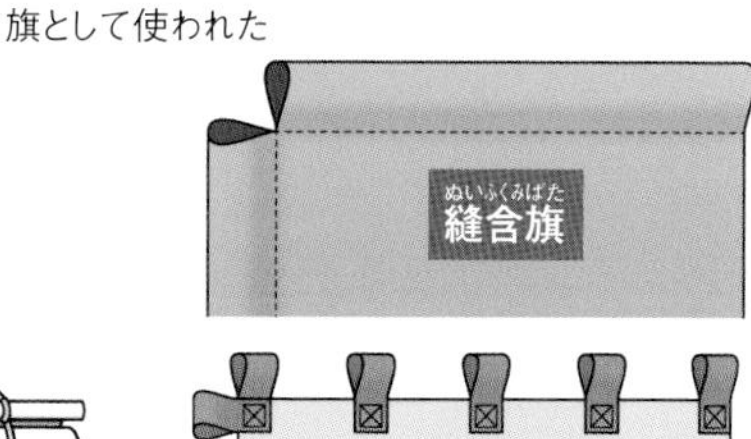

縫含旗

乳付旗

旗を竿に通す部分は、タブ（乳）を縫い付けるのが古式の方法であるが、大量に必要となる背旗では、全体を袋状に縫った縫含旗が簡単に作れるので一般的だっただろう

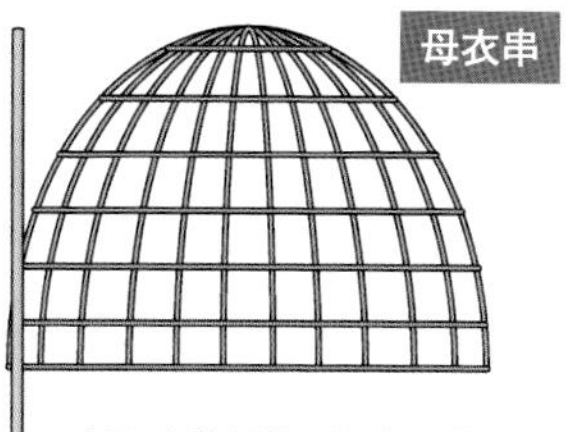

母衣串

室町時代以降、母衣は骨組みを入れて、常に風で膨らんだように形を整えた

旗を差す装置

胴の背に付けられた旗を背に差す装置だが、その出現は意外に遅く、最古の遺例も天正年間（一五七三〜一五九三）の末である。これは当世具足の成立時期と合致しており、腹巻から発展する過程で出現したものと思われる。ただし、第四章16項にあるように、専用装置付きの胴でなくとも背旗を背負うことは可能であった

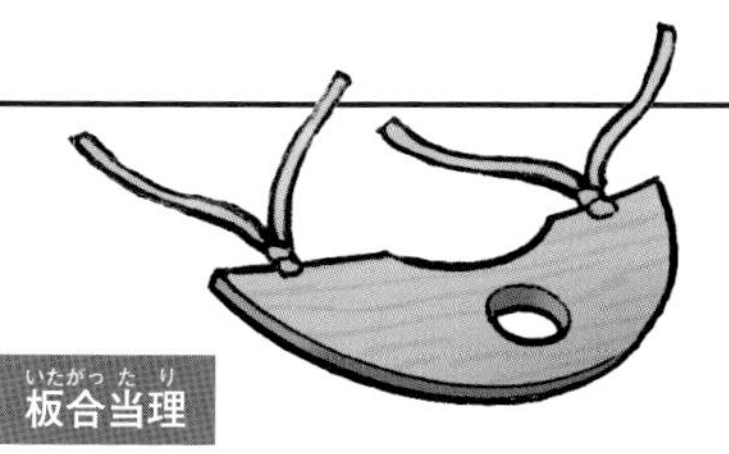

板合当理

木、または煉革製の合当理。合当理、待受を持たない胴では、こうした簡易な装置を用いて背旗を背負ったのであろう

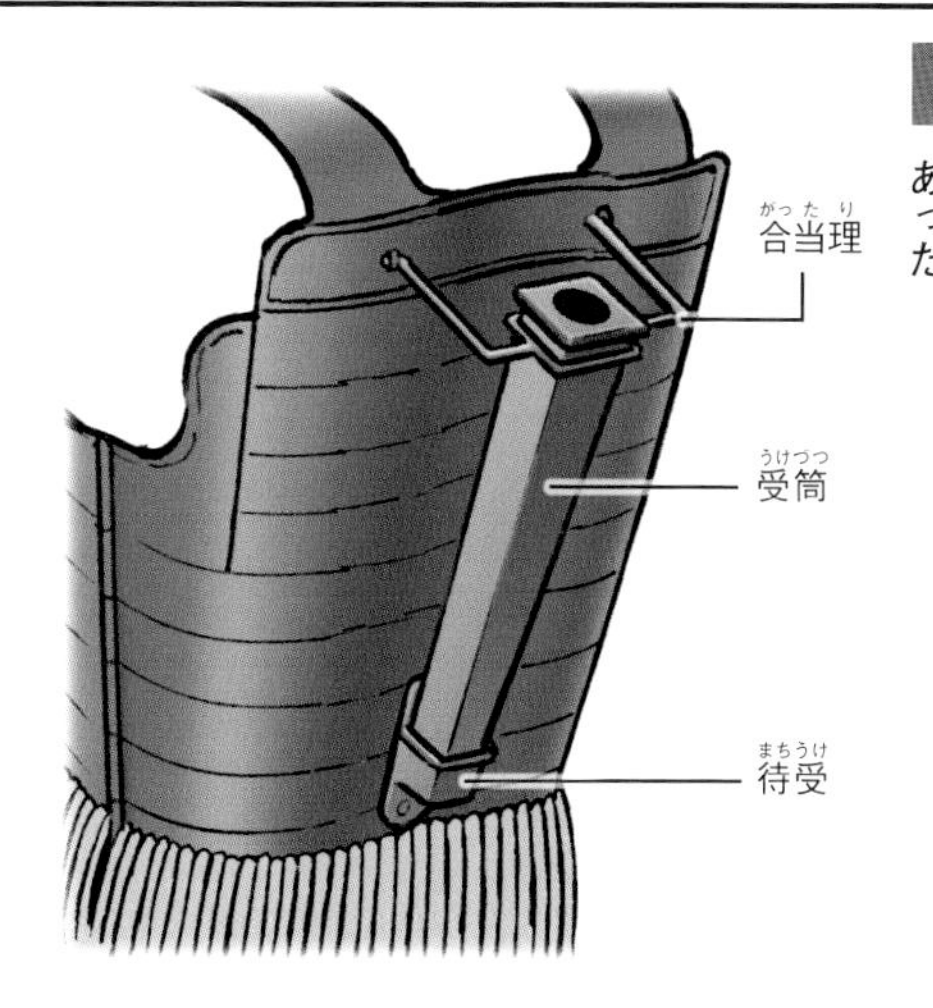

待受

待受は、釘で直接胴に留められる方式と、間に柔らかい緩衝材を挟む方式がある。

25

当世具足

大鎧とともに、甲冑の代名詞といえる当世具足。それは、戦国争乱の果てに登場したものであった。では、当世具足は、どのような特徴を持っていたのであろうか。

初期の当世具足

イラストは前田利家が天正十三年（一五八四）の末森城入城の際に着用したと伝わる具足である。現状は兜と胴しか残っておらず、その他の部分は推測に拠った。胴は札板の段数が増え、伊予札、素懸縅を多用しており当世具足の要素を多く備えている。全体が金箔に覆われ、また背の高い奇抜な兜はいかにも安土桃山的だ。全体のシルエットや細かな形状に過渡的な部分を残しているものの、最も初期の当世具足と言える。前田利家所用とする伝承がどれほど正確かは疑問があるが、少なくとも天正末頃の有力武士の具足である点は確かであろう。

金小札白糸素懸縅胴丸

前項で述べたように、我々がイメージする戦国時代の甲冑、すなわち当世具足とは、文禄・慶長期から大坂の陣にかけて登場したものであった。いわゆる「群雄割拠」の戦国盛期には存在しなかったのである。

　こうしたイメージを作ったのは古くは舞台、近年は映画やテレビドラマだが、それらでは前後二枚の胴板からなる、いわゆる二枚胴（119頁参照）がよく用いられている。[*1] さらにいえば足軽の鎧は江戸時代の物を模している。

　以上は、なにも演劇のフィクション性を腐しているわけではない。演劇用の二枚胴は、衣装係が役者に着付けしやすい構造になっている。つまり演劇において理にかなっている。そしてその合目的性は実物からきているのだ。実物も従来の鎧に比べれば着やすく、長時間着用していてもあまり疲れない。また分解して収納しやすいという特徴を持っている。

　当世とは、良く知られるように「現代」のことである。したがって当世具足とは、戦国末期以降の今の世＝現代で使用する具足、すなわち鎧ということだ。ちょうど三物完備の胴丸・腹巻が登場したころ、それまでの鎧（大鎧）が「式正ノ鎧」と呼ばれるようになったのと似た現象ともいえよう。

　当世具足は胴丸から変化したもので、遺物の最初は、伝承が正しければ天正十年代に登場する（伝前田利家所用・金小札白糸素

＊１＝基本的にオーダーメイドである甲冑は、二枚胴の場合、蝶番で左脇を留めるが、多くの役者が着回す演劇用の二枚胴は、サイズを調整しやすいように、左右とも紐で留める。

右頁の甲冑には、従来の腹巻・胴丸にはなかった細部の工夫がいくつか見られる。これらは完成期の当世具足へと受け継がれる特徴となった。

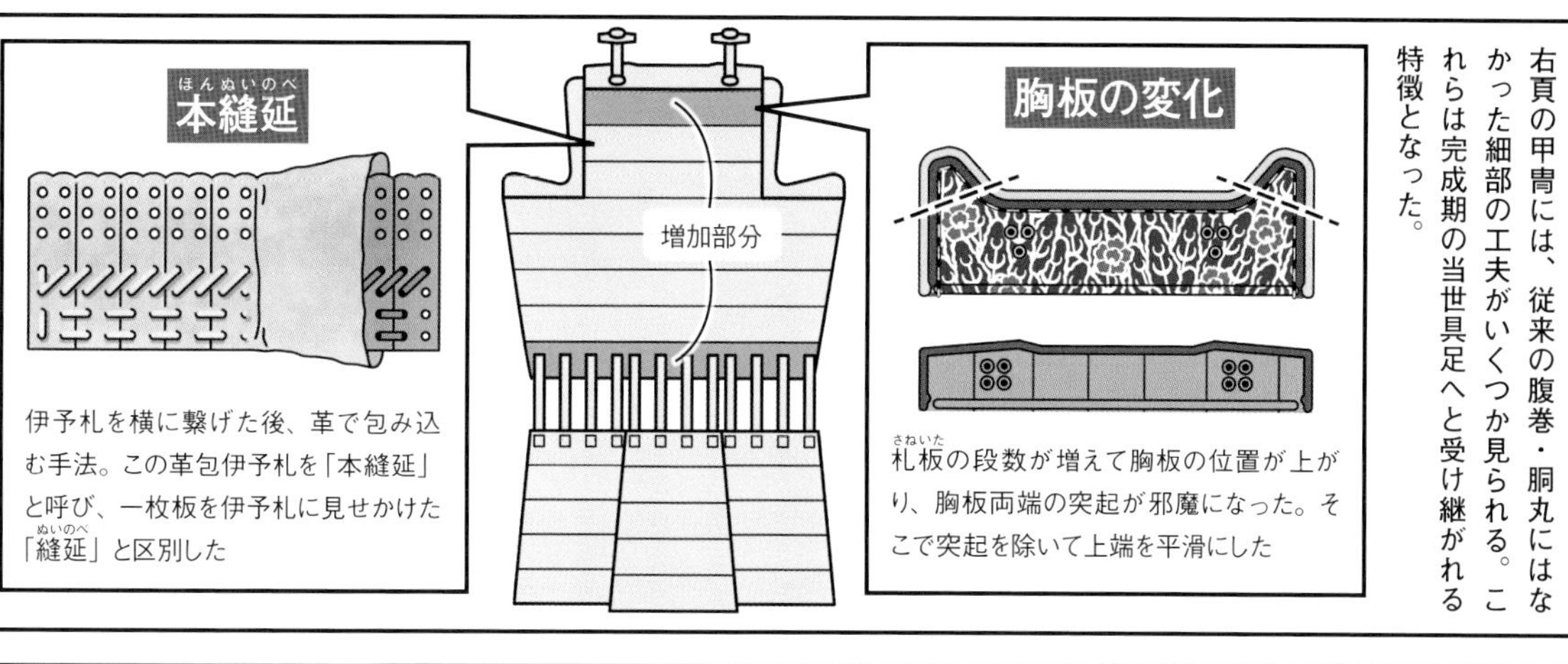

本縫延
伊予札を横に繋げた後、革で包み込む手法。この革包伊予札を「本縫延」と呼び、一枚板を伊予札に見せかけた「縫延」と区別した
増加部分
胸板の変化
札板の段数が増えて胸板の位置が上がり、胸板両端の突起が邪魔になった。そこで突起を除いて上端を平滑にした

織豊政権の甲冑

前田利家所用の具足とほぼ同形式の具足が数例現存している。一つは蜂須賀正勝所用と伝わる朱塗りの胴で、次に伊達政宗が秀吉から拝領した逸話で有名な「銀伊予札白糸素掛縅胴丸具足」である。同形式の具足が織豊政権の有力者の物として集中することから、腹巻から当世具足への変化は織豊政権下で起こったと思われる。

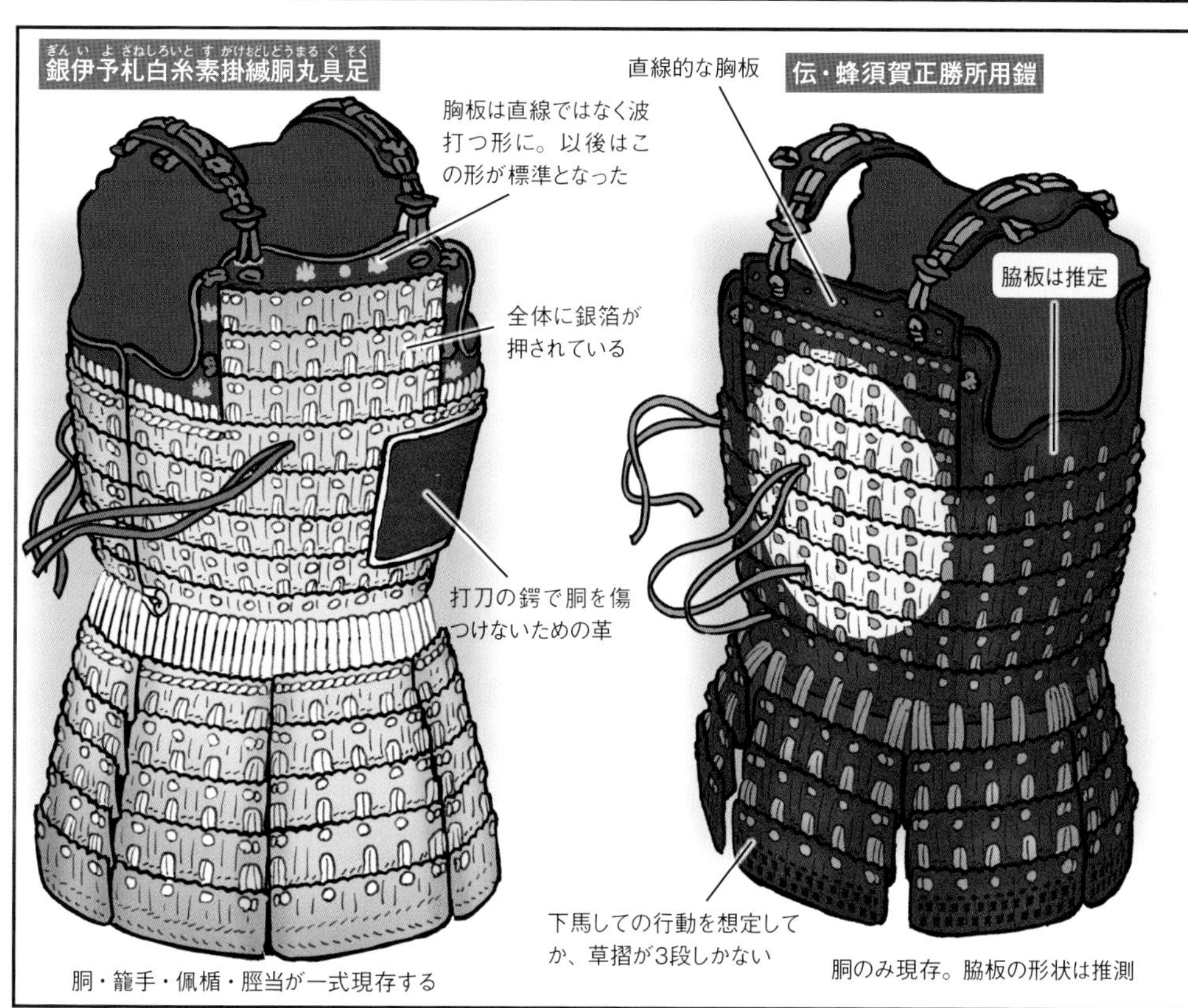

胴・籠手・佩楯・脛当が一式現存する

胴のみ現存。脇板の形状は推測

懸縅胴丸）。またその特徴は――様々なタイプがあるので、一概に言えないのだが――顕著な部分は胴に現れており、

一、立挙がそれぞれ前後一段ずつ増加した（前立挙三段、後立挙四段）。これにより胸元と背中上部の防御が強化された。これにともない上下寸法が伸びたことから脇下の防御範囲も広くなった。また胸元と首を守る防具であった大きな喉輪が廃れ、面頬に付属する小さな喉輪（垂）は首のみを守る防具へと変化した。

二、裏革によって、胴の札板の足掻き（伸縮）を無くしたこと。このため、胴が自立するようになった。この形式を、近年の研究者は従来の胴丸と区別するため「丸胴」と呼ぶ。

三、伊予札胴や、大坂の陣で多用されるようになった鉄製横矧ぎ胴（桶側胴）などは、胸から腹にかけてやや膨らむ形状となり（いわゆる「洋樽型」）、体に密着していても息苦しくなくなった。

四、草摺と胴を繋げる揺るぎの糸が長くなり、着用時に上帯を締めることで、胴の重量をより体全体で支えるようになった。

五、籠手用の綰（固定用ループ）が肩に付き、常に籠手を装着するようになった。

六、さらに、弓矢の使用が少なくなったことから袖が小さくなり（当世袖）、袖を籠手に付けるタイプ（仕付袖＝これは常に籠手を装着することが前提となる）や、

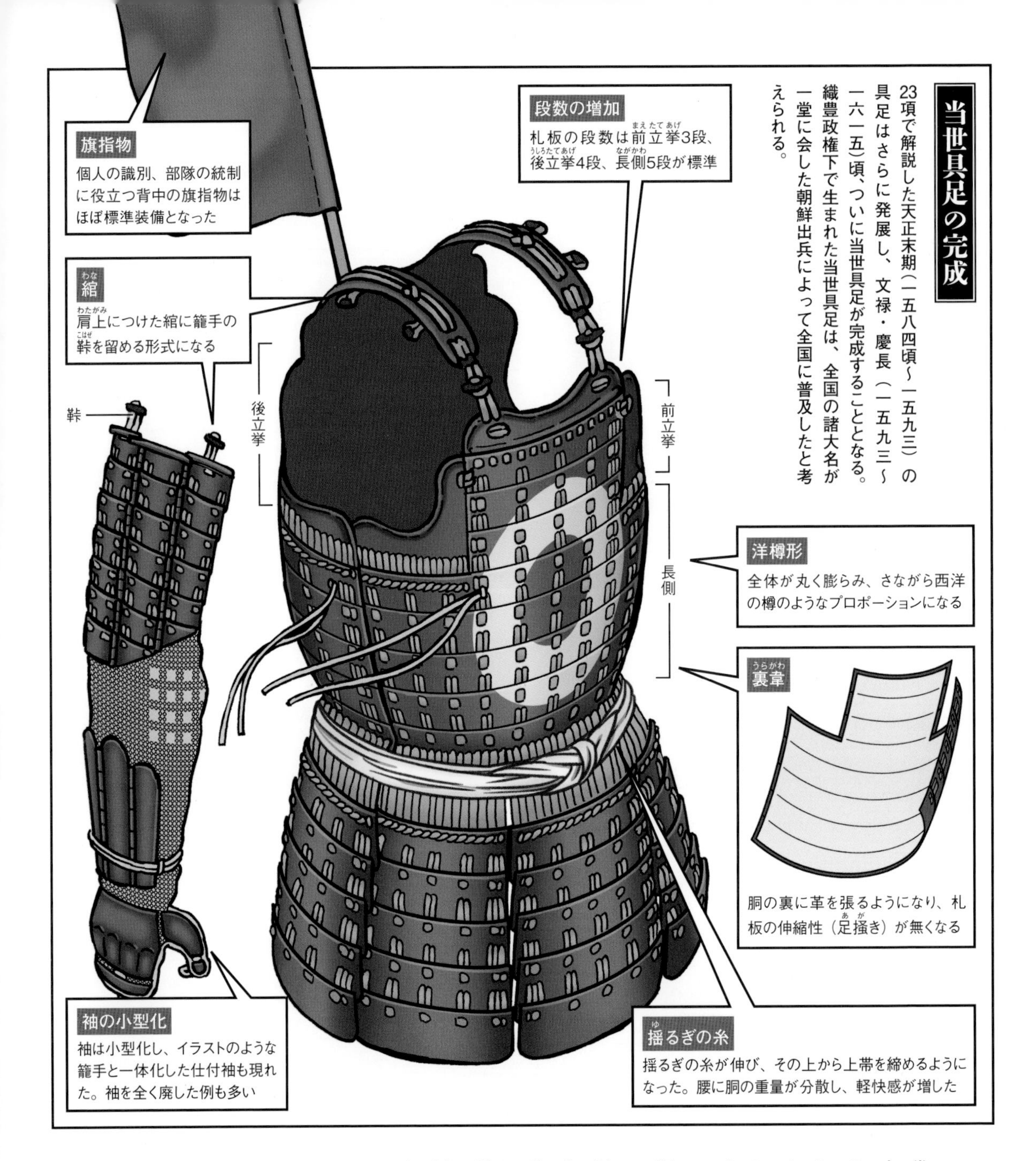

当世具足の完成
23項で解説した天正末期（一五八四頃～一五九三）の具足はさらに発展し、文禄・慶長（一五九三～一六一五）頃、ついに当世具足が完成することとなる。織豊政権下で生まれた当世具足は、全国の諸大名が一堂に会した朝鮮出兵によって全国に普及したと考えられる。
段数の増加
札板の段数は前立挙3段、後立挙4段、長側5段が標準
旗指物
個人の識別、部隊の統制に役立つ背中の旗指物はほぼ標準装備となった
綰
肩上につけた綰に籠手の鞐を留める形式になる
鞐
後立挙
前立挙
長側
洋樽形
全体が丸く膨らみ、さながら西洋の樽のようなプロポーションになる
裏韋
胴の裏に革を張るようになり、札板の伸縮性（足掻き）が無くなる
袖の小型化
袖は小型化し、イラストのような籠手と一体化した仕付袖も現れた。袖を全く廃した例も多い
揺るぎの糸
揺るぎの糸が伸び、その上から上帯を締めるようになった。腰に胴の重量が分散し、軽快感が増した

完全に袖を廃したものも登場する。

従来の鎧に比べ、大きな変化を見せた当世具足の登場は、だが、南北朝時代から始まった鎧の一貫した変化だったと考えられる。なぜなら鎧は、南北朝時代から汎用化に適した形状変化を始めているからだ。さらに主要武器が打物（斬撃武器・刺突武器）に変化したことも、こうした鎧の変化を進めた。

ところで、西国で主用された伊予札の丸胴はその構造上、鉄炮どころか正しい態勢で力を込めて突き出された強力な刺突は防ぎきれない。でありながら伊予札胴を使用するのは、敵味方入り乱れて戦う戦場では、強力な刺突はまず行われないと考えられたからであろう。片や、鉄板で作られている雪下胴（後述）では、突き出された鑓が折れてしまったというエピソードが『政宗記』に描かれている。

あらゆる道具の変化がそうであるように、鎧もまた専用から汎用、そして専用へという道をたどる。当世具足の場合、それは必ずしも明瞭なものではないが、甲冑研究家の竹村雅夫氏の諸論や遺物の重量などから、重量の増加を忍び防御力を向上させようとする方向性と、防御力の低下には目を瞑って軽量化する方向性の二つがあり、それは概ね東西で分かれるということが理解できる。

例えば、豊臣秀吉が伊達政宗に下賜した

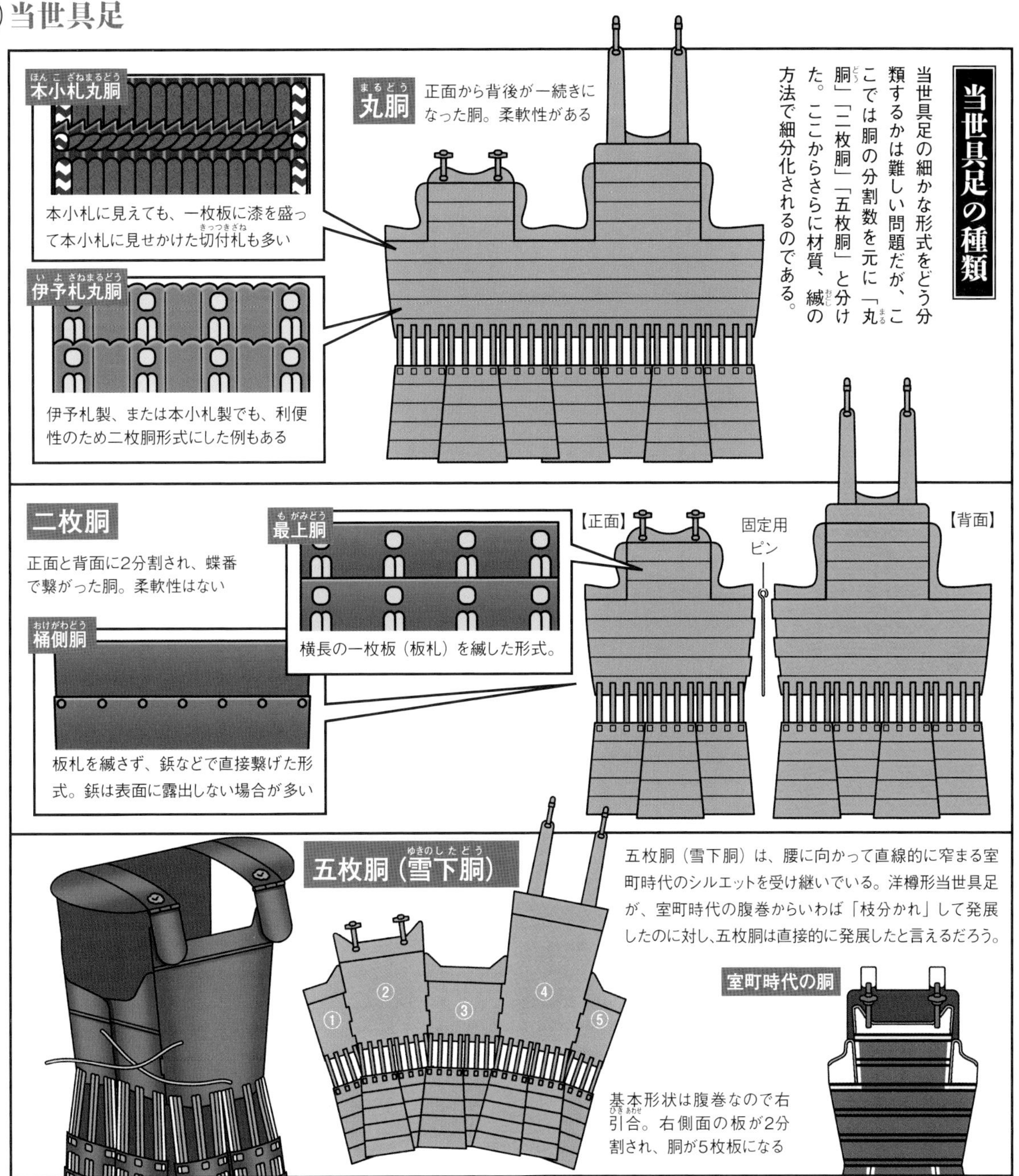

有名な「銀伊予札白糸素掛縅胴丸具足」の重さは、小具足込みで九キロに満たず、ほぼ同じ形の「銀伊予札浅葱糸縅丸胴」は本体五キロ、伊予札を韋で包んだ「栗色革包仏丸胴」は五・三キロである。一方、伊達政宗が愛用し、以後、家中のユニフォーム的な存在となる雪下胴（仙台胴、または、五枚に分割できるところから「五枚胴」「解胴」）は、例えば天正十六年（一五八八）の銘が入った「鉄黒漆塗雪下胴」では一〇・九キロと、胴本体のみで先述した秀吉下賜の鎧皆具と同じ重量となる。また初期の作では七キロ前後あるという。

　これは南奥羽の例だが、当世具足のなかに関東具足という分類があるように、東海から関東以北はおしなべて鉄を主体とし、重量も西国の当世具足（厳密には織豊系具足というべきであろう）よりも重い。西国では彦根井伊家中の鎧が、厚い革札や鉄製であることが知られているが、これは井伊直政の個人的な嗜好を理由としていただけでなく、井伊家中が関東で大名となったことが挙げられるだろう。*2

　そこには、騎乗で戦う東国と徒歩で戦う西国の違いが存在したという。では、さらに馬上と徒歩の相違の背景にあったものはどのような戦術の違いであったのだろうか。これについては次号で述べたい。

*2＝井伊直政は、天正18年（1590）の奥州仕置きで入手した初期の雪下胴を関ヶ原合戦まで用いた。

26

甲冑の終焉

防具として、戦術と戦技の影響をうけて変化してきた甲冑。しかし、中世後半以来続いた争乱の時代が終わるとともに、近世の曙のなか、武士の「晴れ着」となり、甲冑はその実用性を失ってゆく。

最後の当世具足

いわゆる「当世具足」が完成したのは意外と遅く、文禄・慶長年間（一五九三〜一六一五）頃である。図は井伊直政所用の当世具足で、関ヶ原の戦いで着用したとの伝承がある。真偽のほどは疑わしいが、同時代に制作された実戦用当世具足である点は間違いない。兜は頭形兜、胴は滑らかな仏胴、脛当も軽量な越中脛当で、室町時代の甲冑とは比較にならないほどシンプルである。一方で袖や面頬の垂の蝶番など、随所に実戦に即した工夫が見られる。

井伊直政所用朱漆塗仏胴具足

鉄板を椀状に接ぎ合わせた頭形兜。越中頭形と呼ばれる形式

蝶番入りの袖

面頬の垂は蝶番を入れて首に馴染むようになっている

表面が平滑な仏胴。一枚板のものと桶側胴漆を塗り込めたものがある。図は後者

佩楯は現存しない。失われたのか動きやすいよう最初から排したかは不明

越中脛当。膝を守る立挙がなく、細長い鉄板（篠）を所々鎖でつないだだけのもの

前項で述べたように、一般的にイメージされる当世具足とは、織豊系大名が主に使用した、いわば織豊系具足ともいえるものであった。これらは、豊臣秀吉の天下統一によって、織豊系大名を中心に全国へと広がってゆく。

しかしながら、汎用化を目指した鎧の変化の先に存在する織豊系具足は、実際のところ防御能力を減じた軽量短小タイプで、徒歩戦に便利なものであった。このため、重防御で草摺の丈が長い、馬上で使用するのに適した甲冑も登場する（すなわち馬上で上腿部を守り易い）。代表的な存在は、伊達家中を中心に着用された仙台具足と呼ばれるものであろう。

つまり、汎用化を目指した甲冑は、その果てに、専門分化がはじまろうとしていたのである。

むろん徒歩戦闘と馬上戦闘を截然と区分できる条件はない。武士たちは、「一に状況」により、すなわち敵状、自軍の状況、地形等々で、徒歩と馬上を使い分けて戦っていたのである。

例えば、後北条氏と井伊氏に仕えた里見吉政は、一見すると馬が走れないような深田を——それも城攻めの最中——乗馬で移動しているし、関ヶ原合戦を報告した書状では、馬上で攻撃を開始し、下馬して戦闘、さらに馬

様々な兜

当世具足の成立と並行して、従来の筋兜の製法から離れた新形式の兜が次々に誕生した。ここではその一例を紹介する。

置手拭形兜

雑賀鉢の一種で、鉢の頭頂部が後ろに伸びる（𩊱は省略して描いた）

雑賀鉢兜

紀伊国雑賀で室町時代末に発生した。釣鐘状の鉢に大きな一枚板を被せる（𩊱は省略して描いた）

極初期の頭形兜

室町時代末〜戦国時代初期に成立した兜で、鉄板を接ぎ合せた椀状の鉢が特徴。多くの派生型を生む

越中頭形兜

日根野頭形兜と同時代の兜。鉢全体が大振りで、突き出た眉庇が特徴。𩊱の下縁は水平で、吹返は付かない

日根野頭形兜

文禄年間（1592〜96）以降の形状で、鉢は丸く大型になった。腕の動きを邪魔しないように𩊱の下縁を凹ませた日根野𩊱

古頭形兜

天正年間（1573〜92）頃の形式。後の頭形兜と比べて鉢が小ぶりで、頭頂部が窄まっている

筋兜

筋兜も全く廃れたわけではく、東国を中心に利用が続いた

突盔形兜

兜の頂部が円錐形に尖ったもの。近畿、西国で生まれた

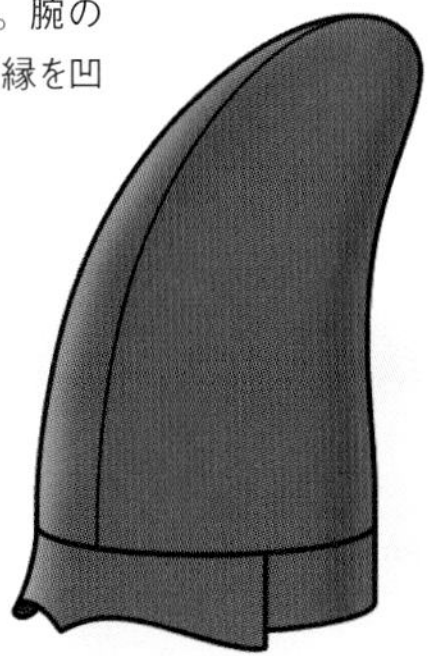

烏帽子形兜

鉢が烏帽子状のもの。特に背の高いものは兜の上に張りかけを被せている

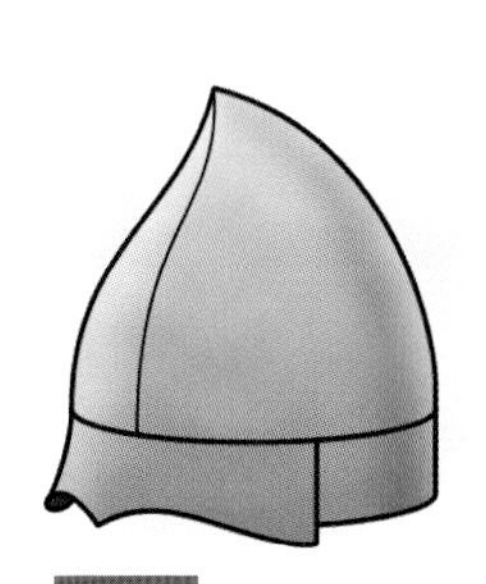

桃形兜

鉢が桃の実のような形のもの。九州発祥で主に西国で使われた

（突盔形、烏帽子形、桃形の各兜は𩊱を省略した）

上で追撃という様子が述べられている（「極月十三日付坪内定次宛生駒利豊書状」）。さらに大坂夏の陣では越前松平氏の本間平八郎は、惣構（旧惣構）で馬を乗り捨てて、城下では徒歩で戦っている。

馬上か否かを問わず、あらゆる場所で戦えるのが武士なのである。

それでも徒歩用と馬上用に甲冑が分化していったのは、文禄・慶長期から大坂の陣にかけて大量に使用された鉄炮にどのように対応しようとしたかの結果であったと考えられる。

いうまでもなく、騎射技術が衰退した南北朝時代以降、武士は近接戦闘兵種へと変化していった。近接戦闘そして相手の首を取るためには、当然、敵足軽の鉄炮（大坂夏の陣の場合、藤堂氏は軍勢の約五〇パーセント、伊達氏では同じく約六〇パーセントの装備率）、そして鑓襖をかい潜って突撃しなければならない。ここで重要なのは、敵の突撃阻止力と自軍が目標に到達する時間の相関関係だ。

こうした状況で選択できることは二つ。甲冑で銃弾が防げない以上、馬の速度で一挙に間合いを詰めるか、馬に乗った高い姿勢という大きな目標にならないように有効射程外から下馬して——時間はかかっても——徒歩での突

甲冑の東西差

当世具足は日本全国で均一に発展した訳ではなく、織豊政権を中心に生まれたものであった。当然、安土桃山時代以降の甲冑には地域差が生じたが、特に日本の東西における馬の利用方法と鉄炮が甲冑の東西差の大きな要因となった。

西
東
西国
馬を降り、背を低くすることで鉄炮の標的となることを防ぐ。徒歩で接近するため、軽量で動きやすい甲冑が好まれた
緊張状態の時は、銃の照準は上を向く傾向にある
東国
鉄炮に対し、馬の速度を利用して一気に距離を詰める。馬上では狙われやすいが、その点は重厚な甲冑で対処する。甲冑の重量は馬が負担してくれる
西国の甲冑
東国の甲冑
革製の伊予札（いよざね）を多用しており、薄く軽量である。胴全体のシルエットは丸く膨らんだ「洋樽型」で、胸のあたりに大きく空間ができるので体を動かしやすい
室町時代の甲冑に特徴的な逆三角形のフォルムを受け継いでいる。厚い鉄板を多用しており防御力も高い。いわゆる仙台胴は織豊政権内で生まれた当世具足とはまた別系統の甲冑といえる

撃を行うことである。

馬上なら重くて厚い鎧を着ることができ、すくなくとも鎧襖を突破できる可能性は高いが、鉄炮の弾道に晒される危険性は高くなる（携帯火器の場合、恐怖のために顔を下に向けると銃口は上を向くため）。

おそらく武士たちは、自分たちが入手できる甲冑が現状、鉄炮に対抗できない以上、そのリスクをどのように受け入れるかを個々に考えたのであろう。

そうしたなかで、馬上で戦うことが頻繁だった東国[*1]では、重量を馬に託すことができる重い鎧を着用したと考えられる。ちなみに関東具足の兜は、比較的厚い鉄で、かつ丁寧な造りのため、ある程度の銃弾は跳ね返せるとされる。

また軽量短小な織豊系具足は、天下統一にともない織豊系大名が全国に展開したことから、彼らのみならず、多くの大名の軍隊で使用されるようになった。ちょうど城郭の一形態である織豊系城郭が、全国に普及し、かつ近世城郭の祖となったのと軌を一にする。

さらに125頁コラムを参照して頂きたいが、戦国末期からの一貫した流れである武装の統一化と相まって、それぞれ「加賀具足」「尾張具足」などの各大名家で特徴ある「御家流（おいえりゅう）甲冑」を用いるようになる。甲冑の分化には、合理性とともに多分に文化的な側面も存在したのであった。

＊1＝これは、西国に比べて足軽の戦闘力が低く、大名・国衆によっては組織化が進んでいなかった可能性もある。換言すれば東国は西国に比べ武士主体の戦闘様態だったのかもしれない。

南蛮胴具足

西洋から輸入した胴と兜を日本式に改装したのが南蛮胴具足である。安土桃山時代の末に生まれ、一般的なイメージと違い織田信長がこれを着用したという記録は無い。主に西国の甲冑を見たであろう西洋の宣教師達は、日本の甲冑が薄く軽量であることに驚いており、翻って日本人から見れば西洋甲冑の重厚さは衝撃的だっただろう。一方、十六世紀末の西洋（西欧）では甲冑は衰退期に入っており、籠手、佩楯、脛当にあたる部分は無防備であった。図は日光東照宮に現存する、家康が関ヶ原の戦いで着用したとの伝承がある具足である。

徳川家康所用南蛮胴具足

西洋の兜（キャバセット）に日本式の𩊱を組み合わせている。家康所用のものは鉢の鋲の位置が不揃いで、本来は高級品では無かった

胴正面に鎬が立ち、下縁が鋭く尖る。

草摺は日本式

佩楯、脛当は純日本式である

南蛮胴の構造

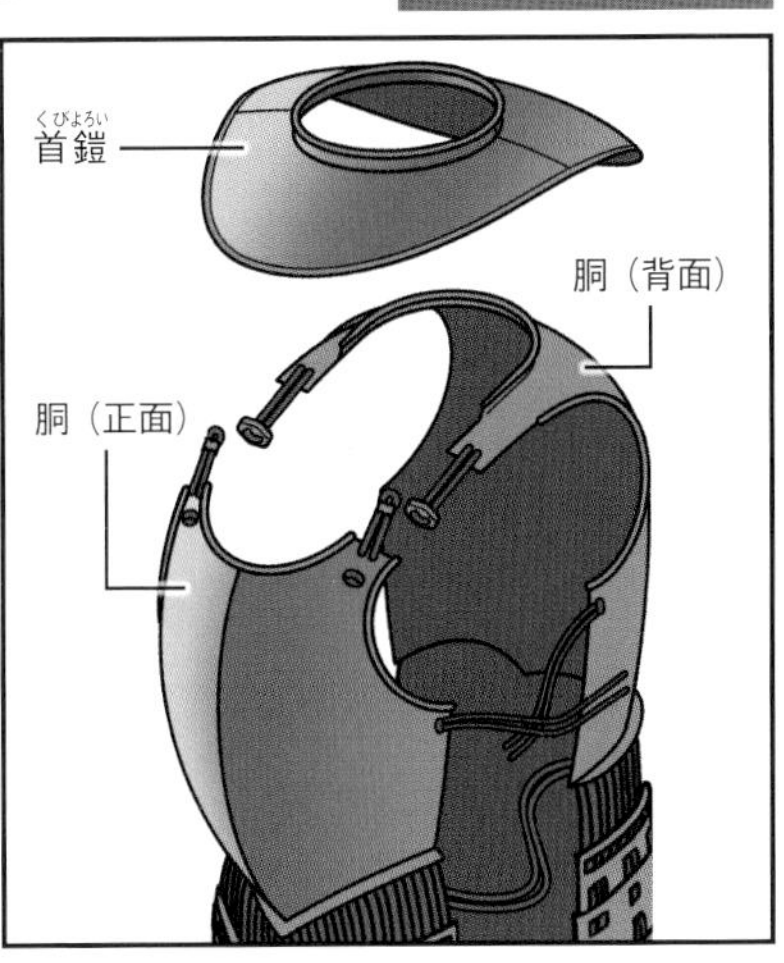

胴の前後が別パーツの両引合形式で、大抵は首回りを覆う満知羅が付属する。これに日本式の肩上と草摺をつけたのが南蛮胴だ。西洋式の首鎧を日本式甲冑に組み合わせた例もある

もっとも、最後まで馬上で指揮を執らざるを得ない指揮官クラスの上級武士は、輸入品を改造した南蛮胴やそれを模した甲冑で、ある程度の防弾性を担保している。通説ではあるが、関ヶ原合戦で徳川家康が着用したとされる鎧がそれだ。

さらに、すでに述べたように本来は騎射戦時に楯として使用した大袖は、時代が下るにつれ小さくなり（当世袖）、さらに、袖の無いものも登場する。その反面、近接戦闘時の多重防御を考えたのであろう、鎧や刀に対抗して、首回りに鉄板を入れた襟が付き、さらに満知羅という防具が使用されるようになった（満知羅の名は、その形状からマンテル＝マントの転訛という）。

ちなみに江戸時代前期の原城攻防戦（寛永十四年〈一六三七〉～同十五年）では、秋月黒田氏（福岡黒田氏の分家である）家中では、戦闘時に袖の必要性が薄れたことと、識別のために、鎧の上から満知羅を着用している。

また刀を構えたときに隙間ができる脇の下には脇当（脇曳）が付く。とはいえ、基本的には鉄炮の大量使用という戦闘形態に対抗できない甲冑には根本的な改良が必要であった。だが、その機会は訪れなかった。原城の戦い（と寛文蝦夷蜂起〈シャクシャインの蜂起〉＝寛文九年〈一六六九〉をのぞき国内は平和になったからである。

もし、その後も戦国争乱が続けば、鉄炮

隙間への対処

防御範囲が広がった当世具足であっても、甲冑の隙間を完全に塞ぐのは不可能だった。そうした隙間に対応する多くの補助部品があったが、現存例はそう多くはない。現在は失われた下級～中級武士の甲冑にも、こうした創意工夫が無数にあったと思われる。

面頬

上杉景勝所用と伝わる面頬。垂の上3段が曲輪状で、下2段が従来の喉輪状、さらに革包の鉄板が垂の背後に付く極めて厳重な造り

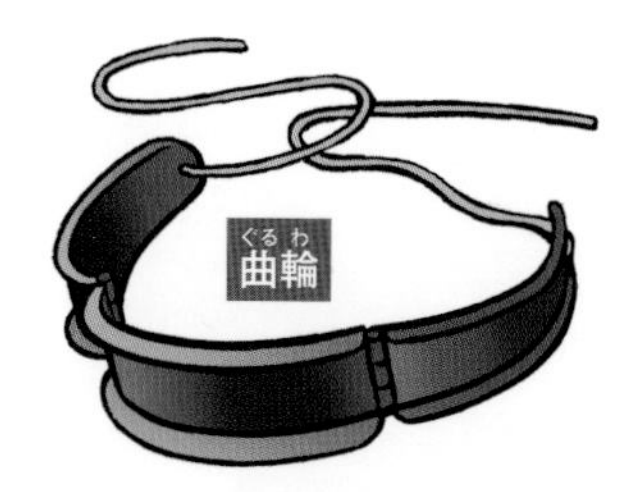

喉輪から発生した防具で、首全体を囲うもの。垂が付く場合もある

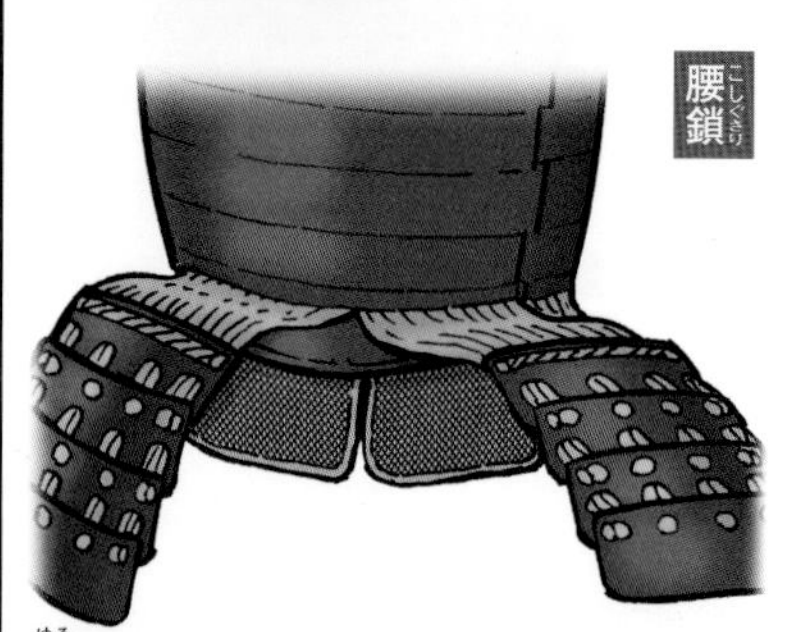

揺ぎの糸の隙間を守る防具。ただ、甲冑の防御範囲が広がる時期に揺ぎの糸は伸びているので、意外とここは攻撃されなかったと思われる

相馬義胤所用の胴で、仙台胴式の板小鰭を二重にし、胸板の脇にも小板を立てており非常に厳重である

襟廻し・小鰭

六角形の小鉄片を布で包んだ亀甲金包みを首と肩に回している。首の防具を襟廻し、肩のものを小鰭と呼ぶ

満知羅

南蛮胴に付属する首鎧は鉄板造りであるが、日本式の満知羅はベスト状で首、脇、肩、胸の周りを覆う。亀甲金包み、鎖編み、小鉄板を鎖で繋いだものなどがあった。本来は鎧の下に着るが、『島原陣図屛風』には図のように胴の上から着た黒田家の武士が描かれている。

亀甲金包みの満知羅

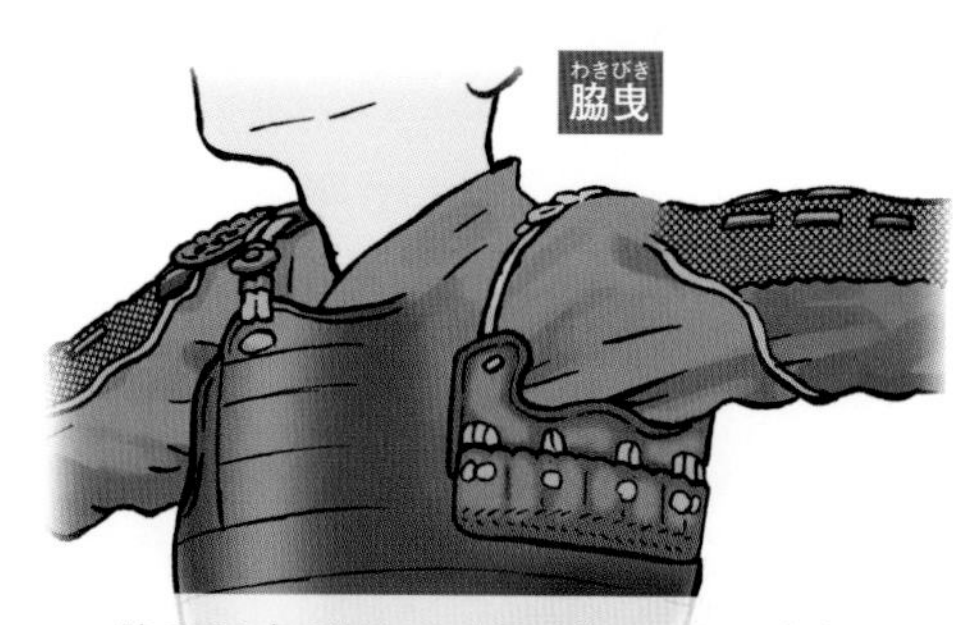

脇の下を守る防具で、室町時代にはすでに存在した。札板、板物、鎖など様々な種類がある。

に対抗できる甲冑が生まれた可能性は高かったであろう。そしてそれはヨーロッパと同じように焼き入れした厚さ二・五ミリ以上の耐弾性のある胴鎧と兜を主体に、軽量化のために手足を皮や厚い布で覆ったものになったはずだ。だが、そうはならなかった。

日本の甲冑が防具たり得なくなったことを万人に知らしめたのは、小銃戦闘が主体となった幕末戊辰戦役であった。だが、その二五〇年前の元和偃武とともに戦士が必要とされる「武者の世」は終わりを告げ、甲冑は防具としてではなく「晴れ着」として江戸時代を過ごすこととなる。

コラム

御貸し具足

封建制社会においては、武器、防具は自弁が原則であった。一方で大名家が大量に用意した揃いの具足を貸し出す行為も行われた。ただしそれができたのは富裕で当主権力が強い、一部の家中の部隊に限られ、揃いの陣笠と甲冑を身につけた足軽の大部隊は戦国〜安土桃山時代には存在し無かった。

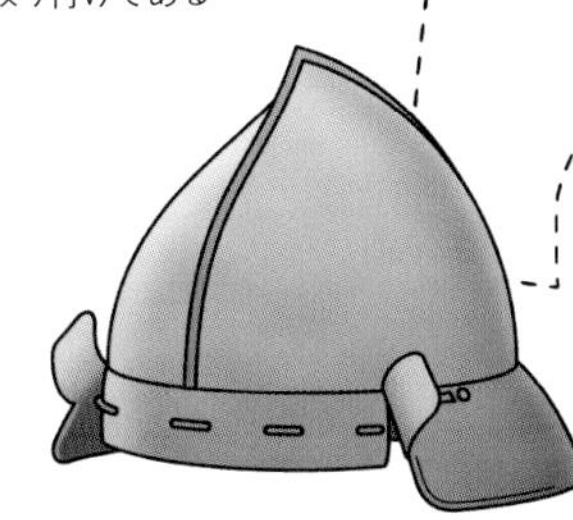

兜の後部には、合印の後立を差し込むための筒が取り付けてある

立花家の桃形兜（文禄・慶長頃）

240頭ほどが現存する立花家の揃兜。金箔押しの桃形兜で、形状には多少のばらつきがある。胴は存在せず、兜だけでも軍装を統一しようとしたものであろう

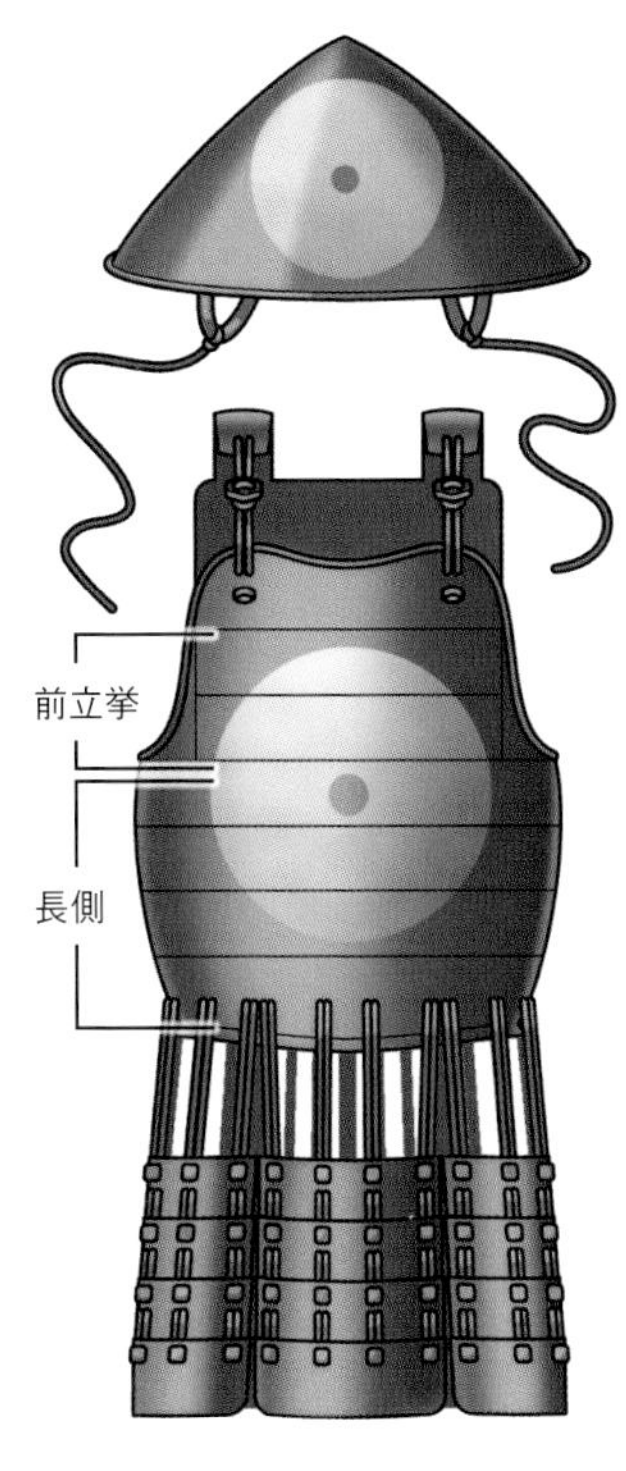

足軽胴（江戸初期）

胴は横長の鉄板を上下につないだ桶側胴、または仏胴が基本だった。前立挙3段、後立挙4段、長側5段という当世具足の原則は守られていない場合も多い。こうした揃いの陣笠と胴が城に備えられるようになったのは江戸時代以降だ

色色縅二枚胴具足（江戸初期）

徳川家近習用の御貸し具足。秀吉の影武者用と紹介する文献もあるが誤りである。いかにも高級な造りであるが、胴は一枚板を加工して本小札に見せかけた切付小札で、随所に簡素化の工夫が見られる

大坂の陣の頃より、足軽も含め横長の鉄板を繋いだ横剥ぎの二枚胴（桶側胴）を主体とした甲冑が登場する。25項で述べたように、現在我々がイメージする「ヨロイ」である。しかし、そうした甲冑の多くは大名が足軽や下級武士に貸与する「御貸し具足」であったと考えられている。

戦国時代末期から、武装の統一化が各大名で進められ、後北条氏や武田氏ではそれが文書として残っている。また同じく武田氏では、武田信豊備の黒、小幡信貞備の赤、文禄期真田氏の赤など、色別の備編成をしていたことがわかっている。家中で鎧の色を統一したり、大きな家紋等を笠や胴に描いた御貸し具足は、指揮・統制の手段の一つだが、戦国末期では、一部の備を除きそうしたものは未だ登場せず、指揮・統制のためには旗指物の統一がせいぜいであった。

御貸し具足は、基本的に城付武具として城で保管・管理されるが、文書上の初見は天正三年（一五七五）五月二十七日付けの戸次（立花）道雪が、娘の誾千代に宛てた譲り状に記されたものとされる。それでも、御貸し具足としては城の規模に比べて量が少なく三〇領ほどしかなかった。長屋隆幸氏はこれらの甲冑を、普段召し使っている立花家の家人のためのものと推理しており、さらに足軽のための御貸し具足の制度は、江戸期に入ってからのものとしている。

足軽や下級武士に貸与するイメージの御貸し具足ではあるが、歴とした武士が着用する比較的高級なものも存在する。その有名なものが徳川将軍家の小姓・近習に貸与されたものだ。彼らの多くは部屋住み身分で経済的には鎧を準備するのは困難ではある。だが先の「家人」という意味からいえば、まさしく小姓・近習は将軍個人の家人でもある。そうした点から御貸し具足が用意されたのであろう。

また、御貸し具足は、大名側が家臣に対して用意するという意味から、それぞれの大名家で御家流甲冑の流行の一因となり、さらにそれが「御家中」というエスプリ・ド・コール（団結心）の形成に役立つようになるのである。

コラム

鎧の下には何を着ていたか

鎧の下に着ることを想定して丈が短めに作られた直垂が鎧直垂である。動きやすさを重視しており、袖が非常に細身なのが大きな特徴だ。また、菊綴の紐がほどけて房状になっているが、通常の菊綴では鎧と擦れて自然にほどけてしまうから、始めからほどけたものを飾りとして用いるようになったと思われる。

狩衣：本来は文字通り狩猟用の服装で、動きやすい平素の服装である。似たような服に水干があり、そちらは上衣を袴の下に着込める

直垂：古くは下級武士の簡易な着物であったがやがて正式化した。狩衣、水干と同様に鎧の下に着た

別項で述べたように、武士は都市的な存在であった。したがってその誕生の頃、すなわち平将門と藤原純友の乱(承平・天慶の乱＝承平五年〈九三五〉～天慶四〈九四一〉)の頃には、原初的な大鎧の下に貴族の日常着である狩衣や水干を着用していた。

もっとも日常着を鎧の下に着ることができたのは、狩衣や水干が生活に便利なように袖口と足首を紐で括れるからで、戦闘を行うのに不便ではなかったからだ。

平安時代後期になると、武士の装束は直垂装束となる。直垂は本来、庶民の日常着であったが、先にあげた狩衣、水干等の貴族の装束のパーツである大きな袖等を取り入れ、中世を通じて武士の装束になる。なお室町時代になると直垂は公的な場で着用できる上級武士の正規の服装となり、新たに身分秩序を明確にするために、大紋や素襖といった直垂系装束が登場する。

さて、こうして新しい戦士階級である武士の登場とともに――身分制社会ゆえに――その装束も決まっていったのだが、鎧の下に着る装束もまた前時代から変化

舶来のズボンからの影響を受けたと思しき袴。裾は脚絆と一体化して、足さばきが良くなっている。

安土桃山時代の鎧下着。襟が首元まで閉じられるようになっており、明らかに西洋の服の影響がうかがえる

右図は享保20年（1735）に出版された『図解単騎要略』に描かれた鎧下着（襯着）をもとにした。襟元がボタン留めになっており、帯のすぐ上を紐で縛っている。甲冑の下で下着がはだけないようにする工夫と見られる。袖と裾の丈も短く仕立てられている。

具足の上から胴服を着用した姿。胴服は本来、上図のような具足下着姿の上から着るものである。

安土桃山時代の胴服と、袖の無い陣羽織。指揮官の標識や、部隊共通の「制服」として用いられた。映画やドラマに登場する陣羽織は江戸時代の意匠で、やや丈長に作られている。

し、戦闘用に特化することになった。いわゆる「鎧直垂」である。

鎧直垂は、通常の直垂に比べ袖が細く、袴は膝下までしかない。さらに華やかな甲冑に合わせることとから、上級武士の間では、輸入品の金襴等を使用している。

こうした鎧の下に着る衣服が大きく変わるのは戦国時代も後半に入ってからであった。大名クラスは鎧直垂を、それ以外のほとんどの武士は、鎧下着と呼ばれる、現在のシャツとズボンに近い細身の小袖と袴を着用するようになったのだ。

その背景にあったのは、鎧直垂が着用に不便であったことと、戦争の様相の変化によって戦場で長期間過ごすようになったからであろう。しかし、下着同然の姿は、戦場でも儀式の際に差し障りがあったと考えられる。このため、当時登場し始めた胴服（袖無）を羽織として使用するようになったようだ。これが陣羽織である。

さらに戦国も末期になると陣羽織は、派手な意匠を用い、それを鎧の上から着用することで指揮官の位置を明示するという指揮ツールにも変化する。

また鎧下着は、体にフィットするヨーロッパの衣服を導入し、文字通りシャツのようなものまで登場し、さらに袴も脛巾と一体化した裁付袴や軽衫袴が用いられるようになった。

●プロフィール

樋口隆晴（ひぐち・たかはる）

1966年生まれ。神奈川県在住。陸戦専門雑誌「PANZER」編集部員を経て、フリーの編集者兼ライター。『歴史群像』（ワン・パブリッシング）などに戦史・歴史記事多数を寄稿。著書に『戦闘戦史』（作品社）、共著に『戦国の堅城』『戦国の堅城Ⅱ』『戦国の城全史』『日本の要塞』（以上、学研）、『戦国時代の軍師たち』（構成も含む。辰巳出版）などがある。

渡辺信吾（わたなべ・しんご）

1989年生まれ。東京都在住。幼少期よりイラストレーションと軍事史に関心を持つ。都内の美術大学で映像を学んだ後、イラストレーターとして勤務を開始。得意分野は軍事関連、特に日本、西洋の甲冑・武器、第二次大戦の航空機など。雑誌での連載のほか、書籍の執筆、プラスチックモデルの説明書の製作を手がける。過去の著作に『西洋甲冑＆武具 作画資料』（2017年・玄光社）、『イラストでわかる日本の甲冑』（2021年・マール社）。都内のデザイン会社、株式会社ウエイドに所属。

図解 武器と甲冑

2020年9月20日　第1刷発行
2021年6月10日　第2刷発行

著　者　樋口隆晴・渡辺信吾
発行人　松井　謙介
編集人　長崎　有
編集長　星川　武
発行所　株式会社　ワン・パブリッシング
　　　　〒110-0005 東京都台東区上野3-24-6
印刷所　凸版印刷株式会社

●この本に関する各種お問い合わせ先
・内容等のお問い合わせは、下記サイトのお問い合わせフォームよりお願いします。
https://one-publishing.co.jp/contact/
・不良品（落丁、乱丁）については　Tel 0570-092555
業務センター　〒354-0045 埼玉県入間郡三芳町上富279-1
・在庫・注文については　Tel 0570-000346（書店専用受注センター）

©Takaharu Higuchi,Shingo Watanabe 2020 Printed in Japan
本書の無断転載、複製、複写（コピー）、翻訳を禁じます。
本書を代行業者等の第三者に依頼してスキャンやデジタル化することは、たとえ個人や家庭内の利用であっても、著作権法上、認められておりません。

ワン・パブリッシングの書籍・雑誌についての新刊情報・詳細情報は、下記をご覧ください。
https://one-publishing.co.jp/
歴史群像ホームページ　https://rekigun.net/

●主要参考文献

全体にわたるもの　山岸素夫『日本甲冑の実証的研究』（つくばね舎1994年）／山岸素夫・宮崎眞澄『日本甲冑の基礎知識』（雄山閣出版1997年）／三浦一郎著・永都康之画『日本甲冑図鑑』（新紀元社2010年）／笹間良彦『図録　日本の甲冑武具事典』（柏書房1981年）／中西立太『日本甲冑史　上・下』（大日本絵画2008・2009年）／近藤好和『武具の日本史』（平凡社新書2010年）／片岡徹也『軍事の事典』（東京堂出版2009年）／片岡徹也・福川秀樹編著『戦略論大系〈別巻〉戦略・戦術用語辞典』（芙蓉書房出版2003年）

第一章　近藤好和『中世的武具の成立と武士』（吉川弘文館2000年）／近藤好和『騎兵と歩兵の中世史』（吉川弘文館2004年）／津野仁『日本古代の軍事武装と系譜』（吉川弘文館2015年）／川合康『源平合戦の虚像を剥ぐ』（講談社選書メチエ1996年）／森俊夫「弓の威力」『歴史群像シリーズ10　戦乱南北朝』（学研1989年）／藤本正行『鎧をまとう人びと』（吉川弘文館2000年）／臺丸谷政志『日本刀の科学』（SBクリエイティブ2016年）／ダイヤグラムグループ編・田島優・北村孝一訳『武器』（マール社1982年）／齋藤慎一・向井一雄『日本城郭史』（吉川弘文館2016年）／桐野作人『火縄銃・大筒・騎馬・鉄甲船の威力』（新人物往来社2010年）／根岸競馬記念公苑編・馬の博物館図録『戦国騎馬残照』（馬事文化財団1988年）／山梨県立博物館図録『甲斐の黒駒―歴史を動かした馬たち―』（山梨県立博物館2014年）／下向井龍彦『日本の歴史07　武士の成長と院政』（講談社2001年）／川尻秋生『戦争の日本史4　平将門の乱』（吉川弘文館2007年）／永井晋『平氏が語る源平争乱』（吉川弘文館2019年）／石井謙治『和船　Ⅰ・Ⅱ』（法政大学出版局1995年）／佐藤和夫『海と水軍の日本史　上・下』（原書房1995年）／水原一校注『新潮日本古典集成　平家物語　上・中・下』（新潮社1979～1981年）

第二章　近藤好和『騎兵と歩兵の中世史』（吉川弘文館2004年）／森茂暁『戦争の日本史8　南北朝の動乱』（吉川弘文館2007年）／小林一岳『日本中世の歴史4　元寇と南北朝の動乱』（吉川弘文館2009年）／新井孝重『日本中世合戦史の研究』（東京堂出版2014年）／呉座勇一『戦争の日本中世史』（新潮選書2014年）／鈴木眞哉『「戦闘報告書」が語る日本中世の戦場』（洋泉社2015年）／兵藤裕己校注『太平記（一）～（六）』（岩波文庫2014年）

第三章　齋藤慎一・向井一雄『日本城郭史』（吉川弘文館2016年）／峰岸純夫『中世の合戦と城郭』（高志書院2009年）／藤本正行「永青文庫所蔵『秋夜長物語絵巻』に見える城郭について」『中世城郭研究第10号』（中世城郭研究会1996年）／福島克彦「「反体制」から生まれ出た「公権力」の象徴」『歴史群像シリーズ　戦国の堅城』（学研2004年）／宮崎隆旨『奈良甲冑師の研究』（吉川弘文館2010年）

第四章　早島大祐『足軽の誕生』（朝日選書2012年）／呉座勇一『戦争の日本中世史』（新潮選書2014年）／呉座勇一『応仁の乱』（中公新書2016年）／神田千里『土一揆の時代』（吉川弘文館2004年）／西股総生『戦国の軍隊』（学研2012年）／西股総生『東国武将たちの戦国史』（河出書房新社2015年）／藤木久志『雑兵たちの戦場』（朝日新聞社1995年）／平井上総『兵農分離はあったのか』（平凡社2017年）／久保田正志『日本の軍事革命』（錦正社2008年）／平山優・丸島和洋編『戦国大名武田氏の権力と支配』（岩田書院2009年）／宇田川武久『鉄炮伝来』（中公新書1990年）／佐脇栄智『後北条氏と領国経営』（吉川弘文館1997年）／藤田達生『近世成立期の大規模戦争――戦場論　下』（岩田書院2006年）／戦国史研究会編『戎光祥中世論集第7巻　戦国時代の大名と国衆』（戎光祥出版2018年）／平山優『戦国大名と国衆』（角川選書2018年）／齋藤慎一・向井一雄『日本城郭史』（吉川弘文館2016年）／福島克彦『戦争の日本史11　畿内・近国の戦国合戦』（吉川弘文館2009年）／田嶌貴久美「足柄城周辺と最末期の後北条氏系城郭（後編）」『中世城郭研究第25号』（中世城郭研究会2011年）／遠藤啓輔「密集した小規模方形郭群の事例紹介と検討―近畿地方の中世遺跡を中心に」『中世城郭研究第33号』（中世城郭研究会2019年）／樋口隆晴「近江　内中尾城」『歴史群像122号』（学研2013年）／樋口隆晴「火力の増大が城と攻城戦を変えた！」『歴史群像140号』（学研2016年）／樋口隆晴「最新研究から見る戦闘の実像」『歴史REAL　関ヶ原』（洋泉社2017年）／宮崎隆旨『奈良甲冑師の研究』（吉川弘文館2010年）／佐々木稔編著『鉄と銅の生産の歴史』（雄山閣2002年）／野口実『同成社中世史選書19　東国武士と京都』（同成社2015年）／網野善彦『中世民衆の生業と技術』（東京大学出版会2001年）／笹本正治『戦国大名と職人』（吉川弘文館1988年）／本多博之「西国の流通経済」川岡勉・古賀信幸編『日本中世の西国社会②　西国における生産と流通』（清文堂出版2011年）／「侍～もののふの美の系譜～」実行委員会編・福岡市博物館図録『侍展』（侍展実行委員会2019年）／馬の博物館図録『名馬と武将展』（馬事文化財団2019年）／竹村雅夫「伊達政宗と具足―「雪下胴」を中心として―」『甲冑武具研究206号』（一般社団法人日本甲冑武具研究保存会2019年）／桐野作人『火縄銃・大筒・騎馬・鉄甲船の威力』（新人物往来社2010年）／白峰旬『新解釈　関ヶ原合戦の真実』（宮帯出版社2014年）／白峰旬・中西豪『最新研究　江上八院の戦い』（日本史史料研究会2019年）／竹井英文『戦国武士の履歴書』（戎光祥出版2019年）／長屋隆幸『近世の軍事・軍団と郷士たち』（清文堂出版2015年）／渡辺武『戦国のゲルニカ「大坂夏の陣図屏風」読み解き』（新日本出版社2015年）石井謙治『和船　Ⅰ・Ⅱ』（法政大学出版局1995年）／佐藤和夫『海と水軍の日本史　上・下』（原書房1995年）／山内譲『豊臣水軍興亡史』（吉川弘文館2016年）／真鍋淳哉『戦国江戸湾の海賊 北条水軍VS里見水軍』（戎光祥出版2018年）／杉山博・下山治久編『戦國遺文　後北条氏編第1巻～第6巻』（東京堂出版1989～95年）／芝辻俊六・黒田基樹編『戦國遺文　武田氏編第1巻～第6巻』（東京堂出版2002～06年）／黒田基樹・平山優・丸島和洋・山中さゆり・米澤愛編『戦國遺文　真田氏編第1巻』（東京堂出版2018年）／太田牛一著・奥野高広・岩沢愿彦校注『信長公記』（角川ソフィア文庫1996年（第10版））／丸山伸彦『日本の美術　No.340　武家の服飾』（至文堂1994年）／橋本澄子編『図説　着物の歴史』（河出書房新社2005年）／小島道裕『描かれた戦国の京都　洛中洛外図屏風を読む』（吉川弘文館2009年）／徳川美術館図録『戦国ふぁっしょん―武将の美学―』（徳川美術館2009年）

●協力　日本武具甲冑研究保存会：鈴木裕介／紅葉台木曽馬牧場